進化と人間行動

第2版

長谷川寿一・長谷川眞理子・大槻 久

東京大学出版会

Evolution and Human Behavior, 2nd Edition
Toshikazu HASEGAWA, Mariko HASEGAWA, & Hisashi OHTSUKI
University of Tokyo Press
ISBN978-4-13-062230-1

第2版 まえがき

　『進化と人間行動』（2000年初版）は幸い，教科書としてあるいは一般書として広く読まれ，21刷りを重ねました．初版の発行当時には，まだ聞きなれなかった人間行動進化学や進化心理学という学問分野も，この20数年の間に市民権を獲得し，関連の書籍も多数出版されるようになりました．人間の行動や心理，さらには社会現象を，進化という長大な時間軸を背景に分析し考察することの意義は，気候変動や生命操作によって人類の将来が不透明になっている今日，ますますその重要性を増しています．「我々はどこから来たのか　我々は何者か　我々はどこへ行くのか」（ポール・ゴーギャン）という人間に関する究極の問いのうち，人間行動進化学は少なくとも前二者について，科学的な答を示してくれるからです．

　新興の研究分野であるため，この20年間に次々と新たな研究が生まれ，新発見も相次ぎました．本来であれば，本書も5年ごとくらいの間隔で改訂を重ねて内容を刷新していくべきでしたが，著者のうち両長谷川がこの間，大学行政に多大なエフォートを割かざるをえず，あっという間に20年間が過ぎてしまいました．今回の改訂では新たに大槻久が著者に加わり，主に進化理論と協力行動の進化についての解説を大きくアップデートしました．ヒトの生活史戦略について新たな章を加えたことも改訂のポイントです．

　この20年間の人間行動進化学の進展のうち，大きな動向を三つ挙げたいと思います．一つ目は，進化的基盤を持つ人間の本性と文化的影響の交絡が，様々な研究によって解明されるようになったことです．初版発行当時に強調されたヒューマン・ユニヴァーサルズ（人間行動の普遍性）や通文化性に対して，文化的ゆらぎが大きいことが再認識されるようになりました．非遺伝的に情報を世代間伝達するしくみである文化は，ヒトが進化する生活環境を大きく変え，遺伝的進化にも大きく影響することがわかってきました．

　二つ目は，協力行動や利他行動の進化に関する研究が理論・実証の両面で大きく進展したことです．互恵性の重要性については初版でも述べましたが，こ

の間，数理生物学や実験社会科学との交流により，特に間接互恵性に関する研究が進みました．先述のように，この第2版ではこれらをふまえた全面改訂を行いました．

　三つ目は，隣接領域である進化人類学と認知神経科学（脳科学）の発展により人間行動の進化基盤と神経基盤の解明が進んだことです．アルディピテクス・ラミダスの詳細な解析，ホモ・サピエンスとネアンデルタール人・デニソワ人との交配の事実などは人類進化史を大きく塗り替えました．行動と認知の神経基盤については，他の動物との共通性と相違点の双方について多くの事実が明らかになりました．

本書ではこれらの学問的発展についてなるべく言及するようにしましたが，紙面の制約もあり，すべて網羅できたわけではありません．本書は読者を人間行動進化学へ誘う入門書という趣旨で書かれたものですので，より深く学びたい方は，ぜひ各章末の参考文献に進んでいただければと思います．

　第2版の改訂にあたっては，草稿の段階で齋藤慈子氏より貴重なコメントやアドバイスを多数いただき，謝意を表したいと思います．個々にお名前を挙げませんが，人間行動進化学会の多くの会員からは，常に新鮮な知的刺激を受けています．編集者である東京大学出版会の小室まどかさんには，辛抱強く執筆を支えていただき，厚く御礼申し上げます．

　2022 年春　著者を代表して

長谷川寿一

進化と人間行動　第2版　目次

イラスト──スソ アキコ

第 1 章

人間の本性の探求

1 ┠• 生物としての人間

人間とは何か

　人間とは何でしょうか．これはたいへんに大きな探求課題です．古来より，多くの哲学者や宗教家，政治家，教育者，賢人と言われる人たちのほとんどは，人間とは何かを考えてきました．ソクラテスは，デルファイの神殿に書かれていたという「汝自身を知れ」という言葉を座右の銘として，個人にとっての「無知の知」を説きました．近世の思想家たちは，個人の枠を超え，社会的存在としての人間について論じ，例えば，トマス・ホッブズは「万人は万人に対して狼」と述べ，人間の自然状態は闘争であると考えました．対して，アダム・スミスは人間が有する道徳感情について論考し，同感（sympathy）により社会秩序が維持されると考えました．いわゆる性悪説と性善説について単純な結論は導けませんが，人間とは何かを知ることは，たしかに，私たちの社会を公正に運営していくために大きな意味を持つことになるでしょう．

　では，人間を理解するにはどうしたらよいでしょう．何をどのように研究する方法があるのでしょうか．また，何がわかれば人間が理解できたと言えるのでしょうか．

　これはたいへん難しい問題なので，簡単な答えは存在しません．また，人間がすっかり全部理解できたと言えるような日は，もしかしたら，永遠に来ないかもしれません．それでも，これは取り組むに値する重要な課題であり，人間

3

の理解に関する知識が少しずつ明らかになっていけば，よりよい社会を築くために確実に役立つに違いありません．

　人間とは何かを研究する方法はいくつもあります．人間というのは複雑な存在ですから，それを研究する方法が一つということはありえません．多くの学問分野が互いに協力することにより，ようやく人間の一つの側面が見えてくるということになるでしょう．本書では，そのような人間研究の多面的アプローチの一つとして，ヒトの進化と適応という観点が，広い意味での人間の理解にどのように役立つかを探ってみたいと思います．

人間の本性と人間観

　トマトは，どんなにいろいろな品種があろうと，一つ一つのトマトがどれほど互いに異なっていようと，やはり「トマト」という一般性を持っています．それと同様に，人間も，一人一人がどんなに異なろうと，どんな趣味や性格を持っていようと，やはり「人間」「ヒト」という一般的な特徴を備えています．それは，現在の地球上に住んでいるすべての人間が，ヒト（*Homo sapiens*）という同じ一つの生物種に属しているからです．人間はみな，基本的に同じからだの構造を持ち，同じような生理学的，生化学的過程によって動いており，どんな人間どうしも，互いに繁殖が可能です．

　この生物学的事実を疑う人はいないでしょう．では，基本的なからだの構造や生理的過程ばかりでなく，人間の心の働きにも，すべてのヒトに共通して見られるような一般性があるのでしょうか．地球上の人類の様々な集団に見られる文化の違いや，個人間のものの考え方や性格の違いを見ると，心の働きは，ヒトによって文化によって千差万別のようにも思われます．一方，どこへ行っても，どんなに文化の違う人々に会っても，人間は互いに理解し合えると思えることもあります．

　人間の心の働きにも，一般的パターンと言えるものがあります．「人間とは○○なものだ」と言える何かがあると考える時，それは，「人間の本性（human nature）」という言葉で表されることがよくあります．人間とは何かを知ろうとすることは，「人間の本性」を知ろうとすることであり，本書も，人間の本性の探求をめざしたものです．

昔から，人間について思索してきた哲学者や科学者たちは，人間の本性とは何かについて考えてきました．古代ギリシャの哲学者たちも，啓蒙思想家たちも，東洋の哲学者たちも，人間の本性について語っています．そして，それらの考えが人々の人間観を形作ってきました．性善説，性悪説などという分け方も人間の本性についての見方であり，どのような人間観を持つかによって，社会をどのように運営したらよいかについての意見も異なることになります．

進化によって作られた人間の本性

　人間の本性を考察するにあたって，本書を貫く最も基本的な前提となるのは，「ヒトは生物である」という事実です．このことが本書のすべての原点になり，これが「人間の本性」に関する他の哲学・思想書との違いを際立たせる点だと言えるでしょう．先ほども述べたように，ヒトが生物だということはあまりに当たり前のことなので，この事実を疑う人はいないと思います．ヒトという生物が霊長類の一員であることや，ヒトが進化の産物であることに異議をはさむ人も，今日ではほとんどいないに違いありません．しかし，では生物はどのように進化してきたのか，生物がどのように環境に適応しているのかということの説明になると，残念ながら，まだまだ世間一般の常識にはなっていません．

　本書は，①ヒトは生物である，という基本的事実から出発し，だとすれば，②ヒトは進化の産物である，となると，③ヒトは，他の生物と同様に，主に適応的な進化の過程によって形作られてきた，のであれば，④生物に共通の進化と適応の原理を考慮することは人間理解に大きく貢献するだろう，という一連の命題を前提にしています．心や行動も生物学的性質の例外ではありません．ゆえに，⑤ヒトの心や行動の成り立ちを説明する上で，進化理論が不可欠な基本原理だというのが，本書の中心的なメッセージになります．

　先に述べたように，①と②は広く認められているので，本書の主題は，主に③〜⑤をめぐって書かれています．とはいうものの，①の大前提が人々の脳裏から忘れ去られてしまうことがしばしばあります．このことは，「人と動物」という言い回しに端的に表れています．「人も動物」であるはずなのに，人は動物とは違った存在だという，強固な考えが私たちを支配しているようです．そこで以下では，まず生物学的人間観について，いくつかの角度から考えてみ

たいと思います．

2 ┣━• 遺伝と環境──古くて新しい問題

　「人間の本性」をめぐる考え方の中では，「遺伝か環境か」ということが繰り返し問題にされてきました．人間のパーソナリティやものの考え方の形成に対して，生得的なものと環境的なもののどちらが重要かという論争です．人間のからだの構造や生理的過程の形成に関しては，遺伝か環境かということが特に大きな問題になることはありません．環境を変えてどんなに後天的な努力をしようと，新しく第三の目を作ったり，小指を特別に長くしたり，血液の組成を変えたりできないのは明らかだからです．もちろん，生活環境や個人の努力によってある程度，体型を変えたり，病気にかからないようにしたりすることはできますが，ヒトのからだの構造や生理的過程に遺伝的基盤があり，その遺伝的プログラムに沿って，すべてのヒトが基本的に似たような生き物に作られているということに，真っ向から反対する人はいないでしょう．

　しかし，心の働きに関しては，知能も，性格も，ものの考え方も，それらの形成には遺伝と環境のどちらが大事なのかということが，繰り返し激しく議論されてきました．つまり，心は，からだと違って，遺伝的基盤によって形成されているのではなく，文化や学習，育ち方によって，すなわち環境によって形成されるのだという強い主張が存在します．

　一方の極の人々は，ヒトの心の働きのほとんどは遺伝的に決まっており，後天的な影響は非常に少ないと考えています．このことは，特に知能に関して顕著で，ヒトの知能がどれほど遺伝的に固定しているかを示そうとした研究が数多くなされてきました．確かに，知能には遺伝的要因が強く働いているようですが，それらの人々の中には，純粋に科学的な興味よりも，政治的な立場による意図を持ってそのような研究を発表している人たちがいるので，話は少し複雑になります．このことについては，後で詳しく述べることにしましょう．

　もう一方の極の人々は，ヒトの心の働きのほとんどは文化や学習によって後天的に決まると考えています．その考えをよく表しているのが，「タブラ・ラサ（tabula rasa）」（何も書かれていない物書き板）という言葉でしょう．ヒトの心

は生まれてきた時には真っ白な板のようなもので，そこに経験や文化が情報を書き込んでいくことによって，そのヒトの心ができあがるという考えです．この考えは古くアリストテレスの『霊魂論』に述べられていますが，17 世紀の経験主義哲学者ジョン・ロックが著した『人間知性論』において，「白紙説」として広まりました．白紙説を突き詰めれば，生まれたばかりの赤ん坊の心には何もなく，育て方次第で，その子はどんな子どもにもなることになります．

　もちろん，極端な考えはどちらも誤りです．心に限らず，どんな生物でも，遺伝情報のみで作られることもなければ（種子が発芽するにもそのための環境が必要です），環境のみによって作り上げられるような性質も存在しません（発芽環境が整っていても，そもそも種子がなければ発芽しようがありません）．しかし，生まれたての赤ん坊の心が白紙状態であると考えるかどうかは別としても，ヒトの心の働きには文化や学習が大きな影響を与えているということには，誰もが同意するでしょう．問題は，心のどんな働きにおいて，遺伝や環境がどれほど，どんな影響を及ぼしているのか，ということです．

人文社会科学の人間観

　20 世紀以降，大いに発展した学問に，社会学，文化人類学，心理学があります．これらの学問は，個人を取り巻いている社会や文化が，いかに個人を規定しているかを明らかにし，それ以前にはあまり認識されていなかった，個人に対する文化環境の束縛力の強さを示しました．

　社会学の父と言われるエミール・デュルケームは，『社会学的方法の基準』(Durkheim, 1895) において，個人の外に存在する社会的事実が個人に対して外的な強制力を及ぼすことを初めて明言しました．その後，文化人類学は，世界の様々な地域にどのように異なる文化が存在し，文化が異なればどれほど人々の考えが異なるかを，多くの野外調査によって明らかにしてきました．アメリカでは，文化人類学の基礎が 1915〜34 年頃にかけて築かれましたが，その骨子は，①文化とは独特の現象であり，他の何にも（特に生物学に）還元することのできないものである，②人間の行動を決めているものは，人間の生物学的基盤ではなく文化である，③文化とは任意のものである，という諸点でした (Boas, 1911; Ember & Ember, 1999)．これは，文化相対主義と呼ばれる考え方です．

心理学は，社会学や文化人類学と比べると，社会より個人そのものに焦点をあてた研究を積み重ねてきましたが，20世紀の心理学で支配的な人間観は，やはり経験の重要性でした．特に行動主義心理学と呼ばれる学派は，人間行動は要素的に分解可能な学習の積み重ねで形成されると考え，ヒトに備わった生物学的な制約にはほとんど注意を向けませんでした．行動主義心理学の創始者ジョン・ワトソンは，健康な12人の乳児と，育てることのできる適切な環境さえ整えば，才能，好み，適正，先祖，民族など遺伝的と言われるものとは関係なしに，医者，芸術家から，どろぼう，乞食まで様々な人間に育て上げることができると主張しました．行動主義心理学に代わって今日主流になった認知心理学や臨床心理学は，心の内面の研究を復活させましたが，先に挙げた文化人類学の基本的な人間観は，現代の多くの心理学者にも依然として根強く残っています．

　これらの学問は，19世紀までは萌芽的にしか存在せず，20世紀になってから形成され，大いに発展したため，20世紀の人間観は文化中心的な考え方に強く影響されています．文化が人間に大きな影響を与えていることは否めません．しかし，初期のアメリカ文化人類学の考えの骨子として挙げた，先の3点のようなことは，本当なのでしょうか．

　次節で述べる「社会生物学論争」でも浮き彫りになるように，人間行動の規定要因として社会や文化に重きを置く考えは極めて根強く，社会科学のドグマと言ってもよいほどのもので，20世紀後半には社会構築主義と呼ばれ隆盛しました．進化心理学者のジョン・トゥービーとレダ・コスミデス（Tooby & Cosmides, 1992）は，これを標準社会科学モデル（Standard Social Science Model: SSSM）と呼び，その原理を表1.1のようにまとめました．このドグマを出発点に置くと，文化を越えた人間の普遍性は考慮の外に置かれることになります．事実，社会構築主義者にとっては，一般論として抽出される人間の本性など存在しないということになるでしょう．

　しかし，SSSMモデルは本当に妥当なのでしょうか．人間性の諸要素に遺伝的な基盤があるということを示すことも困難ですが，それがないと示すことはさらに困難です．人間の行動や心理が文化的・社会的環境によって変容することは事実ですが，このことは，そこに生物学的な基盤がないという証拠にはな

1. 赤ん坊はどこで生まれようと同一であり，同じ発達的可能性を備えている．
2. 一方，どこの成人でもその行動・心理の機構の個人差は非常に大きい．
3. 複雑に組織化された成人の行動や心理は，赤ん坊には認められない．
4. 赤ん坊の斉一性の源は生得性に，成人の複雑な多様性の源は社会・文化・習得的要因（環境要因）にある．
5. 個性を形成する社会・文化的要因は個人の外部にある．
6. 人間生活の複雑性や豊かさを形成するのは文化である．
7. そのような文化を作り出すのは，社会であって個人ではない．
8. 社会はそれ自体が自律的であり，社会・文化現象は他の社会・文化現象によって生み出される．
9. 人の本性は社会的プロセス（社会化）によって満たされることを待つ空の器に過ぎない．
10. 社会学の役割は社会化のプロセスの研究にあり，心理学の中心的な概念は学習である．どのような種類の文化的メッセージや環境入力も，汎目的的，汎領域的に吸収されるものでなければならない．

りません．また，生物学的な基盤があるとしても，それだけで人間の行動が決まるわけでもありません．イデオロギーではなく，科学的に人間の研究をしていく限り，生物としての人間が持っているものを認識した上で，社会や文化がどのように影響を与えているのかを探るのが重要だと思います．文化相対主義を突き詰めていくと，人間の本性に関する真実を追求することには意味がないことになってしまいますが，私たちはそうは考えていません．

ミードの神話

文化が変われば何でも変わる，したがって固定された「人間の本性」など存在しない，という考えの証拠として挙げられた研究に，文化人類学者のマーガレット・ミードの研究があります．ミードは文化相対主義の創始者であるフランツ・ボアズやルース・ベネディクトの弟子で，サモア，ニューギニアなどの南太平洋の人々を研究しました．

文化人類学の古典とも呼ばれるミードの著書，『サモアの思春期』の中で，彼女は，サモアの文化には思春期の葛藤や性の抑圧は存在しない，結婚前の若い女性たちのセックスは自由で，それについて話すことにも何の制約もないと報告しました．つまり，性にまつわる考えや習慣は文化によって何とでも変わ

るということです.

この考えをさらに強固にするのが, ミードの著書『三つの未開社会における性と気質』の中で語られる, 互いに 100 マイルと離れていないニューギニアの三つの部族における男性と女性の性質の話です. 彼女の調査によると, アラペシュと呼ばれる人々は男性も女性も穏健で, ムンドゥグモルと呼ばれる人々は男性も女性も非常に攻撃的, そして, チャンブリと呼ばれる人々は, 男性が西欧で一般に女性的と思われている性質を表し, 女性が西欧で一般に男性的と思われている性質を表しているということです. つまり, 「男らしさ」「女らしさ」が完全に逆転している社会もあるというわけです.

ミードの著書は, まさに 20 世紀の文化相対主義を絵に描いたごとくであり, 非常に広く読まれ, 文化人類学のみならず, 社会学, 心理学などにも大きな影響を与えました.

しかしながら, その後のデレク・フリーマンによる厳密な再検討の結果, これらの調査結果は正確なものではなく, 大部分がミードの性急な思い込みによるものであることが明らかとなりました (Freeman, 1984, 1999).『サモアの思春期』についてミードに情報を提供したサモア人の少女たちは, 自由で抑圧のない性について作り話をしたことをのちに証言しました. また, アラペシュ, ムンドゥグモル, チャンブリについては, そもそも正確なデータは一つも存在しません. ミード自身や同時代の他の文化人類学者たちの著書を読むと, ミードがまとめたような性質を彼らが持っていることを示す具体的な証拠はなさそうです. 結局, 文化には何でもあり, 文化が変わればすべてが変わるという主張を支える証拠として長らく引用されてきたミードの南太平洋研究は, 信頼性の低いものであることがわかりました [1].

遺伝決定論と差別

さて, 遺伝か環境かの論争, 特に, 人間の心の働きに関して, 遺伝と環境の

---

1) 『サモアの思春期』とその作者ミードに関しては, 人類学者である池田光穂氏が, フリーマンによる検証も含めて web 上で詳しく解説しています (https://www.cscd.osaka-u.ac.jp/user/rosaldo/150707mead_in_samoa.html).

影響がどれほどであるのかということは，異なる意見が人々の間で非常に激しく戦わされてきました．それは単なる科学上の論争というよりは，政治的な信条の違いをも含んだ，しばしば研究者たちの個人的な感情が込められた争いでした．なぜ，そんなことになるのでしょう．ここには，遺伝というものに対する誤解と，政治的な意図が複雑に絡み合っています．人間の本性の理解をめざして科学的なアプローチをとろうとする場合，この論争の性質を理解しておくことが非常に重要になります．

　遺伝を重視する人々の中には，ヒトの知能その他の能力がおおむね遺伝的に決まっていると主張することにより，差別に対する科学的根拠を与えようとする人がいます．また，研究者自身にはそのような意図がなくても，差別を正当化したい人々に，そのような研究が利用されることもあります．

　たとえば，20世紀中葉のイギリス教育界に大きな影響力を持っていた心理学者，シリル・バートは，別々に育てられた一卵性双生児の研究によって知能が遺伝的に強く規定されていることを示し，それを根拠に，知能の低い子どもにどんな教育をほどこしても意味がないと主張しました．イギリスでは，1950年代に，11歳の時のイレブン・プラスという一斉テストの成績により，将来，上の学校に進むかどうかを決めてしまう制度が全国的に導入されていましたが，このテストの実施を決めるにあたっては，バートの研究結果がその原動力になっていたのです．ところが1970年代以降，バートの研究が問い直されることになり，やがて，知能はほとんど遺伝で決まっていることを示したバートの研究データは，実は捏造であったと指摘されました（Hearnshaw, 1979；日本語での解説は鈴木，2008）[2]．

　バートがなぜ，どのような経緯でデータの捏造を行ったのかはここで詳しくは述べませんが，この話は，「遺伝的要素が強い」ということを示すことによ

2）その後，バートの捏造疑惑『バート事件』に疑義を抱いたロバート・ジョインソンとロナルド・フレッチャーは，それぞれ独自の調査に基づき「バートがデータを捏造したことを立証する客観的根拠はなく，事件はメディアによって不当に誇張されている」とバートを弁護しました（安藤，2012）．ただし，バートの潔白が完全に証明されたとは言えず，疑惑はいぜん謎に包まれています．

り，「それは変えようのないものだ」という観念を植えつけ，したがってそれにもとづいて差別をしても当然である，という飛躍した結論に結びつけるのがいかに簡単であるかをよく示しています．他にも多くの研究者が，知能は遺伝性が高いことと，知能指数には人種によって差が見られることをもって，人種間には遺伝的な知能の差があることを主張しています（Herrnstein & Murray, 1994; Rushton, 1995 など）．これは，ある人種は他の人種よりも生物学的に劣っているというナチスの人種差別的な優生主義と基本的に同じ主張です．人種差のみならず，性差や個人差が同じ論法で正当化されることもあります．このような考えは昔から根強くありますが，論調に程度の差はあるものの，現在でもそのような書物が出版され続けています．このことには十分注意せねばなりません．

このような差別と結びついた研究が存在するために，遺伝を重視する考えは，多くの人々に嫌われてきました．そして，人間の行動や心の働きに遺伝的な基盤があることを説明しようとするやり方は，すべてひっくるめて，しばしば「遺伝決定論」または「生物学的決定論」と呼ばれてきました．

ところで，この「遺伝決定論」という言い方は，何を意味しているのでしょうか．そういう言い方をする人々は，ヒトの行動その他に遺伝的な基盤があるということは，そのような行動が変えようのない固定されたものであり，そのように行動してしまうのはヒトの運命であるということだと思っているので，「決定論」という言葉を使います．そして，ヒトの行動や心の働きが「決定論」的に遺伝で作られているとすると，私たちの自由意志や教育の効果などが無意味になるように思うので，「決定論」を非常に嫌うのです．

本当に乱暴な「遺伝決定論」を述べる人々がいることに対して反感を持つのは当然ですし，正当に反論することができます．しかし，遺伝は，遺伝決定論者やその反対者が思っているような「決定的な」過程かというと，これは大きな誤りです．遺伝子の働きはそれほど決定論的なものではありません．遺伝子は多かれ少なかれ，その周囲の環境に応答しながら発現するものです．ヒトの行動に遺伝的基盤があるからといって，自由意志や教育の効果が無意味になるわけではありません．遺伝というと決定論的に受け取られる理由は，一つには，フェニルケトン尿症やハンチントン舞踏病のような遺伝病が思い浮かぶからではないでしょうか．これらの病気は，たしかにそれを引き起こす遺伝子がある

ために起こります．しかし，遺伝子は，そのような働き方をしているばかりではありません．もっと間接的な現れ方のほうがはるかに一般的です．ある行動が遺伝的に一対一に「決定されている」ことは極めてまれで，行動は何がしかの程度，遺伝的な「影響を受ける」と言うほうがずっと実情に即しているのです．行動遺伝学という研究分野は，双生児研究に基づき，遺伝要因と環境要因，およびその相互作用の影響の程度を定量的に解析します．

　最後に，科学的に何かが明らかにされたということと，私たちはその通りにせねばならないと判断することとは別であると注意しておきましょう．私たちが空を飛べないのは生物学的事実ですが，だからと言って，私たちは空を飛んではいけないという判断が自動的に導かれるわけではありません．科学が何を明らかにするにせよ，何をすべきかは別に慎重に検討せねばならないでしょう．

エピジェネティクス

　本書の初版と第2版の間の20年間で，遺伝と環境をめぐる研究領域で最も大きな進展があったテーマが，遺伝学におけるエピジェネティクス研究です．これについて簡潔に説明しておきましょう．

　エピジェネティクスについては様々な定義がありますが，ここではとりあえず「DNAの配列変化によらない遺伝子発現を制御・伝達するシステムおよびその学術分野」（村田他，2013）としておきます．もう少し簡潔に言い換えると，エピジェネティクスは後天的に決定される遺伝的なしくみです．遺伝子発現は当初，DNAの一次配列により制御されると考えられてきました（セントラルドグマ）が，その後の研究により，DNA塩基のメチル化やヒストン（真核生物の染色質の基本単位であるヌクレオソームの中のDNAが巻きつくタンパク質）の化学的修飾などによって後天的に制御されるしくみがあることが明らかになりました．エピは「その上」を意味する接頭語でジェネティクスは遺伝学ですから，古典的なDNAの配列による遺伝子発現制御の前段階で生じる発現制御の遺伝学的研究ということになります．

　ヒトの身体は約37兆個もの細胞からなり，個々の細胞はゲノムと呼ばれるDNAを有し，そこには約2万個の遺伝子が暗号として記録されています．個々の細胞は同じDNAの遺伝子情報を持っているのに，発生の過程で異なる

機能の細胞（たとえば，神経細胞や肝細胞）に分化するのは，細胞の発現をオン・オフするメカニズムがあるからです．エピジェネティクスは，すべての遺伝情報から必要な情報と不要な情報をどのように使い分けるかを研究対象とする研究分野とも言えます．

　一卵性双生児（あるいはクローン生物）を考えてみましょう．彼らは，ゲノムと遺伝子型（第 2 章参照）は同一ですが，表現型（第 2 章参照）は似ていても全く同じにはなりません．この違いは，遺伝子の周りの分子の修飾の状態によって遺伝子発現のパターンや細胞の性質が変化し，さらにその修飾の状態が細胞分裂後の娘細胞にも伝わることにより，個体レベルでの変化として生じます．

　さらにこの 20 年ほどの間に，エピジェネティックな調節メカニズムの異常が様々な精神疾患と関連することが明らかになってきました．最初に報告されたのがレット症候群（女児に起こる進行性神経疾患．知能，言語の遅れ，手もみなどの定型的動作の反復が特徴．女児ではダウン症に次ぐ先天性疾患）で，この疾患の原因がヒストンの化学的修飾（DNA 糸巻きの巻き具合をきつくし遺伝子をオフにするタンパク質の遺伝子）の異常であることが報告されました．その後，様々な精神疾患にかかわるエピジェネティクスの研究が急速に進み，論文数も指数的に増加しました．そしてエピジェネティックな変化が生じる要因として，ストレスやトラウマ，虐待，胎児期栄養などの環境要因が関連する可能性が論じられるようになりました．

　まとめると，現代の遺伝学では，遺伝かさもなければ環境かといった二元論はすでに過去のものとなり，遺伝子発現にも環境要因が大きく影響することが明らかになったのです．

　なお，生態学の分野でも，生物個体が環境条件に応じて表現型を変化させる表現型可塑性に関する研究が進展しました．表現型可塑性の実例は多岐にわたりますが，よく知られる例として魚類の性転換が挙げられます．性転換の方向には，オスからメスへ性転換する雄性先熟と，メスからオスへ性転換する雌性先熟があります．これらの性転換の大きな要因は，周囲の個体との体格差です．また爬虫類の性決定には，卵がふ化する時の気温が大きく影響することも報告されています（表現型可塑性の近年の研究については，三浦，2016 参照）．

3 ┣•• 進化的人間理解をめぐる誤謬と誤解

　これから本書で扱おうとしているテーマには，いろいろないざこざと不幸な論争の歴史があることは否めません．人間の本性や人間の社会について考えている多くの研究者たちにとって，生物学の話は危険でうさんくさく，聞きたくないことのようです．中でも遺伝学は最も警戒すべき敵と見なされ，その証拠としてよく引き合いに出されるのが，優生思想と結びついた遺伝学がいかに政治的に悪用されてきたかという主張です．特に，ナチスの優生主義がどのような悪や悲劇をもたらしたかは，決して忘れてはいけない歴史的事実です．ナチス・ドイツがユダヤ人などに対して行ったホロコーストと呼ばれる大量虐殺の犠牲者は，約600万人にも上りました．優生主義の負の遺産に加えて，進化生物学が嫌われる理由は，社会ダーウィニズムと呼ばれるもののなごりと，先に述べたような生物学は決定論であるという誤った思い込みにあると考えられます．そこで，本書で扱うことになる話題が，歴史的にどういう雰囲気の中で論争されてきたのかということを，簡単に見ておくことにしましょう．

社会ダーウィニズムの波紋

　「会社がつぶれるのも，労働者が解雇されるのも，飢え死にする人間が出るのも，すべては適者生存の自然の理である．この世が弱肉強食の生存競争の世界であるのは，生物界の真理である．したがって，つぶれる会社を救ってやる必要もないし，適者生存に負けた貧乏人を救済する必要もない」．これは，アメリカの自動車王，ヘンリー・フォードが主張したことです．フォードだけでなく，20世紀前半の大資本家たちの中には，このように考える人がたくさんいました．これは，社会ダーウィニズム（あるいは社会進化論）と呼ばれるものの影響です．

　第2章で詳しく述べていきますが，チャールズ・ダーウィンの考えた自然淘汰とは，①生物の個体間には変異がある，②変異の中には，個体の生存や繁殖に影響を及ぼすものがある，③そのような変異の中には，親から子へと遺伝するものがある，という三つの事実から，より環境に適した性質が集団中に広ま

っていく過程をさします．

　ダーウィンからこの考えを初めて聞いた時，友人のトーマス・ヘンリー・ハックスレイは，「こんな簡単なことを，なぜ今まで思いつかなかったんだろう！」と言って悔しがったと伝えられています．しかし，実は，このアイデアはそれほど簡単なものではありません．その後の 100 年間，専門の進化生物学者も含めて，多くの人々が誤解，曲解，無理解を重ねてきました．その誤解，曲解の最たるものの一つが，社会ダーウィニズムの思想です．

　社会ダーウィニズムの成立にあたっては，ハーバート・スペンサーの考えが大きな影響を与えたと言われています．そもそも「適者生存」という言葉を作ったのはスペンサーで，ダーウィンではありません．スペンサーは生物学者ではありませんでした．彼は精力的な思索家，文筆家で，自然淘汰の理論から得られるイメージや表面的な比喩を，自分自身の思想の色づけに利用しました．彼をはじめとする社会ダーウィニストたちは，アフリカやアマゾンの密林で生活している狩猟採集民を劣った未開人だと見なしていました．そして，未開社会から，「進化」によって漸進的に人間の社会に進歩が起こり，ついには最も優れた西欧文明が生じた，そして，人間社会の進歩が起こるにあたっては，人間どうしの生存競争によって，最も優れた人間が生き残り，繁栄してきたことがその原動力であった，と考えたのでした．

　今から見れば，この見方は幾重もの誤りに基づいていることがすぐにわかります．第一の間違いは，進化と進歩を単純に同一視し，「進化」は「進歩」だと思っていたことでした．第 2 章で見るように，進化は価値とは全く無関係の現象で，どのような意味においても先を見通した方向性を持つ過程ではありません．第二の間違いは，遺伝について無知なまま，どのような人間活動も進化の対象になると思っていたことでした．進化というのはあくまで遺伝的な変化を伴う過程を指すものです．第三の間違いは，西欧人は未開人よりも生物として優れ，金持ちは貧乏人よりも生物として優れていると思っていたことでした．そして，第四の間違いは，進化は社会全体の利益のために起こると思っていたことでした．

　これだけ間違っているのですから，社会ダーウィニズムは，科学の理論としては全く失格です．この理論はダーウィンの理論を誤解して下敷きにしました

が，ダーウィン自身はこの理論には関係がありません．しかし，社会ダーウィニズムは，当時たいへん広く普及しました．それは，先に挙げた四つの誤りを一般の人々の多くが共有していたからです．そして，フォードのような利潤追求のみを目的とする多くの資本家たちに経済的搾取を正当化する口実を与えたり，人種差別を正当化したい人々に「科学的」と称する根拠を与えたりすることになりました．

たいへん広まりはしたものの，スペンサー流の考えがおかしいと思う人たちもすぐにたくさん出てきました．しかし，生物学上の進化理論にとって恐ろしく迷惑なのは，社会進化論は間違っていると却下した人々の多くが，その下敷きになっているダーウィンの進化論もうさんくさいものに違いないと判断して捨て去ったことにあります．彼らは，多かれ少なかれ，生物進化の話，ひいては生物学というものは，この世に不平等があることや差別があることに科学的根拠を与えて，それを正当化するイデオロギーだと感じているようです．人文・社会科学系の学者にとって，社会ダーウィニズムの亡霊はいまだに徘徊しているのでしょう．そのなごりが，1970 年代後半に爆発した社会生物学論争にも尾を引いています．

ウィルソンの「社会生物学」の衝撃

1975 年に，ハーバード大学のエドワード・ウィルソンが『社会生物学 (Sociobiology)』という大著を著しました (Wilson, 1975)．この本は，その重さと大きさ自体も注目すべき大著でしたが，何よりもその内容がセンセーショナルで，その後多くの分野の研究者を巻き込んだ「社会生物学論争」というものを引き起こしました (BOX 1.1)．

ウィルソンは昆虫学者で，もともとアリの行動生態に関する世界的権威です（彼はその名も『アリ』という題名の，『社会生物学』を上回る大著を著しました）．1975 年と言えば，第 4 章で述べるように群淘汰の誤りが是正され，動物の行動の進化に関する画期的な理論がいくつか提出されて，コンラート・ローレンツらが切り拓いた「エソロジー」という分野が新しく生まれ変わろうとする時期でした．『社会生物学』という本は，その当時知られていた動物の行動と生態に関する諸事実を網羅的に集め，それを，新しい理論的枠組みの中で説明し

直そうとした試みだったのです.

　この新しく生まれ変わった動物行動の進化的研究は, その後, ウィルソンの本の題名をとって社会生物学, または行動生態学と呼ばれるようになりました. この本が出た時, 未来の行動生態学者たちにとっては感動的なものがありました. 著者のうち両長谷川もそうした一人でしたが, それまでのエソロジーとは違った構想による, 素晴らしい未開拓の世界が開けているという予感が満ち溢れたものです.

　では, そのことがなぜ大論争になったのでしょう. それは, 彼が本の最終章で, 人間の社会や行動をも同じように分析しようとしたからに他なりません. 人間の家族や社会の成り立ち, 人間の示す利他行動, 性行動 (同性愛も含む) の存在などがどうやって作られてきたかを, 遺伝子レベルの淘汰の理論で, 他の動物行動と同じように解明しようとしたからです. そしてさらに, 心理学, 社会学, 文化人類学, 法学, 倫理学などの人文・社会系の学問は, 今後は, 社会生物学という名のもとに, 遺伝子レベルの淘汰の理論で統一されるだろう, とウィルソンは予言しました. 人間も進化の産物である以上, 人間の行動や社会について考える学問はすべて進化的視点を入れなければならないからというのがその理由です.

BOX 1.1	エドワード・ウィルソン

　エドワード・O・ウィルソン (図A) は, 1929 年生まれ, 2021 年没. アラバマ大学で生物学を専攻して修士号を得た後, ハーバード大学で博士号を取得しました. 1964 年以降, 彼は同大学比較動物学博物館 (ピーボディ博物館) の教授を務めていました. 狭い意味での彼の専門はアリ類の分類, 生物地理, 生態, 行動ですが, 彼の関心は生物の社会進化全般に及び, 数多くの総説, 進化モデル, 統一理論を発表してきました. 社会性昆虫に関する大テキスト "Insect Society" (1971) を著し, その中で彼は, 昆虫の社会進化の統一理論にとどまらず, ヒトを含むすべての動物の社会進化の統一理論を構築する決意を述べ, それを社会生物学と呼ぶことを提唱しました. その 4 年後, 公約通りに出版されたのが "Sociobiology (社会生物学)" (1975) です (図B). 邦

訳では 5 分冊（！）にもなるほどの大著であるばかりではなく，内容も高度で，決して一般書のように読みやすい本とは言えません．にもかかわらず，欧米では最初の数年に 10 万部が売れ，専門書としては異例のベストセラーとなりました．というのも，専門誌にとどまらず，一般の新聞雑誌が書評にとりあげ，マスコミを舞台に賛否両論の議論が盛んに戦わされたからです．論点は，言うまでもなく，人間性というものを生物学で語れるのか，人文社会学は生物学に取り込まれていくのか，生物学は決定論か否か，などといった点でした．次の文章は，同書からの抜粋です．

　「分類学と生態学も，新ダーウィン主義の進化理論への統合——しばしば『現代的総合』とよばれる——によって，過去 40 年のあいだにまったく新しい形態をとるようになった．この分野では，各現象はなによりまず，その適応的意義によって評価され，さらに集団遺伝学の基本原理との関連で研究されるようになってきている．このようにみてくると社会学や他の社会科学も，人文科学同様ゆくゆくはこの現代的総合に統合されるのを待つ，生物学最後の学問分野であるといっても言いすぎではないだろう．社会生物学の果す役割のひとつは，このような学問分野を現代的総合に組み入れるべく，社会科学の基礎を再構成することでもある．社会科学がこのような形で真に生物学化されるか否かは今後の問題である」(Wilson, 1975／伊藤監訳, 1999, pp.5–6).

　もう一つ．次の文章は，ピュリッツァー賞を受賞した “*On Human Nature*（人間の本性について）”（Wilson, 1978／岸訳, 1980, p. 14）からの抜粋です．

　「人もまた自然選択［＝自然淘汰］の所産なのだという命題は，確かにあまり魅力的なものではないが，この見解を回避する道はなさそうである．そして，人間の置かれた状況を真剣に考察しようとする際に，この命題は，つねにその出発点におかれるべき必須の仮説といえる．この命題を無視する限り，人文・社会諸科学は，物理学抜きの天文学，化学抜きの生物学，そして代数抜きの数学のようなもので，表面的な現象の単なる部分的な記載の域にとどまってしまうのだ．しかし，この命題をふまえるならば，人間の本性は，徹底的な経験的研究の対象となりえる．そして同時に，教養教育に生物学を有効に役立てることもできるようになり，さらに我々の自己理解も，飛躍的かつ真正に豊かなものになりうるはずなのである」．

　ウィルソンのオリジナルの言説から半世紀近くを経過した今，現代読者の皆さんは，これらの文章をどのように読まれるでしょうか．

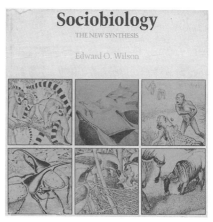

■図A 国際生物学賞受賞で来日時のウィルソン（撮影：東京動物園協会）

■図B "*Sociobiology*" の表紙カバー

社会生物学論争の論点

　ウィルソンの主張に対して，伝統的な社会科学者の間から一斉に反発の声があがりました．先に挙げたデュルケームの言葉や文化人類学の基本概念を見れば，社会学者や文化人類学者たちがウィルソンの主張に一斉に反発した理由はよくわかります．社会科学者たちは，人間の行動や社会の成り立ちは，生物学的要因によってではなく，文化や学習や自由意志によって左右されているのであり，人間の理解に生物的知識は必要がないと見なしていました．そこで彼らは，社会生物学は，文化や学習の重要性を無視した不当な生物学的決定論であり，人間の活動をすべて遺伝子に還元しようとする乱暴な還元主義であると主張したのです．反対者の多くが，これは新しい衣をかぶった社会ダーウィニズムであると感じたものでした．

　一方，生物学者の中からも反論が出ました．事実，最も大がかりな反ウィルソン・キャンペーンを張ったのは，同じハーバード大学の著名な左翼系生物学者である，スティーブン・グールドとリチャード・ルウォンティンでした（Lewontin, 1984）．彼らは，人間の行動に生物学的・遺伝的基盤があるという説明は，人間の現状がなぜこうなっているのかを説明することによって，現状を肯

定するものだと批判しました．人間社会の現状は，差別，不平等，搾取などの不幸と悲惨に満ちています．人間の行動を遺伝で説明するのは，こういう状態が生まれることに生物学的根拠があるとすることであり，それは，現状の差別や不幸を改革していこうとする努力を無にする保守反動的な行為であると彼らは論じました．

　このように見ていくと，遺伝と環境をめぐる論争，人間の本性を生物学的に検討しようとする試みにかかわる論争が何であるのかが，だんだんわかってきます．それは，基本的には，遺伝というものの捉え方，理解の仕方にかかわるものです．

　前にも述べましたが，まず「現状を説明することは，現状を肯定することになる」というグールドやルウォンティンの主張を考えてみましょう．この考え方は，政治的には意味があるかもしれませんが，論理的には誤りです．現状がなぜそうなっているかの科学的説明を与えることは，そのままでよいのだという価値判断とは別の作業です．人間は，ネコのように夜目がきかないし，イヌのような嗅覚も持っていません．そして，なぜ人間がそのような目や鼻を持っていないかの生物学的説明は，簡単につけることができます．しかし，そういう説明ができるからと言って，人間は夜に物を見ようと「するべきではない」とか，よい嗅覚を身につけては「いけない」，と考える人はいないでしょう．また，生物学的・遺伝的な基盤があるということは変えようのない運命なのだというのは，先に述べたように「遺伝決定論」の誤りです．ウィルソンをはじめ（筆者らも含めて），人間行動の生物学を探求しようとしている人々は，人間の行動の進化的基盤を説明しようとしていますが，決して，だから人間はこのままでよいのだというメッセージを送っているわけではありません．しかしながら，生物学的な説明をすると，遺伝決定論的に受け取ったり，「だからこのままでよいのだ」（あるいは逆に，「だからこう変えるべきだ」）という価値判断にすり替えたりする人が少なくないので，そのような議論をする時には，この危険性を十分に認識しておくべきでしょう．

　社会学者，文化人類学者たちの反論にも「決定論」的に受けとることの誤りが含まれていますが，彼らの主張にはその他に，「遺伝」対「文化」，「本能」対「学習」，「からだ」対「心」といった，完全二分法が成り立つという誤った

仮定が含まれています．この二分法は，これらが完全に分けられるとは思っていないにせよ，一般人にも強く染みついているものです．日常的に，私たちのからだの作りは生物学的なものであっても，思考や意志や自分が選択した上での行動は，生物学的なものとは関係がないという暗黙の思いが強くあるのではないでしょうか．これは，ルネ・デカルト以来の心身二元論に根差すものかもしれません．この考えを，仮に「反・生物論」と呼んでおきましょう．

　社会科学者であろうとなかろうと，このような暗黙の「反・生物論」的前提の上に立って話をする人は本当にたくさんいます．筆者らが読む学生の答案や感想文の中にも，「人間は高度な文明と知能を持っているので……」という言い回しは，繰り返して出てきます．でも，私たちはそんなに立派な生き物なのでしょうか．私たちの日常生活は，それほど高度な知能によって運営されているのでしょうか．学生たちの答案を見ていると，このナイーブな理性至上主義をどこでこれほどまでに教え込まれてくるのか，と考えさせられてしまいます．

　もちろん，人間が動物にはない高度な文明を持っていることにも，文化や学習の力が非常に大きいことにも，疑問の余地はありません．人間が，他の動物とは非常に異なる存在であることは確かです．しかし，文明や文化や合理的知能や学習があるからといって，遺伝や生物学的制約がなくなってしまったわけではないでしょう．

　それに対して，「反・生物論者」は，「本能」と「それ以上の高度な知能」という二分法を使うようです．そして，動物は本能で動いているが，人間の「本能」で残っているのは，反射や食欲などの基本的な欲求だけであり，その他の行動はみな，「それ以上の高度な知能」の部分で行われていると主張します．これが，「遺伝」と「環境」，「本能」と「学習」という二分法が生まれる土壌になっています．

　加えて，多くの人々は，遺伝的に影響のあること，生物学的な基盤を持つものというのは，人間の力では何ともしがたい変更不能の運命であると考えているようです．ですから，「遺伝的」ということは一種の宣告のようなものであり，その前では，人間はあきらめるしかないものとなります．そこで，人間の社会の成り立ちを研究し，少しでもよい社会を作るためにはどうしたらよいか，ということを考えている人たちにとって，「遺伝」という言葉はいまわしいも

のに思われるのでしょう．

　本書で改めて問い直したいのは，このような「反・生物論」の持っている前提は正しいのだろうかということです．「文化」「本能」「学習」「知能」「環境」といった言葉は，正確に何をさしているのでしょう．「遺伝も環境もそれぞれに影響を持っている」などと，中道穏健の言い方をしても，何も明らかになりません．では，それぞれに，どんな影響をどれほど持っているのでしょうか．

　人間性の生物学的・進化的探求をしていくには，これらの言葉が持っている意味を正確に把握しておく必要があると思います．

人間行動進化学の発展

　ウィルソンの『社会生物学』には，たしかに間違いもたくさん含まれていました．早計なところや議論の不十分なところは，反対者によっても同僚の行動生態学者によっても，たくさん指摘されました．

　たとえば，社会科学系の諸学が，将来，社会生物学という一つの理論枠の中に解消されるだろうという主張が誤りであることは確かです．この世の現象にはいろいろなレベルがありますから，レベルごとに違う体系の学問が存在して当然です．生命というものは高分子で形成されたシステムですが，だからと言って生物学が物質科学に完全に還元できるわけではありません．生命が高分子で形成されたシステムであるということは，生命現象がどんなに生命特有の現象であっても，物理や化学の原理と基本的に矛盾することはないということであって，その上で，生命に特有の現象を研究する生物学が成立しうるわけです．同様に，人間の社会現象には生物学の用語ですべて書き表すことのできない固有の部分があることは自明です．

　しかし，同時に，ウィルソンが予言した通り，人間の社会行動の生物学的探求は，過去の四半世紀の間に確実に進歩を続けてきました．長い間続いた社会生物学論争の果てに，人間行動の進化的研究（人間行動進化学）は，とりわけ1990年代以降，急展開の時期を迎えました．激しい論争の中で，行動生態学者もいろいろなことを学びました．人間は単純には研究できないことは誰もが知っているつもりだったのですが，それでも困難さは初めに考えていたよりも大きいものであることが明らかになりました．しかし，たいへん興味深いこと

もたくさんわかってきました．おそらく一番おもしろいのは，伝統的な心理学，社会学，文化人類学，言語学，法学，経済学，さらには美学，倫理学，哲学などの分野から，慎重に吟味した議論をもって，人間性の進化的基盤を探求する研究がたくさん現れてきたことでしょう（Dennett, 1995; Sperber, 1996; Skyrms, 1996; Hodgson, 1993; Alexander, 1987; Petrinovich, 1995; Pinker, 1994；Scott-Phillips, 2015; Tomasello, 2014, 2016）．

　ただし，ウィルソンの予言が実現したというわけではありません．これらの学問が社会生物学に統合されようとしているのではないのです．これは，たとえば高分子化学や生物物理学，複雑系科学などの新たな発展によって生物学が変容していくように，進化生物学の発展によって人間を研究する学問の一部にも変化が起こってきているということなのです．本書では，そういった新しい動きを紹介していきます．特に，人間のような複雑な存在を解明していくのに，自然科学的方法は無意味だ，単純すぎるアプローチだと思っている人たちに，進化理論がどのような新しい光を投げかけているかを示してみたいと思います．実際，複雑なものを複雑なまま丸ごと扱うのは至難の技ですが，一見単純と見えるアプローチからも，人間について多くの知見が得られることをぜひともお伝えしたいと思います．人間の心を未踏のジャングルにたとえてみましょう．このジャングルをやみくもに歩き回っても道に迷うだけでしょう．探訪するには，進むべき指針を与えてくれるマップが必要なのです．進化理論はまさにそのマップを提供してくれるものだと思います．次章では，現代の進化理論についてその概要を説明しましょう．

［さらに学びたい人のための参考文献］

オルコック，J.／長谷川眞理子（訳）（2004）．社会生物学の勝利——批判者たちはどこで誤ったか　新曜社

　社会生物学論争の歴史を記し，文化決定論者の誤りを解きほぐす一冊．

米本昌平・松原洋子・橳島次郎・市野川容孝（2000）．優生学と人間社会——生命科学の世紀はどこへ向かうのか　講談社

　社会進化論から生まれた優生主義が犯した過ちを学ぶ一冊．日本の優生保護法は今日に至るまで人権侵害をもたらしている．

第 2 章

古典的な進化学

1 ⊷ ダーウィン以前の世界観

　今から 46 億年前にできた地球．その上で，生命は 38 億年の長きにわたって形を変えながら存在してきました．たとえば，今ある私たちヒトの体を見ると，手足から目，耳，鼻，口，そして内部の神経網や循環器系から脳に至るまで，それらのパーツ一つ一つは非常に精巧にできており，また優れた機能性を有しています．肝臓を例にとれば，肝臓と同じ機能を持つ化学反応系を人工的に作ろうとすると，巨大な化学工場がいくつも必要になるというから驚きです．このように見事な生命のしくみが進化によってほぼ無からできあがったと信じる人は，その昔はいませんでした．むしろ，何かの知的な存在のデザインに従って創り上げられたものであるという見方が一般的であり，中世から近世のヨーロッパでは，その知的な存在というものはもっぱらキリスト教における The God，つまり神でした．

　旧約聖書によれば，この世界や人間を含めたすべての生き物は神が創造したものとされています．有名な『創世記』のノアの方舟伝説によれば，方舟にはノアと妻，ノアの三人の息子とそれぞれの妻，そしてすべての動物のつがいが乗り込み，大洪水を乗り越えたこれらの子孫が，現存するヒトや動物の祖先であるとされています．ここには，種は時間的に不変であって，すべての生物種が現在の形で神によって創られたという考えが垣間見えます．

　生物が時間とともに形を変えるという考え方を最初に明確な形で発表したのは，19 世紀のフランスの博物学者，ジャン＝バティスト・ラマルクです．ラ

マルクは 1809 年に『動物哲学』を著し，個体が頻繁に使用した器官は大きく強くなり，反対にあまり使わなかった器官は小さく弱くなり，そのような形質（trait：生物学的性質のこと）が子孫に伝わると考えました．たとえば，父親が筋トレをして筋肉をつけたら，その情報が何らかの形で伝わって子も筋肉ムキムキになる，というようなものです．この考えは用不用説と呼ばれ，現在の生物学では基本的に否定されている考えです．また，当時はメンデルの法則もまだ発見されていませんでしたから，親が後天的に獲得した形質が子に遺伝する具体的メカニズムに関しても不明確でした．しかし，生命が時間に対して連続的に変化しうることに着目したという点では，ラマルクは評価されてしかるべきでしょう．

　自然の時間的連続性という点では，地質学者，チャールズ・ライエルの著書『地質学原理』もチャールズ・ダーウィンの考えに影響を与えたと考えられています．ダーウィンは進化論を生むきっかけとなったビーグル号の航海にもこの本を持って行きました．ライエルは『地質学原理』において，この世の地形はわずか数回の大きな天変地異でできあがるのではなく，ゆっくりと時間をかけた過程によって徐々に変わってできるのだと主張しました．当時の地質学では，過去の噴火や大洪水などの現象は現在では全く見られないという考え（天変地異説）が一般的でしたから，過去も現在も同じような変化が起きているというライエルの考え（これを「斉一説」と呼びます）は非常に新しいものでした．

2 ┣・ 進化とは

　イギリスに生まれたダーウィン（BOX 2.1）は，22 歳の時，イギリスの測量船ビーグル号に乗る機会を得て，その航海で南米およびガラパゴス諸島の多様な生物に接します．イギリスに帰国後，生物は時間とともに徐々に変容し，その変化によって生物種が生み出されるのだという考えにたどり着き，1859 年，『種の起源』（*"On the Origin of Species"*）を著します（Darwin, 1859）．この本の中でダーウィンは，自然淘汰（natural selection：もしくは自然選択と訳される）という進化のしくみを提唱するのですが，ここではまず生物の進化とは何かから説明を始めることにしましょう．

BOX 2.1　チャールズ・ダーウィンの生涯

　1809 年に 6 人きょうだいの 5 番目として医師の家に生を受けたチャール
ズ・ダーウィンは，幼少期から自然に関心を持ち，植物，昆虫，貝殻などの
採集を行っていました．家業である医師をめざしエディンバラ大学に進学す
るものの，麻酔がない当時の外科手術に嫌気がさし，ケンブリッジ大学へ転
入して今度は牧師をめざします．しかし，ケンブリッジ大学でダーウィンが
没頭したのは，神学ではなく博物学でした．卒業後まもなく，植物学教授，
ジョン・S・ヘンズローの紹介で，ダーウィンはイギリス海軍の測量船ビー
グル号の航海に随伴する機会を得ます．ビーグル号の艦長，ロバート・フ
ィッツロイは，艦長という孤独な任務を成し遂げるためによき話し相手を探し
ており，その任に博物学の知識もあるダーウィンはぴったりでした．かくし
て 1831 年 12 月 27 日，イギリスのプリマスからビーグル号は出港します．

　ビーグル号の航海の目的は南米沿岸の測量だったため，ダーウィンは南米
大陸東岸（今のブラジルやアルゼンチンあたり）に長期間上陸し，動物や植物
の採集，化石の発見など，様々な博物学的な収集を行います．中でも 1835
年に立ち寄ったガラパゴス諸島での経験は，その後のダーウィンに大きな影
響を与えました．彼はマネシツグミと呼ばれる鳥を収集し，ガラパゴス諸島
のマネシツグミが南米大陸の固有種とは異なっていること，さらには島ごと
にもマネシツグミが異なっていることに気づきます．鳥の分類に詳しくなか
ったダーウィンは，初めこれらが亜種程度の違いしかないだろう（亜種とは
種の下位概念で，同種だがはっきりした差異が存在する場合の区分）と考えてい
ましたが，イギリスに帰国後，専門家である鳥類学者ジョン・グールドによ
って，ガラパゴスの異なる島から持ち帰ったマネシツグミの三つの標本がど
れも別種であることを指摘されます．これらの発見によりダーウィンは，生
物種という概念が絶対的に固定されているという従来の考えを疑い，種と種
の間には連続性があるのではないかと考えるようになります．また，ガラパ
ゴス諸島のゾウガメの甲羅は前縁部の形状が島固有であり，現地に住む人々
は甲羅の形からゾウガメの出身島を言い当てることができるという逸話も，
後にダーウィンが進化論を着想するのに影響を与えたと考えられています．

　イギリスに帰国後に自然淘汰の考えを温めていたダーウィンですが，キリ
スト教の教義の否定ともとられかねない自身の学説の発表にはためらいがあ

り，また万全の証拠固めをするために，発表の適切な時期を慎重に見計らっていました．ところが，イギリスの博物学者アルフレッド・R・ウォレスが同じようなアイデアを発表しようとしていることに気づき，1858年にウォレスと共著で短い論文を発表します．そしてその翌年の1859年，ついに長年のアイデアを大著『種の起源』で発表するのです．

ダーウィンは人間の進化についても洞察を深めています．たとえば，ビーグル号の航海で立ち寄った南アメリカ最南端のフェゴ島では，裸の先住民に出会い，衝撃を受けました．このような経験は，晩年の著作である『人間の進化と性淘汰』（1871）や『人及び動物の表情について』（1872）にも活かされることになります．

日常的には，進化（evolution）という語は，何かの改善を意味するために用いられることが多いように思われます．たとえば，機能が追加された洗濯機を「進化した洗濯機」と言ったり，以前より強くなったサッカー日本代表を「進化した日本代表」などと言ったりするのはその例です．しかしながら，生物学における進化の定義は，改善や改良といった性質のよしあしの変化とは直接関係がありません．その定義は「集団中の遺伝子頻度の時間的変化」というものです．

ここで「集団」と「遺伝子頻度」という新しい用語がまた出てきました．「集団」（population）とは，同種個体の集まりのことを指します．後で詳しく説明しますが，生物個体は様々な遺伝子（gene）を親から受け継ぎ，その遺伝子の働きによっていろいろな機能が実現されます．目を形作る遺伝子，消化酵素を作り出す遺伝子，体色を決定する遺伝子など，その機能は様々です．さて，集団中にある機能に関する複数の異なるタイプの遺伝子があったとしましょう．わかりやすいよう話を単純化して，鳥の羽の長さがある単一の遺伝子によって決定されているとし，各個体は短い羽を作る遺伝子S（short）と長い羽を作る遺伝子L（long）のどちらかを持っていることにしましょう．遺伝子Sと遺伝子Lのように，同じ機能に関する異なるタイプの遺伝子のそれぞれを特に対立遺伝子（allele，アレル）と呼びます．

「遺伝子頻度」とは，この例だと集団中の何割の個体が遺伝子Sを持ってい

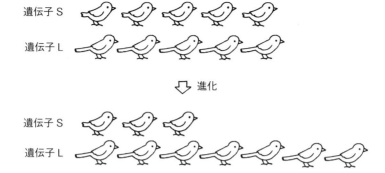

■図2.1　進化と遺伝子頻度

て，残り何割の個体が遺伝子Lを持っているかという，集団全体に対する各遺伝子の割合を意味します．たとえば，ある世代において保持する遺伝子の頻度がS：L＝5：5だったとしましょう．子の代になってSとLの割合を再び調べると，S：L＝3：7だったとします．この時，「集団中」の「遺伝子頻度」は確かに変化していますから，これをもって生物学者は「進化が起こった」と言うのです（図2.1）．

　ここで注意しなければならないのは，この例の逆の場合です．先程の例ではLの割合が増えていました．では，逆に子世代ではS：L＝7：3となっていたらどうでしょう．これは進化でしょうか．答えはYesです．私たちはついつい進化を改善・改良と考えてしまうので，集団中から長い羽を持つ個体が減ってしまったことを「進化」と呼ぶのに躊躇してしまうかもしれませんが，あくまで生物学上の進化の定義は遺伝子頻度の「変化」であって，その方向や，機能が強化されたか否かには関係しないことに注意しましょう．

　時折，「退化」という語が「進化」の対義語のように使われている例を見かけますが，これは誤りです．生物学でいう「退化」とは，「進化」の特別な場合であり，進化の結果として，ある器官や機能が縮小したり，衰えたり，または失われたりする時に用いられる語です．したがって，鳥の集団で羽が短くなるのは進化であり，そして「退化」と呼んでも差し支えない進化の一形態です．

　もう一つ注意しなければならないのは，いくら集団に変化が生じても，それが遺伝子に基づいていないものならば進化とは見なされないという点です．た

とえば，ある年の果実は豊作で，あるサルの群れでは，親世代に比べてどの個体も体格がよかったとしましょう．しかし，これは果実という環境要因が変化したからに過ぎず，体格を決定する対立遺伝子の頻度には何も変化が起きていないと考えられます．したがって，見た目では親世代より子世代のほうが体格がよくなったこの変化は，定義に照らして考えれば進化ではありません．

　ましてや進化は集団に対してのみ定義される概念であることを考えると，ある単一の個体が「進化」することは，その定義からしてありえません．子の身長が伸びたり，筋トレで筋肉が増えていったりすることは成長（growth）や発達（development）といった単語で呼ばれ，サナギから蝶が羽化するような特に劇的な変化は変態（metamorphosis）と呼ばれ，それぞれ個体内の変化として進化とは明確に区別されるものです．進化はあくまで，集団に起きる，世代を超えた変化なのです．

　私たち人間が親から受け継ぐのは遺伝子だけではありません．知識や技術，慣習など様々なことがらを親から学びます．親だけではなく，親世代の人や，同世代の人からも様々なことを伝え聞き，また学習します．多くの場合，これらの文化的要素は遺伝子とは関係がないので，ある情報が集団中に時間をかけて広まったとしても，これを進化と呼ぶことはできません．しかしながら，ある情報が集団中に広まっていく過程は，遺伝子が集団中に広まっていく過程にも共通する点があるので，前者を文化進化（cultural evolution），後者を遺伝子進化（genetic evolution）と呼んで，パラレルに扱うこともあります．たとえば，近年の先進国に見られる少子化傾向は，子を多く産まないというライフスタイルが他者のライフスタイルにまで影響して広まったものと考えることができ，これは文化進化の例と考えられます．文化進化については第13章でまた詳しく述べることにします．

3 ├•● 自然淘汰

　進化の生物学上の定義を理解したところで，いよいよダーウィンが提唱した自然淘汰の考えを理解していくことにします．自然淘汰が働くためにそろうべき条件は三つあります．それは「変異」「淘汰」「遺伝」です．

「変異（variation）」とは，集団中に様々な形質を持つ個体が存在することをさします．たとえば，先の仮想の鳥の例だと，集団中に羽の短い個体と長い個体の2種類がいることが変異です．ただし，実際には羽の長さがたった2通りということはなく，連続的に変異があるのが普通でしょう．

次に「淘汰（selection）」です．淘汰とは，変異が個体の生存や繁殖に影響を及ぼすことをさします．鳥の例で，長い羽を持つと飛行速度が速くなり，餌である虫をより捕まえやすいとしましょう．すると，長い羽を持った個体のほうが短い羽を持った個体よりも多くの餌にありつけますから，それだけ栄養状態がよく，子どもをたくさん育てられ，結果として高い生存率と高い繁殖率を実現できると考えることができます．これが淘汰です．

最後の条件は「遺伝（heredity）」です．これは，親の形質が，子に「伝わる」ことをさします．鳥の例だと，遺伝子Sが短い羽，遺伝子Lが長い羽をコードしていましたから，短い羽を持つ親の子はやはり羽が短く，長い羽を持つ親の子はやはり羽が長くなります．つまり遺伝の条件が満たされています．

さて，これらの3条件がそろうと何が起こるでしょうか．形質の変異が生存や繁殖の成功度に影響するので，鳥の例だと，長い羽の個体のほうが短い羽の個体より，平均すると多くの子を残せるはずです．しかも，親の形質は子に遺伝するので，子世代を見ると，親世代よりも長い羽を持つ個体の割合が，つまりは長い羽をコードする遺伝子Lの遺伝子頻度が増えていることでしょう．つまり，進化が起こるのです．これがダーウィンの自然淘汰の基本的なアイデアです．

注意すべきは，自然淘汰の考え自体はロジックであり，実証されたり反証されたりする性質のものではないということです．「変異」「淘汰」「遺伝」の3条件がそろうと必然的に進化が起こる，というロジックに気づいた点がダーウィンの真価なのです．ですから，進化研究で調べられるべき点はこのロジック自体ではなく，むしろ注目する形質にはどの程度の変異があるか，その形質にはどのような淘汰がかかっているか，そしてその形質にはどのような遺伝的背景があるかなどであり，もし，この3条件がそろっているにもかかわらず，自然淘汰の予測とは逆の方向に進化が起こったならば，そこには何らかの見落とされた要因が潜んでいると考えるべきでしょう．

もっともダーウィンの時代は，遺伝子の突然変異という考えがなかったので，そもそも個体間に変異がどうやって生じるかはブラックボックスでしたし，またメンデルの法則が世に認められる形で再発見されたのが1900年（グレゴール・J・メンデルの報告自体は1865年になされたが，しばらくの間評価されることはなかった）ですから，『種の起源』が出版された1859年当時は，遺伝がどのようなメカニズムで起こっているかは知られていませんでした．このような時代にあって，現代でも通用する自然淘汰の基本的ロジックにたどり着けたのは，ダーウィンの深い洞察の賜物ということができるでしょう．

4 ┣•• 適応

　前節の架空の鳥の例で見たように，集団に自然淘汰が働くと，生存や繁殖に有利な形質を持った個体の割合が「ひとりでに」集団中に増えていきます．そこには個体の意思は一切必要ありません．しかし，この現象はあたかも羽の短い個体が「羽を長くするほうが餌をとるのに有利だぞ」と考えて羽を長くしたようにも一見思えてしまいます（実際にはそんなことはできませんが）．もしくは，この世には何らかの超自然的なデザイナーがいて，そのデザイナーが鳥の羽を長くし，ライオンには鋭い牙を与え，私たちヒトには高度な脳を与えたのだ，と考えてしまっても無理はないでしょう．実際，自然淘汰のロジックが提唱される前の18世紀の神学者であるウィリアム・ペイリーは，精密時計は時計職人なしでは作られないように，精巧にできた私たちの体にも必ずやそのデザイナーがいるはずだと考えました．しかしながら，そういった意思やデザインを持ち出さなくても，自然淘汰はこの現象に説明を与えてくれます．

　これと対照的なのが，農学で行われる人為淘汰（artificial selection）です．人為淘汰では農産物の改良という明確な目的があり，たとえば厳しい環境にも強いイネを作るとか，脂肪分の多い肉牛を作るなど，望ましい目標があらかじめ設定されます．そして，望ましい形質を持つ個体のみを繁殖に参加させ，そうでない個体を繁殖から排除することで，人工的に農産物に進化を引き起こし，最終的に人間にとって都合のよい農産物を作ることをめざすのです．

　自然淘汰と人為淘汰の大きな違いは，自然淘汰では生存や繁殖に有利な形質

が残っていくのに対し，人為淘汰では人間が設定した目標に近い形質が残っていく点です．もちろん「生存や繁殖に有利な形質」は，生物集団が置かれた環境に依存して変わりうるものです．先の鳥の例で，長い羽を持つほうが獲物をとりやすいと述べましたが，たとえば，都市化が進んだ現代では，鳥の従来の生息地にまで人間が進出し，道路や橋などの構造物をところ狭しと造ったために，むしろ短い羽を持って小回りが効く飛び方をしたほうが「生存や繁殖に有利」になっているという報告があります（Brown & Brown, 2013）．したがって，環境が変われば生存や繁殖に有利な形質も変わるのです．環境に適合した形質のことを適応的形質（adaptive trait）もしくは単に適応（adaptation）と呼びます．自然淘汰による進化は適応を生み出すので，適応進化（adaptive evolution）と呼ばれることがあります．

　環境によって適応が変わる実例を一つ挙げましょう．ベルグマンの法則というものがあります（Bergmann, 1847）．これは，恒温動物では低緯度域に生息するほど体は小さく，高緯度域に生息するほど体は大きくなる，という法則です．恒温動物は常に体温を一定にしなければなりませんから，熱を体内で作る必要があります．作ることのできる熱の量は体の体積，つまり体長の 3 乗に比例するでしょう．それに対して，体温が奪われる速度は体の表面積，つまり体長の 2 乗に比例すると考えられます．この乗数の違いにより，体内の熱を効率的に放出する必要がある低緯度域では小さい体が，体内の熱をなるべく保持する必要がある高緯度域では大きい体が，それぞれ適応的形質になると考えられます．たとえば熱帯にすむマレーグマ（*Helarctos malayanus*）は体長が 1.2〜1.5m 程度ですが，北極海にすむホッキョクグマ（*Ursus maritimus*）のオスの体長は 2.5m を超えることもあります．

5 ┃•• 適応度

　生存や繁殖の有利性とは，つまるところ遺伝子を次世代にどれだけ残すことができるかで定量化されます．ある一個体に着目した時，この個体が一生のうちに残した子の中で，妊性（子をつくる能力）を持ち，繁殖に参加できる段階まで生存したものの数を，適応度（fitness）と呼びます．fitness という単語の

中の fit とは，個体の持つ形質が環境に適合（fit）している，という意味です．たとえばたくさんの卵を産むことで知られるマンボウを考えてみましょう．あるマンボウは 2 億個の卵を産みましたが，ほとんどの卵は捕食されてしまい，卵が成体まで無事生き残る確率は 1 億分の 1 だったとします．この時，この親マンボウの適応度は

（2 億）×（1 億分の 1）= 2

と計算することができます．なぜ生存率を乗じなければいけないかというと，それは，死んだ卵は親マンボウの遺伝子を次世代に残すことに貢献しないからです．進化は集団中の遺伝子頻度の時間的変化であると先に述べました．これを正確に測定するには，ライフサイクルがちょうど一周した時点，つまり親マンボウが産んだ卵が成長し，親と同じ段階に達した時点で，数をカウントするのが妥当な方法なのです．

　しかし，進化を記述するのに，ある一個体の適応度を知るだけでは不十分です．進化はその定義上，個体の集団に対して起こるものですから，複数個体の適応度がわかって初めて進化の方向を予測できます．再び架空の鳥の例を考えてみましょう．集団に存在する短い羽を持つタイプ（遺伝子 S を保有）と長い羽を持つタイプ（遺伝子 L を保有）から，それぞれ複数個体（理想的には全個体ですが，それは実際には難しいでしょう）をとってきて，短い羽を持つ個体の適応度の平均値と，長い羽を持つ個体の適応度の平均値を計算し，それらの大小を比較すれば，進化の方向が精度よく予測できます．このようにして計算される適応度の平均値を，平均適応度（average fitness）と呼びます．単一個体の適応度（これを特に，個体適応度（individual fitness）と呼ぶことがあります）には，たまたま資源を多く見つけられたとか，たまたま捕食者に見つかってしまったなどの複数の偶然の要素が反映されていますから，それらの要因を排除するためにも平均適応度は有用な概念です．

　たとえば，短い羽のタイプと長い羽のタイプがそれぞれ 5 個体いる集団を考えましょう．この時，遺伝子 S と遺伝子 L の集団中の頻度は 50%：50% です．次に，これらのタイプの平均適応度がそれぞれ 2 と 3 だったとしましょう．すると，次世代では短い羽のタイプと長い羽のタイプの個体数はそれぞれ 5×

2＝10 個体，5×3＝15 個体となりますから，遺伝子 S と遺伝子 L との頻度は
それぞれ 10／25＝40％，15／25＝60％ となります．したがって，遺伝子頻度
が変わったので進化が起きたということになります．

　さて，先の例でもし各タイプの平均適応度が 2 と 3 ではなく，20 と 30 だっ
たらどうでしょうか．平均適応度が 20 や 30 という大きな値なので集団中の個
体数は爆発的に増えることになりますが，遺伝子頻度という観点では次世代の
頻度は遺伝子 S が 40％，遺伝子 L が 60％ となり，先程と全く変わりません．
もちろん個体の絶対数が時間とともにどう変化するかを調べることは重要なの
ですが，遺伝子頻度の時間変化のみに興味がある場合は，適応度の値そのもの
よりもむしろ，異なるタイプ間での（平均）適応度の比が重要になります．そ
こである基準を定め，その適応度が 1 となるように相対化した適応度のことを
相対適応度（relative fitness）と呼びます．先の例だと，たとえば遺伝子 S を保
持する個体の平均適応度を 1 とするよう基準化した場合，遺伝子 L を保持す
る個体の相対適応度は 3／2＝30／20＝1.5 となります．一般に，遺伝子頻度の
時間的変化はこの相対適応度によって決まることが知られています．特に基準
側の相対適応度を 1 とし，もう一方の相対適応度を 1＋s とする時，この s の
ことを淘汰係数（selection coefficient）と呼び，これはある遺伝子の進化的有利
度（もしくは s が負の時は不利度）を表す指標として，そして進化のスピードを
表す指標として重要です．先の例だと遺伝子 L 側の淘汰係数は s＝0.5 で，こ
れはかなり強い自然淘汰と言えます．

6 ┼•　様々な適応の例

ダーウィンフィンチのくちばし

　自然淘汰を野外で検出した好例として，グラント夫妻（ピーター・グラント
とバーバラ・グラント）らによるダーウィンフィンチの研究が挙げられます
（Grant & Grant, 2014）．ダーウィンはビーグル号での航海中に，ガラパゴス諸島
で島名も記さずにとりあえず博物学的に鳥の標本を集めました．彼は初め，そ
こにはフィンチ，ミソサザイ，ツグミなどの種が混ざっていると考えましたが，

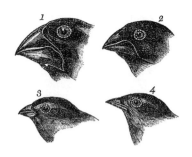

■図2.2　ダーウィンフィンチ（ダーウィン『ビーグル号航海記』）
1. オオガラパゴスフィンチ，2. ガラパゴスフィンチ，3. コダーウ
ィンフィンチ，4. ムシクイフィンチ.

鳥類学者グールドはそれらのすべてがフィンチであり，しかもそこには13種
もの別種が存在することを指摘しました．ダーウィンはくちばしだけで判断を
していたのですが，ミソサザイやツグミに似たくちばしを持つフィンチがそこ
には含まれていたのです．このような経緯からこれらの鳥の仲間はダーウィン
フィンチと呼ばれるようになりました（図2.2）.

　グラント夫妻は1973年から毎年，ガラパゴス諸島のダフネ（Daphne）島を
訪れ，そこに生息するダーウィンフィンチの一種であるガラパゴスフィンチ
（*Geospiza fortis*）の体長やくちばしのサイズから，個体数，そして食物に至るま
でを丹念に調べます．その結果，ダフネ島のガラパゴスフィンチの体長やくち
ばしの大きさには変異があり，そしてその特徴はかなりの部分が子に遺伝する
ことが見出されました（Boag & Grant, 1978; Boag, 1983）.

　劇的な変化は1977〜78年にかけて起こります（Boag & Grant, 1981）．1977年
の雨季にはわずか24mmの雨しか降らない大干ばつが起き，普段餌としてい
る種子の減少によって，全体の約85％の個体が死亡しました．ところが，生
存した個体と死亡した個体の形質にはある差があったのです．それは，生存個
体は死亡個体に比べ，大きな体と大きなくちばしを持っていたということでし
た．普段は小さく柔らかい種子を食べていた彼らは，干ばつによってこれらの
種子がなくなると，食料を別の資源に頼らざるをえなくなりました．この時，
大きなくちばしを持つ個体はサボテンやハマビシの一種の固い種子を食べるこ

とができ，生き延びることができたのです．その結果，1978年のダフネ島のガラパゴスフィンチの平均的なくちばしサイズは大きくなりました．1977年に目立った繁殖がなかったことを考えると，これは1977年に小さいくちばしの個体がどれも死亡したことによる変化だと考えられます．つまり死亡率の差で進化が起きたのです．

　グラント夫妻がリアルタイムで目撃した自然淘汰はこれに限りません．1982〜83年にかけてのエルニーニョ現象と多雨により，ダフネ島の植生は変化します．特に，小さく柔らかい種子と大きく固い種子の比率の変化は顕著で（Grant & Grant, 1993），以前に比べると島では小さく柔らかい種子の比率が多くなりました．そのような状況下で1984〜86年にかけて再び干ばつが続き，その結果，島のガラパゴスフィンチの体長やくちばしのサイズの平均は小さくなったのです（Grant & Grant, 1995）．大きい個体はたしかに固い種子を食べるのには効率がよいのですが，体温や水分の維持には，体の大きな分だけ小さな個体に比べてより時間とエネルギーをかけなければなりません．また大きいくちばしでは小さい種子を扱いにくいという直接の理由もあったのでしょう．このように，気候や環境の変化によってダフネ島のガラパゴスフィンチは数年単位で進化を繰り返していることが明らかになりました．

オオシモフリエダシャクの工業暗化

　蛾の一種であるオオシモフリエダシャク（*Biston betularia*）は，もともと白色に黒い斑点のある明るめの体色を有しており，明色の木や灰白色の地衣（＝藻と菌の共生体）で覆われた木などにとまると，鳥などの捕食者から姿を隠せる，ちょうどよい隠蔽色になっていました（BOX 2.2）．しかし，イギリスで産業革命が起き，工業地帯が黒い煤煙で覆われるようになると，環境中にススで覆われた暗色の木が多くなり，それに対応して黒色の個体の頻度が劇的に増加しました．これは暗色の木に対しては黒い体色が隠蔽色になったからと考えられています．つまり，もともとは白色を持つことが適応だったものの，人為的な環境変化によって黒色を持つことが適応へと変わったという解釈です．この現象をオオシモフリエダシャクの工業暗化と呼びます．

　2016年の研究によると，体色を黒にする突然変異が生じたのは1819年頃で

あると推定されています（van't Hof *et al.*, 2016）．その後，おそらく黒色の個体は少数ながら生き続け，マンチェスターで黒色個体が最初に発見されたのが1848年，そして1895年にはマンチェスターで見つかる98％の個体が黒色になっていました（Clarke *et al.*, 1985）．しかし，近年の厳しい大気汚染対策により，イギリスの各地域では再び黒色個体が減少していることが明らかになっています（Cook *et al.*, 1999）．

　ここで突然変異について一つ注意を述べておきましょう．次章でまた詳しく説明しますが，突然変異は生物の設計図であるゲノムに変化が起きることをさし，その原因は主に複製時のコピーミスなどランダムな要因によるものと考えられています．したがって，環境中に煤煙が蔓延したことが理由で，体色を黒くする突然変異が起きたのではありません．これらの間に因果関係はないのです．むしろ，産業革命が起こるずっと前から体色を黒くする突然変異が時折起きていたが，そうやって生じた黒色の個体は明色の環境中では見つかりやすく，そのたびごとに自然淘汰によっていなくなっていたと考えるのが妥当です．そして，たまたま産業革命の少し前に起きた突然変異が，環境の劇的な変化によって突如として進化的有利度を手に入れ，集団中に広まっていったのでしょう．

　なお，オオシモフリエダシャクの研究の歴史については，その是非に関する論争も含めて詳しくまとめられています（Cook & Saccheri, 2013）．

BOX 2.2	オオシモフリエダシャクの体色の遺伝的背景

　オオシモフリエダシャクの体色に関しては，その遺伝的背景もよく知られています．先の架空の鳥の例では，遺伝子Sと遺伝子Lの存在を仮定し，そしてSの子はS，Lの子はLという単純な遺伝を考えていました．しかし，それは話を簡単にするためであって，現実はそれほど単純ではありません．

　私たちヒトを含む多くの動物は有性生殖を行い，父親から1セット，母親から1セット，計2セットの遺伝情報を受け継ぎます．このような生物は二倍体（diploid）と呼ばれます．実際，鳥類もオオシモフリエダシャクも二倍体です．それに対して，大腸菌などは遺伝情報を1セットしか持たない半数体（haploid）で，分裂により無性的に増えていきます．

■表　オオシモフリエダシャクの遺伝子型と表現型

遺伝子型	CC	Cc	cc
表現型（体色）	黒色	黒色	白色

　二倍体生物の場合，ある形質をコードする遺伝子を父母それぞれから一つずつ，計二つ受け継ぐことになるので，その組み合わせが重要となります．オオシモフリエダシャクの体色は，単一の遺伝子座（locus：遺伝子が存在する場所のこと）における遺伝子の組み合わせで決定していることが知られています．この遺伝子座に存在しうる対立遺伝子はCとcの2種類です．遺伝子の組み合わせがCCもしくはCc（父親からC母親からcを受け取った個体と，母親からC父親からcを受け取った個体は区別しません）ならば黒色の *carbonaria* と呼ばれるタイプに，ccならば白色の *typica* と呼ばれるタイプになります（表）．

　オオシモフリエダシャクの例は，両親から受け継いだ遺伝子の組み合わせが体色の決定に重要であることを示しています．個体の遺伝子構成とその結果生み出される形質を区別して，遺伝子の組み合わせを個体の遺伝子型（genotype）と呼び，そこから生じた形質を個体の表現型（phenotype）と呼びます．すなわち，オオシモフリエダシャクでは，遺伝子型がCCもしくはCcであると表現型が黒色，遺伝子型がccであると表現型が白色になります（表）．

　この例では，両親から受け継いだ遺伝子が同じであるホモ接合体（homozygote）の個体を見ると，遺伝子型がCCだと表現型が黒，遺伝子型がccだと表現型は白なので，対立遺伝子Cが黒色，対立遺伝子cが白色にそれぞれ対応していることがわかります．しかし，両親から受け継いだ遺伝子が異なりCcという遺伝子型を持つヘテロ接合体（heterozygote）の個体の表現型は，黒と白を足して2で割った中間色ではなく，CCと同じ黒色です．これはあたかも黒色の効果が白色の効果を抑えているかのように見えるので，このような場合，遺伝子Cは顕性（dominant）であると言い，遺伝子cは潜性（recessive）であると言います．

　なぜこのような顕性が生じるのでしょうか．色素を作る遺伝子と色素を作らない遺伝子が対立遺伝子として存在する場合，両親から受け継いだどちらかの遺伝子で色素を作れれば，その量で体色には十分な場合があります．た

だ，オオシモフリエダシャクの場合は，*cortex* 遺伝子と呼ばれる翅の原基（大元となる部分）形成遺伝子の働きを制御する部分に生じた突然変異が黒色の原因であることがわかっており，顕性が生じる直接的なメカニズムはまだ解明途上にあります．

　対立遺伝子間に顕性，潜性の関係があると思いもよらないことが起きます．ヘテロ接合体 Cc の親同士が交配をした時を考えてみましょう．メンデルの法則によって父親の持つ二つの遺伝子から等確率でどちらか一つが精子に，同様に母親から等確率でどちらか一つの遺伝子が卵に入り，それらが子に受け渡されます．したがって，子はそれぞれ 25%，50%，25% の確率で遺伝子型 CC，Cc，cc を持つようになり，表現型で言えばこれは 3：1 で黒色と白色の子が生まれるということになります．親はもともと両方が遺伝子型 Cc を持つ黒色でしたから，これは黒色同士の交配でも白色が生まれることを意味します．

ヒマラヤを渡るガン

　インドガン（*Anser indicus*）は，夏季にはモンゴルからチベット高原にかけての地域に生息し子育てをしますが，秋の終わりになるとヒマラヤ山脈を越え，冬季はインド平原で過ごす渡り鳥です．8000m 級のヒマラヤの山々を越える彼らの赤血球には，近縁種にはない独自の進化が見られます．赤血球は酸素を運搬するタンパク質であるヘモグロビンがその主要な構成成分ですが，141 個のアミノ酸からなるヘモグロビン α 鎖の 119 番目のアミノ酸が，他種ではプロリンであるのに対し，インドガンではアラニンになっています（Natarajan *et al.*, 2018）（表 2.1）.

　このアミノ酸の違いによりヘモグロビンの構造に若干の変化が生じ，この物理的変化のおかげで酸素分子との親和性が高まるのです（Jessen *et al.*, 1991）.この変異により，インドガンは酸素の薄い上空でも高い酸素運搬の効率を持つことができ，ヒマラヤレベルの高度での渡りを無事に成功させることができると考えられています．

■表2.1 平地にすむハイイロガン（*Anser anser*）とインドガンのヘモグロビンα鎖のアミノ酸
配列の違い

アミノ酸の位置（番目）	117	118	119	120	121
ハイイロガン	L ロイシン	T トレオニン	P プロリン	E グルタミン酸	V バリン
インドガン	L ロイシン	T トレオニン	A アラニン	E グルタミン酸	V バリン

ハイイロガンでは 119 番目のアミノ酸がプロリンだが，インドガンではアラニンである．

■表2.2 ヒトの赤血球の遺伝子型と表現型

遺伝子型	RR	RS	SS
表現型（赤血球の形状）	全部が正常型	一部が鎌状 （貧血症）	全部が鎌状 （致死）

鎌状赤血球遺伝子

　ここまではヒト以外の例でしたが，いくつかヒトの例をお話することにしましょう．鎌状赤血球貧血症という病気があります．これは赤血球を作るヘモグロビンというタンパク質が通常の人と異なるために，赤血球による酸素の運搬効率が悪くなり，貧血を起こしてしまう病気です．正常な人の赤血球は丸くぷっくりとした形をしていますが，この病気を持つ人の赤血球の一部はひしゃげており，まるで鎌のような形に見えます．そこでこの病気を鎌状赤血球貧血症と呼ぶのです．

　鎌状赤血球を生じさせる遺伝子は特定されており，病気になるかならないかは一つの遺伝子座で決定されていることが知られています．正常型の赤血球を作る遺伝子をRとしましょう．それに対し，鎌状赤血球の原因遺伝子をSとします．対立遺伝子RとSの組み合わせにより，三通りの遺伝子型が考えられますが，遺伝子型がRRであると赤血球の表現型は丸い正常型になります．遺伝子型がRSである人の赤血球の一部は正常型ですが一部が鎌状となり，貧血を引き起こします．遺伝子型がSSであるとすべての赤血球が鎌状となり，重篤な貧血のため生後間もなく死んでしまいます（表2.2）．

　適応という観点で見れば，生後間もなく死んでしまう遺伝子型SSは言うに及ばず，貧血になってしまう遺伝子型RSの個体も生存・繁殖上の不利を被っていますから，酸素の運搬効率に最も優れた遺伝子Rが自然淘汰により集団

中に広まっていき，逆に遺伝子Sは集団から排除されるであろうと予測することができます．事実，世界中の多くの集団でそのようになっています．

　しかしながら，遺伝子Sを持つことが有利である地域があります．それはマラリアの蔓延する熱帯地域です．マラリアはマラリア原虫と呼ばれる生き物が赤血球の中に寄生して起きる病気で，高熱を伴い，時に死を引き起こす恐ろしい病気です．正常型の丸い赤血球はマラリア原虫の格好の住みかとなるのに対し，鎌状の赤血球にはマラリア原虫はあまりうまく住むことができません．その結果，マラリアが蔓延している地域では，鎌状赤血球貧血症を引き起こすコストにもかかわらず，マラリアにかかりにくくなるという大きな利益が存在するために，鎌状赤血球遺伝子Sの保持率が高くなっています．たとえば，鎌状赤血球遺伝子S保持者の頻度が高い地域を世界地図に表すと，これは歴史的にマラリアが蔓延していた地域の図とかなりよく一致します（Piel *et al.*, 2010）．

皮膚色の緯度勾配

　ヒトの皮膚色は薄い白色から濃い黒色まで様々ですが，地球上の様々な場所でその土地に古くから住む人々の皮膚色を調べると，そこには緯度に応じた勾配があることがわかります．具体的には，低緯度域にはより濃い皮膚色を持った人々が，高緯度域にはより薄い皮膚色を持った人々が住んでいます．皮膚色に基づいた差別は根深く，現在でも社会から一掃されているとは言えませんが，そもそもなぜ皮膚色の異なる人々が地球上には存在しているのでしょうか．それは適応である，と進化生物学者は考えます．

　後ほど第6章でも述べるように，ヒトの祖先はチンパンジーの祖先からアフリカで分かれ，その後世界中に進出しました．サバンナに出た私たちの祖先はアフリカの強い紫外線から身を守る必要に迫られます．紫外線は私たちの血中の葉酸を分解する働きを持ちます．葉酸は妊婦のサプリメントとしても人気があることからわかるように，妊娠初期の胎児の神経管の形成に重要な役割を果たしますし，男性の場合は精子形成に重要です．このため，この頃から黒褐色のメラニン（エウメラニン）を多く産生することが適応的になってきたと考えられます（Jablonski & Chaplin, 2000, 2010）．

しかし，ヒトの祖先が世界中に拡散すると，今度は特に紫外線の少ない高緯度域に住む人々にとって別の問題が生じてきます．それは紫外線がビタミンD合成に果たす役割です．皮膚を透過した紫外線は，体内でビタミンDを合成する化学反応に必須です．ビタミンDはカルシウムの吸収や骨格の形成に重要な役割を果たすため，欠乏すると乳幼児ではくる病（骨格形成の異常）が引き起こされたり，大人では骨軟化症が引き起こされたりします．特に，妊娠中や授乳中の母親は子に多くのカルシウムを与える必要があるため，より多くのビタミンDが必要となります．したがって，今度は逆に黒褐色の色素を減らし，多くの紫外線を透過させることが適応となったでしょう．ビタミンDは穀物や野菜にはほとんど含まれていませんから，この傾向は農耕の始まった約1万年前以降に特に顕著に生じたと考えられており，事実，ヨーロッパ人の薄い皮膚色に影響を与えた遺伝的変異は比較的最近（ここ1万年以内）に起きたことを示唆する研究もあります（Gibbons, 2007; Mathieson *et al.*, 2015）．また，男性よりも女性のほうが一般的に皮膚色が薄いという傾向も，ビタミンDを多く得るための適応だと考えられます．高緯度域に住んでいても皮膚色が薄くない例外としてイヌイットの人々が挙げられます．これは彼らが日常的にビタミンDを多く含むアザラシやセイウチなどを摂っていることが一つの要因です．

　なお，濃色の皮膚を持つ利点として皮膚がんリスクの低下があるのではないかと考える研究者もいますが，皮膚がんは比較的年をとってからかかりやすい病気であることから，皮膚がんリスクは個体の適応度には反映されにくいのではないかという議論もあります（Jablonski & Chaplin, 2014）．

7 ┠•• 人間の活動が引き起こす進化

　私たち人間の活動により，他の生物種に思わぬ進化が引き起こされた例について見ていきましょう．人間が原因という意味では人為淘汰に似ていますが，私たちが意図して起こした進化ではないという点で人為淘汰とは大きく異なります．以下の例はむしろ，人間が起こした自然淘汰と呼ぶほうが適切でしょう．

病原体の抵抗性獲得

　おそらく最も身近な例は，病原体の抵抗性獲得です．1928 年にアオカビから発見されたペニシリンは，第二次世界大戦中に抗生物質として用いられ，多くの負傷兵を感染症から救いました．しかし，ペニシリンが医療現場で使われるようになると，ペニシリンが効かない耐性菌が出現しました．ペニシリン耐性菌は，ペニシリンを分解する酵素であるペニシリナーゼを作る能力を持っていたのです．

　そこで科学者は 1959 年，天然ペニシリンをもとに，メチシリンと呼ばれるペニシリンの一種を人工的に合成することに成功します．メチシリンはペニシリナーゼで分解されないのでこれで問題は解決したと思われていましたが，その翌年にはメチシリンに耐性を持つメチシリン耐性黄色ブドウ球菌（MRSA）が出現しました（Jevons, 1961; Enright *et al.*, 2002）．黄色ブドウ球菌は食中毒の原因菌としても有名ですが，手術後など免疫力の落ちた患者が感染すると死に至ることすらあり，MRSA の院内感染はたびたびニュースなどでも取り上げられるほどです．今ではメチシリン以外の多くの薬剤にも耐性を持つ黄色ブドウ球菌がおり，それは多剤耐性黄色ブドウ球菌と呼ばれています．

　後天性免疫不全症候群（AIDS）を引き起こすヒト免疫不全ウイルス HIV は，体内で私たちの免疫を司る CD4 陽性 T 細胞に感染し，それを踏み台にして増殖していきます．HIV には HIV-1 と HIV-2 の 2 種類があり，HIV-1 患者への治療法としては，複数の抗 HIV 薬を同時に投薬する HAART 療法が一般的です．複数の薬を同時に飲む「カクテル療法」は，実はウイルスの進化に対抗するための手段です．

　仮に，単一の抗 HIV 薬（X としましょう）だけを投与しているとします．すると，HIV-1 ウイルスは非常に突然変異を起こしやすいウイルスなので，X に抵抗性を持つウイルスが患者の体内に出現し，そして増殖します．その結果，もはやこの患者に薬 X を用いることはできなくなってしまい，治療の選択肢が狭まってしまいます．さらには，この患者から HIV-1 に新たに感染した患者にも薬 X は使えなくなってしまうのです．

　しかし，3 種類の抗 HIV 薬（これを X，Y，Z としましょう）を同時に投与している場合は，仮に HIV-1 ウイルスが突然変異で X に関する抵抗性を獲得し

たとしても，依然として薬YやZには抵抗性がないので，このX–抵抗性ウイルスの増殖を防ぐことができます．もちろん，ある突然変異でX，Y，Zの3薬すべてに対する抵抗性を同時に獲得してしまう可能性もゼロではないですが，それが起こらないようにX，Y，Zの組み合わせは慎重に選ばれるのが一般的です．このように多重の防御壁を持つことで，HIV-1ウイルスの進化を食い止め，効果的な治療を図るのです．

乱獲による生育の変化

　もっとマクロなレベルでも，人間の活動が引き起こす進化は近年問題となっています．大西洋にすむタイセイヨウダラ（*Gadus morhua*）は，フィッシュアンドチップスなどの食材として人気ですが，北大西洋では乱獲のため，1980年代後半から90年代前半にかけてその数は激減しました．この激減の少し前，タラには変化が起きていました．1980年に生まれたタラよりも87年に生まれたタラのほうが早熟で，成熟した個体の体サイズも小さかったのです．これは何を意味するのでしょう．

　タラ漁には網が用いられ，大きなタラが人間に獲られる一方で，小さなタラは網の目をすり抜けることができます．タラには体サイズが大きくなるまで性成熟を遅らせることで，雌ならたくさんの卵を産み，雄なら配偶競争に勝って子を多く残せる繁殖上の利益がありますが，人間の漁獲活動により大きなタラだけが獲られるようになると，タラの成長を制御する遺伝子に淘汰がかかることになります．具体的には，体サイズの成長を早く止めて繁殖への投資（卵の生産など）に早めに切り替える「早熟型」が有利になります（Olsen *et al.*, 2004）．たとえば，産卵を開始する個体の平均的サイズは，1930年代には85.1cm，5.1kgでしたが，2000年代には72.8cm，3.2kgまでに減少しました．それと呼応して，1930年代には成熟に9年かかっていたところが，2000年代には7年しかかからなくなったのです（Borrell, 2013）．

　これと似た現象は植物でも知られています．ヒマラヤ東部の高山帯に生育するキク科の植物 *Saussurea laniceps* は，「綿頭雪蓮花」と呼ばれ，中国やチベット医学では頭痛や高血圧，月経不順に対する薬として用いられてきました．大きければより薬効が高いと信じられてきたため，人間が大きい個体だけを好ん

でとってきた結果，この 100 年で *Saussurea laniceps* の背丈は 45％ も小さくなったことが明らかになりました．これは，高く成長する個体ほど人間にとられ，したがって子を残せなかったからです．対照的に，同じ地域に生育している近縁種 *Saussurea medusa* はそのような目的でとられることはめったになく，この120 年で背丈に目立った変化は見られていません（Law & Salick, 2005; Sullivan *et al.*, 2017）.

　これらの事実は，いかに人間の活動が他種の進化に影響を与えてきたかを物語っています．医学から農林水産業に至るまで，生物を相手にしている限り，その生物は人間という淘汰圧にさらされて進化しうることを念頭に置いていないと，私たちは思わぬところで自然からのしっぺ返しを受ける可能性があります．たとえば，近年では進化を前提にした農学という意味の進化農学（Darwinian agriculture）という考えも提唱され始めています（Denison, 2012）.進化は遠い昔の現象ではなく，今も私たちの眼前にあるのです．

［さらに学びたい人のための参考文献］

ジンマー，K.，エムレン，D. J.／更科功・石川牧子・国友良樹（訳）(2017).カラー図解　進化の教科書2　進化の理論　講談社
　　欧米で定評のある進化生物学の教科書の理論編．第 7 章には自然淘汰の様々な例が載っている．進化の理論的な側面に興味がある読者は第5・6章も参考にするとよい．
ロソス，J.／的場知之（訳）(2019).生命の歴史は繰り返すのか？──進化の偶然と必然のナゾに実験で挑む　化学同人
　　進化は一度限りの偶然か，あるいは収斂進化に見られるように繰り返されるのか，という二つの立場の論争に，実験進化学という新興の学問がどのように取組んだか．進化生物学の最前線にふれる一冊．

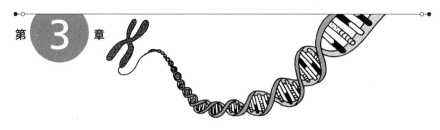

第3章

現代の分子進化学

1 ┠•• 遺伝学の幕開け

　人類は遺伝子の実体が明らかになる前から，親と子が似ることを経験的に知っていたと考えられます．遺伝の原理を最初に説明しようと試みたのは，医学の父として知られる古代ギリシャの哲学者，ヒポクラテスです．彼は，男性の体のあらゆる部分から何らかの情報を持った物質が作られ，それが集まって精液に入り，また女性からも何かしらの「精液」のようなものが分泌され融合することで，両親の特徴が子に伝わると考えていました（Cobb, 2007）．これは後天的に獲得した形質も子に伝わることを暗に意味していました．

　チャールズ・ダーウィンが『種の起源』を著した当時は，ようやくルイ・パスツールによって生物の自然発生説が否定されるに至ったころであり，遺伝のメカニズムは多くがまだ謎のままでした．遺伝様式に関する当時の主要な考えは融合説と言って，たとえば赤と白の花をかけ合わせると，色の情報が子で「融合」してピンク色の花を咲かせる，といった具合のものでした．しかし，いったんピンクになった絵の具から白と赤の絵の具を取り出すのが難しいように，両親の情報は子において不可逆的に融合する，というのがこの説のポイントです．融合説のもとでは，集団における変異はやがて平均化されてしまい，時間の経過とともに消失してしまいます．変異は自然淘汰の前提の一つだったことを思い出しましょう．ダーウィン自身も融合説が彼の自然淘汰説に与える問題に気がついていましたが，少なからず融合説を信じていたように見える記述も残っています（Charlesworth & Charlesworth, 2009）．

当時，遺伝子の実体についてほぼ何も知られていなかったことを考えると，ダーウィンの困惑は十分に理解できます．ダーウィンは形質の遺伝を担うのは体内に存在する何らかの微細な粒子（彼はこの仮想的粒子を「ジェミュール」gemmule と名づけます）であり，体中から生殖器官へと集まったジェミュール粒子をもとに卵や精子が作られることで，親の情報が子へ伝わるのだという仮説を立てました．体全体の情報がもとになるというこのダーウィンの考え方をパンゲン説（pangenesis: pan は「全体」，genesis は「誕生」の意）と呼びます．パンゲン説では，ヒポクラテスの考え方と同じで，後天的に獲得した形質は遺伝することとなり，この獲得形質が変異の大部分を説明するとダーウィンは考えていました．しかしながら，同時に彼はいくつかの例では獲得形質の遺伝に懐疑的であり，迷いがあったようです（Vorzimmer, 1963）．

　実は，ダーウィンがまだ在りし日の 1865 年，チェコのブルノ（当時のオーストリア領）の修道士であったグレゴール・J・メンデルは，エンドウマメを使った交配実験により，融合説を否定する結果を得ていました．彼は表面にしわのない豆の純系と，しわのある豆の純系をかけ合わせる実験を行いました．その結果，子世代ではすべてがしわのない豆となった一方で，子世代同士をかけ合わせて得た孫世代では，しわのない豆とある豆が 3：1 の比で現れたのです．いったん子世代で消えた「しわ」という形質が孫世代に現れたことから，遺伝を担う何らかの物質は，融合し一つになってしまうことはなく，それぞれ別の実体として子に残っていることが示唆されたのです．このような遺伝様式の考え方を，融合説に対して粒子説と呼びます．残念なことに，メンデルの成果が日の目を見たのは，死後 16 年経った 1900 年のことです．

2 ┝•・ 遺伝子の物理化学的実体

　メンデルが発見した基礎的な遺伝の諸原理は，今日ではメンデルの法則と呼ばれています．メンデルの法則の発見以後，遺伝情報の物理化学的実体は何かという問いに多くの研究者が挑みました．遺伝情報を担い，粒子のごとく振る舞う未知の因子に遺伝子（gene）という名をつけたのは，デンマークの生物学者，ウィルヘルム・ヨハンセンです．遺伝子の実体は，初期には細胞に存在す

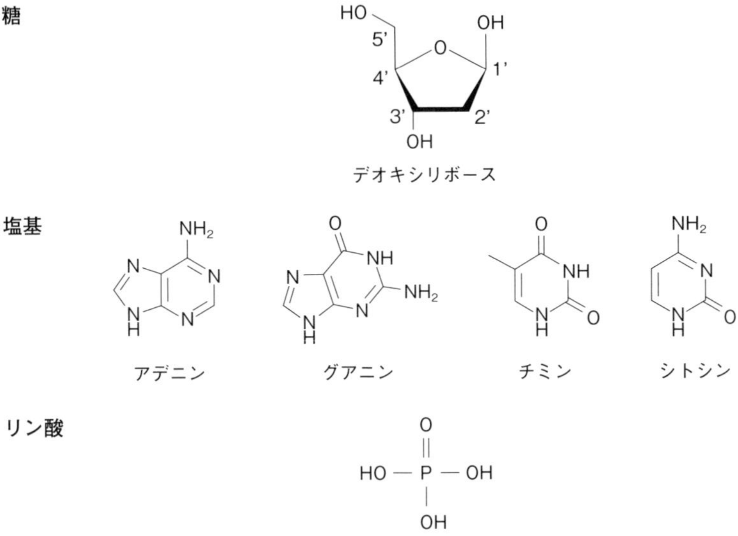

糖

デオキシリボース

塩基

アデニン　　　　　グアニン　　　　　チミン　　　　シトシン

リン酸

■図 3.1　DNA を構成する糖，塩基（4 種類），リン酸

るタンパク質なのではないかと考えられていましたが，1952 年に DNA と呼ば
れる物質であることが明らかになり，翌 1953 年にはジェームズ・ワトソンと
フランシス・クリックが DNA の二重らせんを世界で初めて明らかにしました．
　ここで，DNA とは何かを理解しておくことにしましょう．正式名称はデオ
キシリボ核酸（Deoxyribo Nucleic Acid）で，その頭文字をとった略称が DNA で
す．DNA という単語は時に日常会話などで遺伝情報と同義に使われることが
ありますが，定義上は単なる化学物質名です．
　DNA は糖，塩基，リン酸の三つの物質で構成される化合物です（図 3.1）．
DNA に用いられている糖はデオキシリボース $C_5H_{10}O_4$ で，含まれる炭素原子
にはそれぞれ 1'～5' という番号が振られます．デオキシリボースの 1' 位の炭
素原子に，アデニン（adenine: A），チミン（thymine: T），グアニン（guanine: G），
シトシン（cytosine: C）の四つの塩基のうちどれか一つが結合し，さらにこの
5' 位の炭素原子にリン酸 H_3PO_4 が結合したものがデオキシリボヌクレオチド
（deoxyribonucleotide）です（図 3.2）．
　デオキシリボヌクレオチドは DNA を構成する単位であり，複数が結合し，

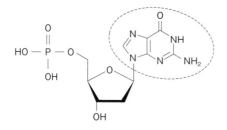

■図3.2　グアニンを含むデオキシリボヌクレオチド
点線内がグアニン.

■図3.3　二本鎖 DNA

重合体（ポリマー）を作ります．こうやってできた重合体が，一本鎖 DNA で，その両端には，それぞれ結合せずに残ったリン酸基（5' 末端）と水酸基（3' 末端）があります．

　さらに，この直線的な一本鎖 DNA は，5' 末端と 3' 末端の向きが反対であるもう一つの一本鎖 DNA とらせん状にねじれて対合した右巻きの二重らせん構造をとります．これを二本鎖 DNA と呼びます（図3.3）．

　では，2 本の DNA はどのように対合するのでしょうか．ここで，各デオキシリボヌクレオチドには，A（アデニン），T（チミン），G（グアニン），C（シトシン）のどれか一つの塩基が含まれていたことを思い出しましょう．実は，一方の DNA の鎖に A があると，対合するもう一方の DNA の鎖には必ず T があり，二つの異なる DNA 鎖にある A と T は 2 本の水素結合で結ばれることがわかっています（図3.4）．反対に，一方に T があれば，必ず他方には A が存在します．同様のことは G と C の間にも成り立ち，G と C の場合，3 本の水素結合で結ばれます．このような塩基どうし，および DNA の鎖どうしの対応関係を，相補性と呼びます．そして，相補的に対合する塩基のペアを，塩基対（base pair）と呼びます．

　こうして DNA の基本構造がわかると，DNA がどのように情報をコードしているかが探られるようになりました．塩基が 4 種類あることからも推測できるように，DNA で情報をコードしているのは塩基の並び，つまり塩基配列で

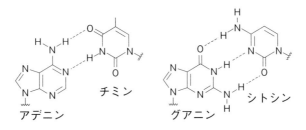

■図3.4 塩基の相補性
点線は水素結合を表す.

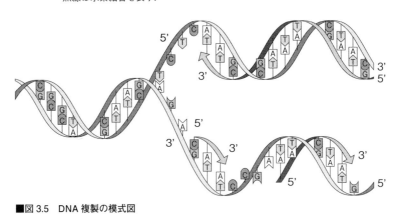

■図3.5 DNA複製の模式図

あることが明らかになっています. DNA が相補性を持つ利点は複製のしやす
さにあります. ヒトを含め, 多くの生物は複数個の細胞からなる多細胞生物で,
たとえばヒトの細胞数は最近の研究によると約37兆個であると見積もられて
います (Bianconi *et al.*, 2013). これらのすべての細胞には基本的に同一の設計
図, つまり同一の塩基配列を持つ DNA が格納されています. このように多数
の設計図のコピーを作るにあたり, DNA の二本鎖の相補性は役に立ちます.
なぜなら, 1 本の鎖さえあれば, それを鋳型として相補性を利用し, もう一方
の鎖を作れるからです. DNA 複製時には, 二重らせんがほどけ, それぞれの
鎖に DNA ポリメラーゼという酵素がつき, 対合する鎖を合成する化学反応が
進行します (図3.5). この時, 新しい DNA 鎖は必ず 5' 末端から 3' 末端の方
向へ作られるという方向性が存在します. 細胞内には複製誤りを修正する複数
の修復機構が存在しており, DNA の複製は非常に正確に行われます.

3 ┝•• 遺伝子の発現機構

　私たちヒトの細胞には，遺伝情報が詰まった核と呼ばれる構造があり，このような生き物を真核生物と呼びます．これに対して，大腸菌などの細胞には核がなく，遺伝情報が細胞内にむき出しで存在しており，原核生物と呼ばれる生物に分類されます．ちなみに，ウイルスには細胞すらなく，遺伝物質とそれを格納したタンパク質の殻のみから構成されているため，非生物に分類されます．細胞を標的とした抗生物質がウイルスに効かないのはこのためです．以下では，主に真核生物において遺伝子がどのように使われているかを見ていきましょう．

　真核生物における DNA の存在場所は，細胞の核の中です．ヒトの細胞内の DNA は，全部伸ばせば長さが 2 m にもなる巨大分子なので，5 μm（1 μm = 0.001 mm）ほどの核内に格納するために，ヒストンと呼ばれるタンパク質に巻きついて，クロマチンという繊維を構成しています．

　さて，DNA の塩基配列として存在している遺伝情報は，大きく分けて 2 段階のプロセスを経て，最終生成物であるタンパク質を作り上げます．その第一段階は転写（translation）と呼ばれ，核内で DNA の情報を mRNA（messenger RNA：伝令 RNA とも呼ばれる）に写しとるプロセスです．第二段階は翻訳（transcription）と呼ばれ，核外へと移行した mRNA をもとにして，細胞内のリボソームという場所でタンパク質が作られます．そして，この一連の過程を経て，ある遺伝子から目的のタンパク質が作られることを，遺伝子が発現（expression）する，と言います（図 3.6）．表 3.1 は，私たちの体の中で用いられているタンパク質のごく一部をまとめたものです．

　では，転写，翻訳のしくみについて，それぞれ詳しく見ていきましょう．

転写

　転写は DNA の塩基配列を，相補性を用いて mRNA に写しとる過程です．mRNA の物理化学的実体はリボ核酸（ribonucleic acid：RNA）であり，DNA とほとんど同じ構成要素から成りますが，使われている糖がデオキシリボースではなくリボースである点，DNA で使われている 4 塩基のうち T（チミン）が

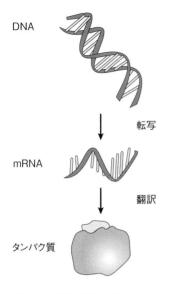

DNA

転写

mRNA

翻訳

タンパク質

■図3.6　遺伝子発現の模式図

■表3.1　ヒトの体で用いられるタンパク質の例

機　　能	使われている例
構造：体を作る	コラーゲン
運動：体を動かす	アクチン
酵素：物質を合成・分解する	アミラーゼ
輸送：物質を輸送する	ヘモグロビン
貯蔵：物質を貯蔵する	オボアルブミン
免疫：異物に対抗する	グロブリン
受容体：外界を知覚する	ロドプシン
シグナル：細胞間で情報を伝える	インスリン
転写制御：転写を調整する	様々な転写因子

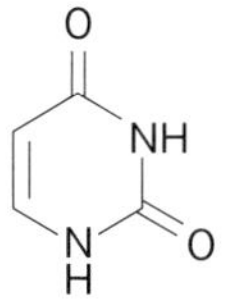

■図3.7　ウラシルの構造式

RNA ではウラシル（U: uracil）に置き換わっている点（BOX 3.1），そして DNA が主として二本鎖構造を持つのに対し，RNA は一本鎖である点などが異なります（図3.7）．RNA には機能に応じて様々な種類があり，特に核内の DNA 情報を写しとる役割を果たすのがこの mRNA です．

BOX 3.1 | **なぜ DNA ではウラシルを用いず，RNA では用いるか**

　DNA の C（シトシン）は時折，U（ウラシル）に化学的に変化してしまいます．この U は，修復酵素によってそのたびに C に直されるのですが，仮に DNA がもともと U を用いていたとしたら，真に U なのか，C が変化した U なのかがわからないという問題に直面してしまい，設計図としてふさわしくありません．そのために DNA では U は用いないのです．一方で，T（チミン）を作るより U を作るほうがエネルギー的に効率がよいために，RNA では U が用いられていると考えられています．

RNA は DNA に比べて非常に分解されやすい物質です．この性質は，DNA が生命の設計図の大本で，mRNA がその読み取りメディアであることとうまく対応しています．時と場合に応じてタンパク質を臨機応変に作ったり作らなかったりするためには，安定な DNA より，物質としての寿命が短い RNA を用いたほうが機動性に優れます．このような分業もまた，進化の産物であると考えられます．

転写調節

　遺伝子はいつでもどこでも発現してしまってよいというものではありません．たしかに，体細胞すべては同一の DNA を持っており，体のすべての部分の設計図を個別に持っていますが，多細胞生物では適切な時期と場所でのみ遺伝子を発現させ，組織ごとに固有のタンパク質を作ることが必須です．そのため転写を調節する巧みなしくみが備わっています．

　まず，タンパク質をコードする DNA 上の塩基配列のすぐ上流にはプロモーターと呼ばれる配列があり，ここに基本転写因子，さらには RNA ポリメラーゼが結合して転写が開始されます（図 3.8）．いつも転写が起きているわけではないのです．

　また，エンハンサーは，ある遺伝子の上流もしくは下流に存在する DNA 上の塩基配列のことで，そこに転写因子と呼ばれるタンパク質が結合すると，このタンパクが DNA や他の物質と相互作用し，注目している遺伝子の転写が活性化されます．反対に，転写因子が結合すると遺伝子の発現が抑制される塩基配列のことを，その遺伝子のサイレンサーと呼びます．これらエンハンサーやサイレンサーは遺伝子の調整領域と呼ばれ，機械の調整つまみのごとく，遺伝子の発現をコントロールしています．

　重要なのは，転写因子もタンパク質であり，これらも DNA 上の遺伝子の発現で作られるという点です．あるタンパクを作るためには別のタンパクが関係し，それを作るのにさらに別のタンパクが関係する……というタンパク質間の複雑な制御構造が，遺伝子発現を巧みに調節しているのです．ちなみに，ここまでに出てきた，DNA を複製するための酵素である DNA ポリメラーゼや，mRNA に転写するための酵素である RNA ポリメラーゼもまた，タンパク質で

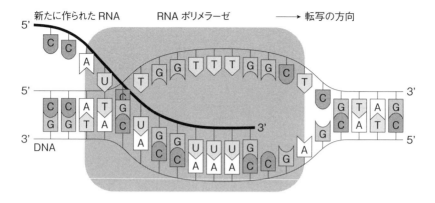

■図3.8 DNA から mRNA が複製される際の模式図

できています.

翻訳

　このようにして DNA をもとに作られた成熟 mRNA は，タンパク質の合成工場であるリボソームへ送られます．ここでタンパク質とは何かをあらためておさらいしておきましょう．タンパク質はアミノ酸をその構成要素とし，複数のアミノ酸がペプチド結合という結合で連なった重合体（ポリマー）のことです．タンパク質を構成するアミノ酸は 20 種類あり，その 20 種類がどのような順番で並ぶかによって異なるタンパク質が作られます．mRNA の塩基配列は，実は 3 塩基の並びで一つのアミノ酸をコードしていることが知られており，この 3 塩基のセットをコドン（codon）と呼びます.

　64 種類のコドンそれぞれがどのアミノ酸をコードしているかは，表 3.2 のようなコドン暗号表にまとめられます．64 は 20 の 3 倍以上大きいので，異なるコドンが同じアミノ酸をコードすること（冗長性）があるのが見てとれます．特に，コドンの第三塩基は作られるアミノ酸に影響を与えないことがしばしばです.

　翻訳によってできたタンパク質の機能はアミノ酸配列だけで決定するものではありません．まず，タンパク質はそれがどのように立体的に折りたたまれるかにより機能が異なります．また，できたタンパク質に様々な化学反応が付加

■表3.2 RNAのコドン暗号表

第1塩基	第2塩基				第3塩基
	U	C	A	G	
U	フェニルアラニン	セリン	チロシン	システイン	U
	フェニルアラニン	セリン	チロシン	システイン	C
	ロイシン	セリン	終止	終止	A
	ロイシン	セリン	終止	トリプトファン	G
C	ロイシン	プロリン	ヒスチジン	アルギニン	U
	ロイシン	プロリン	ヒスチジン	アルギニン	C
	ロイシン	プロリン	グルタミン	アルギニン	A
	ロイシン	プロリン	グルタミン	アルギニン	G
A	イソロイシン	トレオニン	アスパラギン	セリン	U
	イソロイシン	トレオニン	アスパラギン	セリン	C
	イソロイシン	トレオニン	リシン	アルギニン	A
	メチオニン（開始）	トレオニン	リシン	アルギニン	G
G	バリン	アラニン	アスパラギン酸	グリシン	U
	バリン	アラニン	アスパラギン酸	グリシン	C
	バリン	アラニン	グルタミン酸	グリシン	A
	バリン	アラニン	グルタミン酸	グリシン	G

DNAの暗号表にするには，U（ウラシル）をT（チミン）に置き換えればよい．

的に起きたりしてその性質が変化し，生体内で機能を果たすようになるのです．たとえば，血糖を下げるのに重要なホルモンであるインスリンは，まず遺伝子からプレプロインスリンという一本鎖のタンパク質が作られ，その後，酵素による切断などの修飾過程を経てようやくでき上がります．

遺伝子の正体とゲノム

ここまでの説明で，ようやく遺伝子の正体がはっきりとわかってきたことと思います．遺伝子とはあるタンパク質の情報を含むDNA上の塩基配列の単位のことです．もっと細かく見ると，真核生物においては遺伝子は情報を含む部分（エクソン）と含まない部分（イントロン）から構成されます．

ヒトを含め多くの動物は二倍体です．前章でも述べましたが，これは父親と母親から遺伝情報をそれぞれ1セット受け継ぐことを意味します．ヒトの染色体数は2n＝46本で，ヒトの体細胞のそれぞれは46本の染色体を持ちます．と

ころが n = 23 本の染色体しか持たない細胞があります．それが精子や卵といっ
た生殖細胞です．特殊な細胞分裂で染色体数が体細胞の半分しかない精子や卵
が作られ，それらが受精すると，受精卵では再び染色体数は 2n = 46 本になり
ます．そして，この受精卵が通常の細胞分裂をしていくことで，体中のどの細
胞も 2n = 46 本の染色体を持つような，次世代の個体ができ上がるのです．こ
の時，片方の親から受け継いだ塩基配列で表現される全遺伝情報のことを，ゲ
ノムと呼びます．したがって，「ヒトはゲノムを 2 セット持つ」と言うことが
できます．

　これら 2 セットのゲノムは相同性，つまり同じことに関する情報をそれぞれ
持っています．たとえば，目の色の決定にかかわる遺伝子 *EYCL1* や *EYCL3* を
例にとると，父由来と母由来のゲノム双方に *EYCL1* および *EYCL3* 遺伝子が存
在します．そして，それぞれがどのような種類の遺伝子であるかのその組み合
わせが，最終的に子の目の色に影響を与えるのです．

4 ┣•• 突然変異の実体

　ダーウィンは個体間の変異が自然淘汰の原動力であることは見抜いていまし
たが，当時の遺伝学の知識では，その変異の源が何であるかを言い当てること
はできませんでした．突然変異（mutation）を発見し，そう命名したのはオラ
ンダの植物学者・遺伝学者であるユーゴー・ド・フリースです（1901 年）．彼
は，オオマツヨイグサの栽培実験中に形態の異なる変異型を見つけ，しかもそ
の性質が遺伝することを発見しました．1927 年にはアメリカの遺伝学者，ハ
ーマン・J・マラーによって，ショウジョウバエに X 線を照射すると人工的に
突然変異を誘発できることが発表され，突然変異には物理化学的な何らかの実
体があることが強く示唆されました．

　現在の分子生物学では，突然変異の実体は DNA 上の塩基配列の変化である
ことがわかっています．この変化は，DNA の複製ミスなどの自発的な要因の
他，放射線や化学物質への暴露といった外的要因で引き起こされます．

　突然変異の中で最も小さなものは，たった一つの塩基が変化する変異で，こ
れを点突然変異と呼びます．前章で述べた鎌状赤血球貧血症はその例で，ヘモ

グロビンを構成するタンパク質を作り出す DNA コドンの 1 カ所が，通常は GAG のところ，変異型では GTG になっています．この結果，アミノ酸としてグルタミン酸が用いられるところにバリンが用いられ，このわずかな違いがヘモグロビンの構造に大きく影響して鎌状の赤血球が作られるのです．

　放射線は高いエネルギーを持ちますから，DNA の様々な化学結合を切断する働きを持ちます．私たちの体細胞に突然変異が生じると，設計図の壊れた DNA が体細胞分裂により複製されるので，たとえばガンなどを引き起こします．その一方で，このように体細胞に起きた突然変異は次世代には伝わりません．しかし，生殖細胞に突然変異が起きたとなると話は別です．この場合は，精子や卵を通じて突然変異が子孫にまで伝わることになります．

　点突然変異よりも大きな規模の突然変異も知られています．たとえば，健常な人は各相同染色体を 2 本ずつ持ちますが，21 番染色体を 3 本持つ染色体異常があるとダウン症が引き起こされます．これは，主に生殖細胞を作る際，分裂後の 2 細胞に染色体が均等に受け渡されないことが原因で起こることが知られています．

5 ｜•• 中立進化と分子系統樹

　突然変異は設計図のランダムな変更ですから，多くのランダムな突然変異は，生存や繁殖の意味で個体を不利にするでしょう．このような突然変異を，有害な突然変異（deleterious mutation）と呼びます．有害な突然変異は自然淘汰によって集団から速やかに排除されてしまいます．

　では反対に，集団中に広がる突然変異とはどのようなものでしょうか．第 2 章で見たインドガンのヘモグロビンの突然変異はその好例です．高地で酸素と結合効率の高い変異型のヘモグロビンは，インドガンに生存・繁殖上の利益をもたらしたと考えられます．このような有利な突然変異（advantageous mutation）が起こる確率は，きわめて小さいと考えられます．しかしながら，「インドガンは変異型のヘモグロビンを持っているのに，近縁種であるハイイロガンは通常型のヘモグロビンを持っている」という表現型レベルの差が観察された場合，このごくたまにしか起こらない「有利な突然変異」が種間差を引き起こした原

因と考えるのが最も妥当です.

ところが, 1960 年代から, 分子のレベルでは必ずしもそうではないことがわかってきました. たとえば, 近縁な 2 種 X, Y の対応するアミノ酸配列, もしくは塩基配列を比較した時に,「種 X の配列と種 Y の配列が違う」という事実を観察できたとしましょう. この差はなぜ生じたのでしょうか. たしかに,「X と Y のどちらか一方の種, もしくは両種に自然淘汰が起きたから配列が違うのだ」という説明が当てはまる分子レベルの違いも, いくらかはあります. しかし, 分子レベルで観察できる違いのほとんどは, 自然淘汰が理由ではないのです.

この驚くべき事実を 1968 年に発表したのが, 日本の遺伝学者, 木村資生です. 木村は当時得られていたデータをもとに, 分子レベルでの違いのほとんどは, 自然淘汰による進化 (＝適応進化) ではなく, 中立な突然変異が集団にたまたま広がってしまうという, 中立進化 (neutral evolution) による説明が妥当であることを発見したのです.

ここで, 進化についてもう一度おさらいしておきましょう. 進化とは, 集団中の遺伝子頻度の変化のことです (第 2 章参照). ダーウィンの自然淘汰説によれば,「変異」「淘汰」「遺伝」の 3 条件が揃った時に適応進化が起きます. これに対し, この 3 条件のうちの「淘汰」がないのに起きる進化のことを中立進化と呼びます.

集団中にある突然変異が起き, この突然変異は個体の生存力や繁殖力を増加も減少もさせなかったとしましょう. このような中立な突然変異 (neutral mutation) を持つ変異型は, 通常型と遜色ないのでこれといった淘汰がかからず, 結果として変異型の遺伝子頻度は増えも減りもしないと予測できます.

しかし, 現実にはそうではないのです. 現実に存在する生物集団は, どれも個体数が有限である有限集団です. 有限集団ではとても奇妙なことが起こります. それは, 淘汰がなくても遺伝子頻度が偶然性によって変化してしまうという現象です. この理由は, コイン投げを考えるとわかりやすいかもしれません. 偏りのないコインは表の出る確率と裏の出る確率がそれぞれ 2 分の 1 であり,「中立」ですが, このコインを有限の回数, たとえば 10 回投げたとして, 必ず表と裏が 5 回ずつ出るとは限りません. 偶然性によって表が 7 回, 裏が 3 回出

るかもしれません．これと同じようなことが，中立な突然変異を持つ個体と持たない個体の間にも起きるのです．生存力や繁殖力が同じでも，偶然にも一方が 7 個体の子孫を残し，他方が 3 個体の子孫しか残せないことは起こりえます．そして，この偶然性が積もりに積もって（種 X のある一個体に生じた中立突然変異が，長い時間をかけ，種 X 全体に広まって），最終的な種間の差として現れる（現在，私たちが観察すると，種 X と種 Y の配列が異なる），というのが木村の説明です．これを分子進化の中立説（neutral theory of molecular evolution）と呼びます．

　偶然性が種間差を生み出すという木村の中立説は，その説の大胆さゆえに当初は多くの批判にさらされましたが，木村は理論と実証データをもとに粘り強く自説の正しさを説明しました．現在では，中立説は分子レベルの進化を説明する理論として広く受け入れられています．

　分子がたくさんの中立進化を蓄積していることがわかると，それを利用して生物種や遺伝子が過去にどのように分岐してきたかを推定する手法が開発されました．中立な突然変異の蓄積数は，ある一定条件のもとでは経過時間に比例することが知られています．この考え方を分子時計（molecular clock）と呼びます．簡単な仮想例を考えてみましょう．種 X，Y，Z は，特に機能を持たない DNA 上の領域（中立な領域）に，それぞれ表 3.3 に記すような類似した塩基配列を持っているとします．塩基の違いの数を総あたりで比較すると，X と Y の違いは 1 塩基であるのに対し，X と Z は 3 塩基，Y と Z は 4 塩基というように大きな違いを持っています．このデータをもとにして，種 X，Y，Z が過去にどのように枝分かれしてきたかを推定すると，X と Y の配列が比較的似ているのに対し，Z がこれら 2 種から相対的に異なった配列を持っていることから，図 3.9 中の a の樹形が最も可能性が高いことがわかります．このようにして得られる，分子データをもとにした生物の系統関係の図を，分子系統樹（molecular phylogeny）と呼びます．また，塩基の違いの数は分子系統樹の各枝の長さの比を反映しているので，別の何らかの手法で分子系統樹のどこかの絶対年代を推定できれば，原理的には分枝系統樹上のすべてのイベントの絶対年代を計算することができます．たとえば，現存するヒトとチンパンジーの配列を比較することで，ヒトとチンパンジーが今から 600〜700 万年前に分岐した

■表 3.3 　仮想的な 3 種 X, Y, Z の塩基配列の違い

種	塩基配列	種 X との違い	種 Y との違い	種 Z との違い
X	ATGCTATCTCGCA	—	1 塩基	3 塩基
Y	ATGCTATCGCGCA	1 塩基	—	4 塩基
Z	ATCCTGTCTCGCT	3 塩基	4 塩基	—

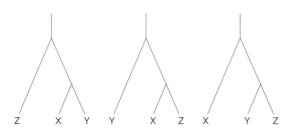

　a　種 Z が先に分岐　　b　種 Y が先に分岐　　c　種 X が先に分岐

■図 3.9　種 X, Y, Z の系統樹

といった，遠い過去の出来事を推定できるようになったのです．

　分子系統樹は生物がどのように枝分かれして進化してきたかを表しています．現在から時間を遡って考えると，異なる 2 種の枝はどこかで衝突し，一つになります．この一つになった点より以前に生きていた種を，この 2 種の共通祖先（common ancestor）と呼びます．そして，種が分かれる出来事のことを種分化（speciation）と呼びます．種分化の理由は，地理的な隔絶や突然変異による配偶子の不和合など様々ですが，注意すべきは，この共通祖先は現存するどの種とも異なるという点です．ヒトとチンパンジーを例にとれば，約 600〜700 万年前に存在した 2 種の共通祖先は，現在のヒトでもなければ，現在のチンパンジーでもありません．よく，ヒトはチンパンジーから進化した，という誤解がありますが，共通祖先から分岐した 2 種は，ヒトはヒトの環境に，そしてチンパンジーはチンパンジーの環境に適応し，個別の性質を身につけながら，600〜700 万年という期間を独自に進化してきたのです．したがって，今から 600〜700 万年待っても，現在のチンパンジーはヒトにはならないのです．これは地球上に現存するすべての生物にもあてはまります．すべての生物種は，同じ長さの進化的時間を生き延びてきました．何億年という間にわたって同じよう

な形態で生きている種から，ヒトのように劇的な変化を経験した種まで様々です．しかしながら，この差はそれぞれの種が経験してきた環境やその安定性の違いによるもので，決して「進んでいる」種や「遅れている」種はいないのです．

6 ·• ゲノム科学の時代

今やゲノム科学は急速に発展し，ヒトは生命の設計図を調べ，そして改変することすらできるような時代に突入しました．この進展を支えたのが技術の進歩です．

ヒトゲノムは約30億塩基対からなる膨大なものです．この巨大なヒトの設計図を解き明かそうと，1990年から13年間にわたり，総額30億ドルをかけて，1人の全ゲノムの塩基配列を決定する国際的プロジェクトが行われました．これをヒトゲノム計画（human genome project）と呼びます．ヒトゲノム計画当時の塩基配列決定装置（シーケンサー）は非常に高額で，また作業も時間がかかるものでした．そこで明らかになったのは，当初は10万個程度あると予測されていたヒトの全遺伝子数が約2万個しかないという事実です．線虫のゲノムサイズが約1億塩基対，遺伝子数が約2万個であることを考えると，これは驚きの結果でした．その後，シーケンサーの性能はこのヒトゲノム計画を契機に飛躍的に向上し続け，現在ではヒトの全ゲノムを1000ドル程度で読めるまでに至っています．同時に，シーケンサーの運用とデータの解析には多額の研究費と高性能なコンピュータが必要となり，ゲノム科学（ゲノミクス：genomics）は現代の巨大科学の一つとなっています．

ここでいくつかヒトゲノムに関する数字について述べておきたいと思います．ヒトの全塩基配列の中で，タンパク質をコードする部分（エクソン）は，ゲノム全体のわずか1.5％程度と見積もられています．DNAの98％以上を占めるタンパク質をコードしない塩基配列の役割は，まだその多くが未解明のままですが，（DNA上で近くにあるとは限らない）遺伝子の転写調節をしていたり，翻訳はされないものの転写されたRNA自体が役に立つ機能を持っていたりと，その機能は少しずつではあるものの明らかになっています．

また，ヒトの生殖細胞系列の突然変異率は，塩基あたり世代あたり1×10^{-8}程度と見積もられています（Jónsson *et al.*, 2017）．突然変異率はこのように小さく抑えられ，生命の設計図が正しく伝わるよう担保されていると同時に，まれに起こる有利な突然変異は自然淘汰による進化の足がかりとなるのです．

　次に，ヒト個人間の違いはどうでしょう．全ゲノムで平均すると，2人の異なるヒト個人間では，まず約1000塩基に一つ，割合にして0.1％の塩基の小さな異なりがあります（Jorde & Wooding, 2004）．この違いのほとんどは，1塩基だけが異なるSNP（1塩基多型：Single Nucleotide Polymorphism の略称で，「スニップ」と呼ばれる），もしくは短い配列の挿入や欠損によるものです．これに加えて，割合にしてさらに0.6％程度塩基に違いがあり，この違いは少数ながら規模の大きな変異によってもたらされています（The 1000 Genomes Project Consortium, 2015）．

　集団内で，ある性質に個体間で違いがある状態を，多型（polymorphism）と呼びます．たとえば，アルコールの代謝にかかわる遺伝子 *ALDH2*（アセトアルデヒド脱水素酵素遺伝子）のSNPには，G（グアニン）とA（アデニン）の多型があります．これはコドンGAAとAAAの違いに対応しており，前者からはグルタミン酸が，後者からはリシンが作られます．父親と母親からそれぞれGとAのどちらを受け継ぐかを考えると，個体が持ちうる組み合わせとしてはGG，GA，AAの3通りが考えられます．GGの人はアルコールから生成される有害なアセトアルデヒドを速やかに分解できますが，GAの人はこの分解効率がGGの人の16分の1である「お酒に弱い」人で，顔が赤くなったり気分が悪くなったりしてしまいます．AAの人はGAよりもさらにお酒に弱い人です．世界全体を見渡すとGGの人がほとんどなのですが，東アジアにはAを持つ人が多く，この変異は中国に起源があるのではないかとも推定されています（Li *et al.*, 2009; Luo *et al.*, 2009）．

　ヒトと最も近縁であるチンパンジーのゲノムも解読されています．ヒトとチンパンジーを全ゲノムで比較すると，塩基配列の違いはわずか1.23％であることがわかっています．また作られるタンパク質もそっくりで，29％は完全に同一のタンパク質が作られ，平均してもヒトとチンパンジーで同じように使われるタンパク質の間の差は2アミノ酸程度です（The Chimpanzee Sequencing

and Analysis Consortium, 2005). このことから，どんなタンパク質が作られるか
という差ではなく，むしろいつどこでどのようなタンパク質が作られるかとい
う発現調節における差が，この2種の差に大きく寄与しているのではないかと
考えられています．ちなみに，先に述べた1.23％という差は，ヒトとチンパ
ンジーに共通して見られる相同な塩基配列を比べた時の差であって，その他に
ヒトだけが持っている配列が1.5％，チンパンジーだけが持っている配列が
1.5％程度存在します．

　近年は，こういったゲノムに関する知識のみならず，生命の設計図そのもの
を改変する技術も急速に発展してきました．このような技術に関する学問を遺
伝子工学（genetic engineering）と呼びます．遺伝子組み換えとは，他種が持つ
遺伝子をある生物種の設計図に組み込む技術をさします．遺伝子組み換え技術
で遺伝子を植物に導入し発現させることでビタミンA前駆体を豊富にしたゴ
ールデンライスは，発展途上国のビタミンA不足を解決するために作られま
した．また，除草剤耐性や害虫抵抗性の遺伝子を組み込んだ植物も，すでに実
用化されています．このような作物を遺伝子組み換え作物（GM作物：Geneti-
cally Modified crops）と呼びます．近年では，より高精度でピンポイントに遺伝
子を改変するゲノム編集（genome editing）の技術も開発されています．ゲノム
編集は，遺伝子組み換えと違って1塩基単位での変更も可能で，代表的なゲノ
ム編集の方法としてCRISPR-Cas9と呼ばれるシステムが知られています．こ
れらの技術は不可能を可能にするよい側面もある一方で，遺伝子操作が予想し
なかった作用や未知の効果を持つ可能性があり，人体への安全性に関する議論
が起こる他，生命を操作するという生命倫理上の問題もはらんでいます．

　そう遠くない将来に，私たちは生命の設計図を今よりもはるかに自由に改変
できるようになるのかもしれません．技術による恩恵を享受できる反面，その
時こそ私たちの生命観，つまり，生命とはどうあるべきかが問われることでし
ょう．

7 ┝• 遺伝子から行動へ

　ここまで，遺伝子が私たちの体の中でどのような働きをしてタンパク質を作

るかについて見てきました．しかし，単なる化学物質であるタンパク質が，いかにして多様な行動を生み出すかについての理解も大切です．遺伝子→タンパク質→行動という一連の流れが理解できて初めて，私たちは「行動には遺伝的基盤がある」と言うことができるでしょう．本節以降では，行動を生み出す機序についてより深く見ていくことにします．

　そもそも行動は遺伝するのでしょうか．タンパク質の具体的な働きがわからなくとも，行動に遺伝的背景が強く影響していると思われる例は多く見つかっています．

トックリバチの巣

　トックリバチは，泥土を使って主に徳利やお椀のような形をした巣を作ることで知られています．オーストラリアにすむ *Paralastor* 属のトックリバチは地中に筒状の巣を作り，その中で幼虫を育てますが，地上部の入口の形は非常にユニークです．地中の巣から延長して地上部に突き出る形で，泥でできた筒状の通路が作られ，その通路の長さが 3 cm になると，今度は通路は地面側に屈曲し，開口部が地面を向くように折れ曲がります．そしてその開口部には，外に向かって開いた漏斗状の入口が作られるのです（図 3.10）．

　この不思議な形の漏斗状の入口は，内側が実はつるつるしており，トックリバチの幼虫に卵を産みつける寄生バチが巣に侵入するのを防ぐのに役立っています．では，このような工夫された形の入口を作る行動は，どのように制御されているのでしょう．

　そこで，研究者はいろいろな「いたずら」をしかけました（Smith, 1978）．たとえば地面から突き出た筒状の通路が 2 cm 程度できあがった段階で，その周囲を 1.5 cm 程度土で埋めてしまいます．するとトックリバチはまだ 0.5 cm しか筒を作っていないと認識して，さらにその筒状の構造物を作り続けます．再び筒の地面からの高さが 2 cm になった時にまたもや周囲を 1.5 cm 程度土で埋めてしまうと，やはりトックリバチは筒の高さが 0.5 cm しかないと認識するのか筒状の構造物をより高くしようとします．結果として「筒が地面に比べて 3 cm の高さになる」までトックリバチは延々と筒状の構造物を作ろうとするのです（図 3.11）．

■図 3.10　*Paralastor* 属のトックリバチの巣の形成過程（Smith, 1978）

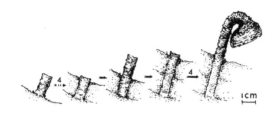

■図 3.11　トックリバチは地面からの高さを基準に巣を作る（Smith, 1978）

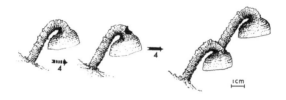

■図 3.12　漏斗状の構造の根本に穴を開けた後に作られる巣（Smith, 1978）

　次に，地面に向いて開口した漏斗状の入口までできた段階で，その漏斗状の構造の根本に穴を開けてみました．すると，その穴を起点として，新たに筒状の通路とその先に漏斗状の構造物が作られたのです．結果としてできたのは，通路と漏斗状の構造物からなるユニットが二つつながった，奇妙な形の入口でした（図 3.12）．

　この実験は，トックリバチが巣の入口の構造について全体を俯瞰しながら造巣を行っているのではなく，むしろ刺激に対してどう反応し，その瞬間瞬間においてどのような構造物を作るかという一連のアルゴリズムを持っており，常にそのアルゴリズムに従った造巣行動をしていることを示唆します（BOX 3.2）．もちろん，このような行動は誰かから教わって学習したというよりも，トックリバチに先天的に備わった脳神経回路がそれを生み出しているという解釈のほうが妥当で，遺伝子によって行動が支配されている例であると言えます．

<table>
<tr><td>BOX 3.2</td><td>至近要因と究極要因</td></tr>
</table>

　生物が持つ行動について解き明かそうとする場合，様々なレベルでの説明が可能です．それがどのような仕組みで起きるのか（"How" の問い）に関する説明を，その行動の至近要因（proximate factor）と呼びます．トックリバチの造巣行動の至近要因は，感覚器から入る巣の立体構造に関する部分的な情報が脳で統合され，あらかじめ存在する遺伝的なアルゴリズムで信号が出力されて彼らの体を動かすから，といったものになります．

　一方，行動がなぜ起きるのか（"Why" の問い）に関する説明を，その行動の究極要因（ultimate factor）と呼びます．これは，どのような有利な機能があるからその行動が進化してきたかに関する説明で，トックリバチの造巣行動の究極要因は，このような形の入り口にすると寄生バチの侵入を防げて，自らの繁殖を有利にするから，といったものになります．

インコの雑種の行動

　ルリゴシボタンインコ（*Agapornis fischeri*）とコザクラインコ（*Agapornis rosei-collis*）とは同じボタンインコ属に属しますが，巣材の運び方に違いがあります．ルリゴシボタンインコが葉の切れ端などの巣材をくちばしに一つずつくわえて運ぶのに対し，コザクラインコは体の後ろの羽毛の間に巣材をいくつかはさみこみ運ぶという行動を見せます．

　この行動がどれだけ先天的かを調べるため，これら2種の交雑個体の行動が調べられました（Dilger, 1962）．するとこの雑種は，くちばしでくわえて運ぶか羽にはさみこんで運ぶか，それらの間を決めかねるような行動を示したのです．くちばしでくわえたのに羽にはさみこもうとして巣材を落とす，そんなことを繰り返しました．数カ月が過ぎると，より高い頻度でくちばしで運ぶようになったのですが，それでも巣材を羽の間にはさみこもうとするそぶりを見せました．そして，このようなそぶりをほとんど見せなくなるには，3年もの期間を要しました．おそらくは3年間の学習の成果と考えますが，この例は，いかに先天的な，つまり遺伝的な要素が行動に影響を与えるかを示す一例と考えられます．

カッコウのヒナ

　カッコウは托卵をすることで有名です．托卵とは，親が自ら子育てをせず，多くの場合，別種の巣に自分の卵を産みつけてその親に子育てをさせる現象です．親に代わって子育てをする（押しつけられる）側を，宿主と呼びます．巣には宿主が産んだ卵もあるので，宿主がカッコウの卵の子育てをすると，その分自分の子育てがおろそかになってしまいます．単にカッコウの卵を無視すればよいだけの話ではないかと思われるかもしれませんが，そこがカッコウの巧妙なところ．カッコウの産む卵は宿主が産む卵に擬態し，同じような模様をしているので，見分けることは困難です．たとえば，オオヨシキリはカッコウの托卵の被害者の一つです．小さなオオヨシキリのヒナに比べ，カッコウのヒナは圧倒的な大きさに肥え，巣立ち前はオオヨシキリの親すらしのぐ大きさに成長するほどです．オオヨシキリの親もどこかで「あれ？」と気づきそうなものですが，不思議なことに毎日健気にカッコウのヒナにエサを運んでしまいます．

　このようなオオヨシキリの親の行動は可塑性が低いと言えます．親がヒナにエサを運ぶ行動の引き金となる至近要因は，おそらくヒナの鳴き声や，大きく口を開けたヒナの鮮やかな口内色などでしょう．耳や眼で受容されたこれらの感覚は脳で統合され，複雑な情報処理を経て，最終的に給餌行動として実現します．もちろん親による給餌行動に学習や経験による部分がないとは言いません．オオヨシキリはロボットではないからです．しかし，このような親の「決まりきった」行動は，その背景にある遺伝的要因の存在を強く示唆します．もっと考えを進めると，カッコウのヒナ側にもオオヨシキリの親の「決まりきった」行動を最大限搾取するような遺伝的プログラムが実装されていると考えてもよいでしょう．なぜなら托卵の成功は，卵の孵化前も孵化後も，宿主をいかにうまく騙すかにかかっているからです．

　ヒナがとる行動は，親の行動よりもより遺伝的な側面が強いと考えられます．生まれたばかりのヒナが行動を後天的に学習する機会は非常に限られているからです．たとえば，ヒナが口を開けて餌をねだるのは，同じように餌をねだっている隣のヒナを見てそれを真似するからだ，という説明は説得力に欠けます．餌のねだり方を他者から学ぶような悠長な戦略をとっていたのでは，餌をめぐる他のヒナとの競争に負けてしまうでしょう．

さらに，カッコウのヒナには驚異的な行動が存在します．カッコウのヒナは宿主の卵よりも早く孵化することが多いのですが，その孵化したばかりでまだ目も見えないようなカッコウのヒナが，宿主の卵を自分の背中に乗せ，巣の外に押し出すのです．競争相手を減らし，自分の餌の取り分を増やすことは，カッコウのヒナにとって適応的な行動です．しかし，この行動は後天的に獲得されたとは考えにくく，遺伝的な性質としてヒナに備わっていると考えるのが自然です．ここで注意してほしいのは，ヒナには脳内で「隣にあるのは卵だから放り出そう」と認知的な思考をしたり，ましてや「卵を放り出すとその分自分の餌が増えて有利だな」などと推論したりする能力は全く不要である点です．必要なのは，自分の背中に何かものが当たったらその下に入り込み，体を持ち上げるという一連の運動法則だけです．そして，数ある運動法則の中からカッコウがこの法則にたどり着いた原動力こそが，自然淘汰だと考えられます．

感覚器と行動の進化

　ここからはタンパク質の働きについて詳細に見ていくことにします．たとえば，視覚を考えましょう．眼から入った光は，電気信号の情報に変換されて脳に伝わり，そこでさらに情報処理されることによって初めて，私たちはものが見えたと知覚できます．このように外界からの刺激を受けとるしくみのことを，受容体（receptor）と呼びます．特に，その構成要素である分子のことも，同じく受容体と呼びます．

　眼の網膜には光を受容するための細胞が並んでおり，その細胞表面には細胞の外部と内部を貫くような形で色素が存在しています．この色素の主要成分であるタンパク質をオプシンと呼びます．また，ビタミンAから作られるレチナールという物質もオプシンに包まれる形で存在し，この色素の構成要素となっています．外界からの光刺激を受けると，この色素が化学的に変化します．すると，それが細胞の中で新たな化学反応を連鎖的に引き起こし，最終的に視神経の電気信号として脳に伝わるというしくみです．

　興味深いことに，色素には異なる種類があり，感受性の高い波長も色素ごとに違います．たとえば，昆虫は紫外線領域に反応する色素，つまりそのようなオプシンを持っているので紫外線を「見る」ことができますが，ヒトは持たな

いので紫外線を知覚することはできません．ヒトは視覚にかかわる四つのオプシン遺伝子を持っており，そのうち三つは赤，緑，青という色，残りの一つは明るさの知覚に特化した機能を持っています．夜に部屋の電気を消した後におぼろげに部屋の様子が見えてくるのは，この四つ目のオプシン遺伝子のおかげです．ギンヤンマは視覚にかかわるオプシンで言えば，30種類のオプシン遺伝子を持っているというから驚きです（Futahashi *et al.*, 2015）．

　当然のことながら，オプシンをいくつ持っているか，そしてそれぞれがどのような波長の光への特性を持っているかによって，見える世界は変わってきます．そして見える世界が変わってくれば，間接的に行動も異なってくるはずです．たとえば，私たちヒトは紫外線を頼りに移動することなどできません．

　オプシン遺伝子の変異によって配偶行動が変化した例として，アフリカのシクリッドの例が挙げられます．シクリッドは一般に強いなわばり性を持つことで知られているスズキ目の魚で，アフリカのヴィクトリア湖を例にとると，そこには約200種という多くの固有種が生息しています（Terai *et al.*, 2002）．しかし，ヴィクトリア湖が最後に干上がったのは約1万2400年前なので，この200種という数を説明するには，約60年に一度という速さで新しいシクリッドの種が誕生することが必要です．

　この急速な種分化の背景にオプシン遺伝子の影響があることが判明しました（Seehausen *et al.*, 2008）．ヴィクトリア湖のある水域では，濁りの影響で水深が浅いところは短波長の青色側の光が，逆に深いところは長波長の赤色側の光がそれぞれ環境中に優越することが知られています．それぞれの水深域に生息するシクリッドは，それぞれの光環境の波長への感度が高いオプシン遺伝子を持っていました．ある光の波長に対して感度が悪いというのは，その色の物体を認識しづらいのと同じです（私たちが紫外線を認識できないのと同じように）．そして，これらに呼応して浅い水深にすむ種では雄の体色が青色寄りに，深い水深にすむ種では雄の体色が赤色寄りになっており，雌も同種の雄の体色に対する好みを示しました．

　雌による選り好みが進化すると，種が二つに分かれる「種分化」が起こる可能性があります．つまり，もともと同種だった個体群のうち，グループAは浅い水深域にすみ，雄の体色が青色に，雌が青色の雄を好むように進化したと

します．またグループBは深い水深域にすみ，雄の体色が赤色に，雌が赤色の雄を好むように進化したとします．すると，グループAの雌はグループBの雄には関心を示さず，逆もまたしかりなので，最終的にグループAとグループBの遺伝的交流は失われ，グループAとグループBがそれぞれ別種になる可能性があるのです．

このように水深による光環境の違いは，オプシンの進化のみならず，種の分化すら促す可能性があるのです．このような種分化を，感覚主導の種分化（sensory drive speciation）と呼びます．

一夫一妻制の遺伝子

近年，オキシトシンやバソプレシンといった物質が，信頼や愛情，絆といった社会的感情に関連するのではないかとして注目されています．これらはペプチドホルモンの一種で，オキシトシンは子宮収縮作用や射乳（乳汁を乳管に送る）作用を示し，またバソプレシンは抗利尿作用を示すなど体内で働く一方で，脳内では神経伝達物質として働き，感情に影響することもわかってきました．

ハタネズミは，雌雄間の絆形成を研究する対象として注目を集めてきました（菊水，2019）．なぜならプレーリーハタネズミ（*Microtus ochrogaster*）やアメリカマツネズミ（*Microtus pinetorum*）が一夫一妻制で雄と雌が共同で子育てをするのに対し，近縁種であるアメリカハタネズミ（*Microtus pennsylvanicus*）やサンガクハタネズミ（*Microtus montanus*）は一夫多妻制であり，交尾後は単独で行動し，雄は子育てには参加しないからです．これらのハタネズミの種間の違いを調べることで，雌雄の絆の秘密に迫ることができそうです．

一夫一妻制のプレーリーハタネズミでは，脳の側坐核（nucleus accumbens）や前辺縁皮質といった部位にオキシトシンの受容体が多く分布しています．しかし，一夫多妻制のサンガクハタネズミではそうではありません．同じような違いは，一夫一妻制のアメリカマツネズミと一夫多妻制のアメリカハタネズミの間でも見られます（Insel & Shapiro, 1992）．では，このオキシトシン受容体は実際にどのような役割を果たしているのでしょうか．実験では，雌のプレーリーハタネズミの側坐核や前辺縁皮質と呼ばれる脳部位にオキシトシン受容体拮抗薬を注射し，個体の行動を調べました．受容体拮抗薬とは，オキシトシンの受

容体に働きかけてオキシトシンの効果を阻害する薬です．すると，これらの個体は対照群の個体に比べ，交尾相手の雄と寄り添う時間が著しく短くなり，雄との絆形成が抑制されたのです（Young *et al.*, 2001）．このことは，雌においてオキシトシンが絆形成に重要な役割を果たしていることを示唆します．

　雄ではオキシトシンへの感受性が雌よりは低く，代わりにバソプレシンが雌雄の絆形成に重要な役割を果たしていることがわかってきました．脳の腹側淡蒼球（ventral pallidum）と呼ばれる部位のバソプレシン受容体の密度を比較すると，一夫一妻制のプレーリーハタネズミでは高密度であるのに対し，一夫多妻制のサンガクハタネズミではその密度は低く（Young *et al.*, 2001），脳室内にバソプレシンを投与すると，プレーリーハタネズミの雄では雌への親和行動が増すものの，サンガクハタネズミではそうはならないことがわかりました（Young *et al.*, 1999）．逆に，バソプレシン受容体拮抗薬を投与すると，プレーリーハタネズミの絆形成は阻害されました（Lim & Young, 2004）．さらに驚くべきことに，ウイルスを遺伝子の運び屋にして，一夫多妻制のアメリカハタネズミの腹側淡蒼球に本来はあまり存在しないバソプレシン受容体V1aRを大量に発現させると，そのような雄は交尾後に相手の雌と長い時間寄り添うようになったのです（Lim *et al.*, 2004）．

　さらに，バソプレシン受容体をコードする遺伝子 *avpr1a* の構造を比較すると，おもしろいことがわかります．種間でタンパク質をコードする領域に大した違いはないのですが，一夫一妻制であるプレーリーハタネズミやアメリカマツネズミでは，この遺伝子の上流に長めのマイクロサテライト（短い単位が繰り返される配列のこと）が存在するのに対し，一夫多妻制であるサンガクハタネズミやアメリカハタネズミにはそれがないのです（Young *et al.*, 1999）．したがって，遺伝子がコードしている受容体自体の違いではなく，その受容体の量などを調整する領域の違いが，一夫一妻制と一夫多妻制の違いの要因になっていると考えられます．

　これらの実験は，雌雄間の絆といった漠然とした対象にも神経生理的背景が，そしてその後ろにはたしかに遺伝的な背景が存在していることを示唆します．オキシトシンやバソプレシンはその鍵となる物質の一つなのです．

　最後に，関連する研究を一つ紹介して話を終えることにします．バソプレシ

ン受容体を作り出す遺伝子 *avpr1a* は，実は私たちヒトにも存在します（ヒトの場合，大文字で *AVPR1A* と書かれます）．ヒトの場合もやはりこの遺伝子の上流には繰り返し配列があり，そのパターンは個人間で若干異なります．そこで，スウェーデンの被験者を対象に，個人の *AVPR1A* 遺伝子のタイプがその人の配偶者もしくはパートナーとの関係とどのように関連しているかを調べました（Walum *et al*., 2008）．すると，*AVPR1A* 遺伝子の「タイプ334」という型を持つ男性は，そうでない人に比べて，①婚姻関係の危機にあったことが多く，②パートナーと結婚しておらず同居にとどまっている割合も多い，ことがわかったのです．この研究は単に遺伝子との相関を調べただけで，その因果に直接迫ったものではありません．しかしながら，*AVPR1A* 遺伝子がヒトにおいてもパートナーとの絆の形成に何らかの形でかかわっている可能性を，間接的ですが示したものです．

［さらに学びたい人のための参考文献］

サダヴァ，D.／中村千春・石崎泰樹（監・訳）（2021）．カラー図解　アメリカ版　新・大学生物学の教科書 2　分子遺伝学　講談社
　　第 9 章以降が本章の内容に対応．DNA からタンパク質が作られるまでの一連の流れが豊富な図とともに解説されている．

ヤング，L.，アレグザンダー，B.／坪子理美（訳）（2015）．性と愛の脳科学　中央公論新社
　　ヒトの絆を支える化学物質であるオキシトシン研究の第一人者が著した社会神経科学の入門書．社会行動と遺伝子の対応が理解できる．

第 4 章

「種の保存」の誤り

1 ┣• 種の保存と群淘汰

　「種の保存」と聞いて皆さんは何を思い浮かべるでしょうか．トキは学名を *Nipponia nippon*（ニッポニア・ニッポン）と言い，かつては日本中に生息していましたが，乱獲や生息地の減少の影響で絶滅の危機に瀕しており，純日本産のトキは 2003 年を最後に姿を消しました．佐渡のトキ保護センターでは，中国産のトキを得て保護と繁殖の活動が行われています．この文脈での「種の保存」とは，人間による絶滅回避の努力のことをさします．

　本章では，これとは少し違ったことを考えます．自然淘汰のプロセスが環境への適応を生み出し，より生存や繁殖に有利な形質が集団に広まっていくことは，前章までに詳しく解説しました．では，自然淘汰自体は，種の絶滅を防ぐ力を持っているのでしょうか．もっと一般的に言って，あるグループ[1]を「適応的に」する性質は，自然淘汰によって選ばれるのでしょうか．

　ここで，「グループが適応的である」という言葉の意味を明確にしておかねばなりません．個体がどれだけ環境に適応しているかは，その個体が残す子孫の数，つまり適応度によって測定されます．この点は明瞭です．しかし，同じようにしてグループの「適応度」を測定しようとすると，問題が生じます．そ

---

1) 進化は集団内の遺伝子頻度の増減で測られます．本章では，進化を考える基準となる個体の集まりを集団（population）と呼び，その集団の中に存在している集まりをグループ（group）と呼ぶことにします．

■表 4.1　淘汰の単位と呼び名

淘汰の単位	個体	グループ
適応の尺度	個体適応度	グループ適応度
淘汰の原動力	個体間の個体適応度の差	グループ間のグループ適応度の差
淘汰の呼び名	個体淘汰	群淘汰

　もそもグループの「適応度」とは何でしょうか．グループがグループを産んだりはしませんから，グループが産む「子の数」など測定することはできません．子を産むのは個体だからです．こうやって考えると，あるグループの「適応度」としては，「そのグループに属する個体の適応度の平均値」を採用するのが最も自然なやり方でしょう．本章では以降，このようにして定義されたグループの適応度を「グループ適応度」と呼び，これに対し，個体それぞれが持つ適応度のことを単に「適応度」もしくは「個体適応度」と呼んで両者を区別することにします（表 4.1）．グループ適応度が高いということは，そのグループから生産される子の数が他のグループに比べて多いということを意味します．もちろん，グループ適応度は個体適応度の平均値に過ぎませんから，グループ内の誰が高い適応度を持ち，誰が低い適応度を持つかを区別する必要はありません．

　たとえば，寒冷地での適応を考えましょう．遺伝的に脂肪をたくさん蓄えることのできる個体は，そうでない個体に比べて寒さに強く，生存や繁殖に有利でしょう．これはグループのレベルで考えても同じです．脂肪を蓄えることができる個体からなるグループは，そうでない個体からなるグループよりもグループ適応度は高いでしょう．

　しかし，生物界では，時として個体にとっての利益とグループにとっての利益が対立する場合があります．仮想的な例ですが，ここにある種の鳥が 10 羽いるとしましょう．各個体は，ある木の実を 10 個食べれば，生存し次世代に子を残すことができます．しかし，木の実を 9 個以下しか食べられないと，高確率で死んでしまうと仮定します．

　10 羽の鳥が森に行くと，木の実が合計 90 個ありました．各個体は，自分の生存のために必死に木の実を探します．その結果，各個体とも同じように努力

して，90／10＝9個の木の実を見つけたとしましょう．しかし，先に述べたように，9個という量は生存には足りません．結果として，ほとんどすべての個体が死亡してしまいました．このように，「資源を得るべく最大限の努力をする」という，個体レベルでは明らかに有利な性質を持っているにもかかわらず，そのような個体が集まると，グループ適応度が大きく低下してしまうことがあります．

　ここでもし，10羽の中の1羽が木の実を探すことを諦めたらどうなるでしょうか．残りの9羽はそれぞれ90／9＝10個の実を食べられるので生存し，繁殖に成功します．結果として，このグループは次世代に存続できるでしょう．もちろん，この裏には個体の利益を放棄した1羽の犠牲があります[2]が，先程の例に比べると，グループ適応度は劇的に改善しています．「資源をたまに諦める」という，個体レベルではどう見ても有利でなさそうな性質が，グループ適応度の上昇に貢献したのです．

　そこで，グループ間の競争という視点で自然淘汰がどのように働くかというと，以下のように考えることができるかもしれません．個体の利益を優先する個体からなるグループ X と，時折資源を他者に譲る性質を持つ個体からなるグループ Y を考え，これらが集団に共存しているとします．グループ X のグループ適応度は小さい一方で，グループ Y には木の実を他者に譲る個体が現れやすい（先の例なら10羽中1羽で十分）ので，そのグループ適応度は大きいでしょう．結果として，グループ Y ばかりから子が生まれ，集団には資源を相手に譲る性質を持つ個体が広まっていくように思えます．この例のように，集団内の異なるグループ間のグループ適応度の差異を原因として起こる進化を，群淘汰（group selection）と呼びます．

　しかし，本当にこのロジックは正しいのでしょうか．自然淘汰によって，他者に資源を譲る性質は進化するのでしょうか．言い方を変えれば，自らの利益よりもグループの利益を優先する性質は進化するのでしょうか．

2）この犠牲になった個体が残り9羽の血縁者である場合には，血縁淘汰と呼ばれるプロセスが働くことになりますが，これに関しては第8章で別途詳しく論じます．

結論から言うと，このような考え方は（少ない例外を除いて）一般には誤りであることがわかっています．このような結論に至るまでには，進化生物学者による長い論争の歴史がありました．本章では，なぜ群淘汰の考え方が誤りなのかを，その論争の歴史を振り返りながら見ていくことにしましょう．

群淘汰による動物行動の解釈

　コンラート・ローレンツはオーストリア出身の動物行動学者で，鳥のヒナの「刷り込み」（ヒナが生まれて最初に見た動くものを親だと認識すること）を発見したことでも有名な，この分野の大家の1人です．ローレンツは，主に鳥の行動観察を通じて動物の本能行動を研究しました．著書である『攻撃（*On Aggression*）』（Lorenz, 1966）の中で，彼は動物の攻撃を伴うなわばり行動について論じています．彼によるなわばり行動の進化的起源の説明とは，それぞれの個体がなわばりを持ち，空間的に均一に位置することによって，特定の場所が混み合うのを防ぎ，グループ全体として資源の枯渇を防いでいる，というものです．つまり，個体がなわばりを持つのは，グループの利益のためだという説明です．

　擬人法を排して言えば，「なわばり行動をとる個体からなるグループのグループ適応度は，なわばり行動をとらない個体からなるグループのグループ適応度よりも高い．したがって，群淘汰によって前者のタイプが集団に広がるだろう」と言い換えることができます．もしなわばり行動を誰一人とらなかったら，偶然にもたくさんの個体が集中してしまう場所が生じるかもしれません．すると，そこにある資源は，もはや自然の再生力では回復不可能なまでに食べ尽くされてしまうでしょう．これが繰り返されると，このグループは資源のありかを一つ，また一つと失っていくことになります．そして，最終的にはすべての資源が失われ，グループとしての存続自体が危ぶまれることになります．こうなるよりは，なわばりをきちんと作って資源管理ができるグループのほうが，群淘汰上有利であるという説明です．ローレンツは，同種個体の分布が空間的に不均一にならないようにすることが，なわばり行動の主たる目的だと考えていたのです．

　言うまでもなく，ローレンツは動物行動学の祖の1人であり，彼の数々の業績はその後の動物行動学に多大な影響を与えました．一方で，彼のロジックに

は群淘汰が頻繁に用いられたため，動物の持つ様々な性質は自らの種を保存する目的に適うよう進化したという説明が広まっていきました．

　同時代に群淘汰の考えを広めた別のキーパーソンが，ヴェロ・コプナー・ウィン＝エドワーズです．著作 *"Animal Dispersion in Relation to Social Behaviour"* (Wynne-Edwards, 1962) の中で，彼も動物行動の究極要因の説明に頻繁に群淘汰の考えを用いました．たとえば，1 年に一つの卵しか産まない海鳥の例を考えてみます．1 年に 1 個というのは，個体の適応度という観点からは少なすぎるようにも思えます．しかもこの種の親鳥は，シーズン途中で卵を失っても，同シーズン中に再び産卵することはしないといいます．このような個体レベルの適応度最大化に反するようにも見える現象に対し，ウィン＝エドワーズはグループの利益という観点から説明を与えました．対象種は一般に長寿命で，したがって，いったん子が生まれると長く資源競争に参加することになり，資源の枯渇を加速させると考えられます．そこでウィン＝エドワーズは，海鳥たちが資源の枯渇を防ぎ，グループの利益を守るために，本当はもっと多くの卵を産めるところを，あえて産卵を自粛しているのだと考えました．個体レベルの利益とグループレベルの利益が対立関係にある時は，自然淘汰は後者の論理を優先すると考えていたのです．

　彼ら 2 人の影響もあり，1960 年代初頭までの生物学には，漠然と群淘汰の考え方が広まっていました．これに輪をかけたのが，レミングの自殺という伝承です．レミングはツンドラに住むネズミで，集団で崖から飛び降りて海に落ちるという「集団自殺」のような現象が知られていました．当時作られたドキュメンタリー映像には，おどろおどろしい音楽とともにこのレミングの「集団自殺」行動が記録されており，非常に衝撃的です．そして，レミングの集団自殺は増えすぎた密度をコントロールするための行動であるという誤解が長い間広まっていました．

　実際のところ，レミングが崖から飛び降りるのは，群れで移動中にたまたまその一部が連鎖的に海に落ちてしまうアクシデントであるという解釈が正しいようです．なぜ移動をしなければならなかったかというと，それは自殺のための死の行軍ではなく，単に個体数が増えてしまってエサやすみかが不足してしまったために，新しい場所が必要になったからです．そして，アクシデントに

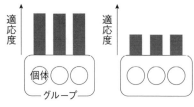

a　群淘汰のみが働いている

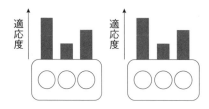

b　個体淘汰のみが働いている

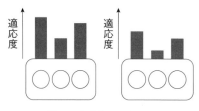

c　群淘汰と個体淘汰が働いている

■図 4.1　群淘汰と個体淘汰

巻き込まれなかった他の多くのレミングは，実際に新しいすみかをきちんと発見できるのです．ですから，個体数調整のための自殺という当時の説明は間違いで，移動分散という適応的な行動中に生じた副産物という理解が適切でしょう．

2 | 群淘汰 vs. 個体淘汰

このような流れの中にあって，群淘汰の誤りを指摘した人物がいます．その 1 人がジョージ・C・ウィリアムズです．彼は，著作 *"Adaptation and Natural selection"*（Williams, 1966）の中で，群淘汰の問題点を指摘しました．

群淘汰に対し，個体間の適応度の差に由来して起こる淘汰のことを，特に個体淘汰（individual selection）と呼んで区別することがあります（前掲表 4.1）．ここで注意してほしいのは，個体淘汰という用語が若干誤解を招きやすい表現であるという点です．そもそもグループ適応度という概念は，グループに属する個体の適応度の平均値によって定義されていたことを思い出してください．つまり，グループ淘汰も究極的には「個体の適応度」の差異が原因で起きていることには変わりなく，その意味では「個体淘汰」と呼ばれてしかるべきなのです．しかし，図 4.1a のように，グループ間にグループ適応度の差が存在するものの，グループ内では個体適応度に差がない時，私たちは慣習的に「群淘汰（のみ）が働いている」と言います．逆に，図 4.1b のように，グループ間にはグループ適応度の差がなく，グループ内に個体適応度に差がある時，私たちは慣習的に「個体淘汰（のみ）が働いている」と言います．これらは二

つの両極端な状況を表しており，一般には図 4.1c のように，グループ間の適応度にもグループ内の適応度にも差が存在しているでしょう．この場合，私たちは慣習的に「群淘汰と個体淘汰が（同時に）働いている」と言います[3]．ウィリアムズは，群淘汰と個体淘汰について，個体淘汰の効果のほうが圧倒的に強く，適応はグループの利益ではなく個体の利益で説明されるべきであることを主張しました．

　この主張に理論的な裏づけを与えたのが，ジョン・メイナード゠スミスです．彼はイギリスの理論生物学者で，群淘汰がどのような条件で働きうるかを数理モデルを使って研究しました．数理モデルとは，いくつかの単純な仮定をもとにした状況を想定し，そこで起きることを数学的に予測する方法論のことです．解析の結果，彼は群淘汰が個体淘汰の力を上回ることは起きうるが，そうなるのはきわめて限定的な条件下だけであって，ほとんどの状況では群淘汰は個体淘汰の力を上回ることはないことを証明しました（Maynard Smith, 1964）．

　ここで，メイナード゠スミスの主張を，図 4.2 を使って理解してみましょう．個体の利益を優先する個体からなるグループ X と，集団の利益を優先する個体からなるグループ Y があったとします．グループ X と Y のグループ適応度を比較すると Y のほうが高いでしょうから，Y からより多くの子が生産されます．よって集団の利益を優先する性質が集団に広まっていくでしょう．これが群淘汰の基本的なロジックです（図 4.2a）．

　しかし，この説明にはその前提条件に一つ大きな疑問が残ります．なぜ個体の利益を優先する個体の・みからなるグループと，集団の利益を優先する個体の・みからなるグループが最初にあったのでしょうか．なぜ両方のタイプの個体が混在しているグループがないのでしょうか．

　子は，生まれたグループにとどまることもあれば，他のグループへと分散することもあります．もし個体の利益優先タイプとグループの利益優先タイプが

3）ここで言う「群淘汰」のことを「群間淘汰（between-group selection）」，「個体淘汰」のことを「群内淘汰（within-group selection）」とそれぞれ呼ぶこともあり，これらは誤解の少ない，よりよい表現です．しかし，本書では歴史的経緯も踏まえて，「群淘汰」と「個体淘汰」の用語を用いることにします．

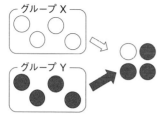

○：個体の利益優先
●：グループの利益優先

a　群淘汰が個体淘汰の力を上回る状況

b　個体淘汰が群淘汰の力を上回る状況

■図 4.2　メイナード＝スミスによる説明

同じグループに混在したらどうなるでしょうか，前者は資源の枯渇やグループの絶滅を気にせずに繁殖を行います．逆に，後者は前者に繁殖を譲ってグループの存続を第一に気にかけるでしょう．その結果，この混在グループからは個体の利益を優先する個体の子が多く生まれ，グループの利益を優先する個体の子はあまり生まれてこないでしょう．このように，いったん混在が起こると，グループ内の個体淘汰は群淘汰の力を上回るのです（図 4.2b）．

個体の移動分散というものは，生物一般に普通に起こりうる現象です．メイナード＝スミスはこのような状況を一般化して考察し，移動分散がほとんどない場合でのみ，群淘汰の力は個体淘汰の力を上回ることを示したのです．それと同時に，そのような状況は現実的にはめったに起こらないだろうから，群淘汰にもとづいた動物行動の説明には大きな誤りがあるだろうと考えたのです．

個体淘汰による再説明

　群淘汰による説明が大方間違っているならば，ローレンツによるなわばり行動の説明や，ウィン＝エドワーズによる鳥の少ない卵の数の説明はどのような訂正を受けるのでしょうか．

　群淘汰による説明の論理的誤りが明らかになるにつれ，1960 年代後半から 1970 年代を中心に，動物行動を新たな視点，つまり個体レベルの淘汰という観点から説明し直そうという動きが起こりました．同時期には，血縁淘汰理論（第 8 章参照）も誕生し，群淘汰に代わって現象を説明するための様々な独創的な仮説が提唱されました．進化生物学は黄金期を迎え，それらの仮説を検証する実証研究も一気に花開いたのです．

　なわばり行動の例に戻りましょう．現在の解釈では，個体ごとになわばりを

持ち，なわばりの境界で侵入者に対し攻撃行動をしかけるのは，そうすることで自己の適応度をより大きくすることができるから，と考えます．大きななわばりを持てば，そこにある資源や営巣場所を独占的に利用できる他，より多くの配偶者を引き寄せることができます．もしなわばり行動をとらなければ，自分のなわばりを他者に奪われたり，もしくは自分のなわばり内にある資源や配偶相手をこっそり横どりされたりする危険性があります．ですから，なわばり行動は行動を起こす個体自身に利益をもたらすために進化したと考えられます．

　同様に，海鳥の少ない卵の数も群淘汰を使わずに説明ができます．適応度は，卵や子の数自体ではなく，子が成長して次世代の繁殖に参加できるようになって初めてカウントされることに注意しましょう．産卵は親鳥にとって非常にコストのかかる行動です．卵を複数個産めば，それだけ生まれる卵のサイズは小さくなり，孵化率に負の影響を与えるでしょう．また，ヒナが複数いれば，親はそれだけエサを持って来なければいけません．環境が悪化したり，同種の個体数が増加したりすると，周囲に存在するエサの量は少なくなることが予測されます．このような状況下で，たくさんのヒナが巣に待っていたら何が起こるでしょうか．もしヒナの数でエサを均等配分すれば，どのヒナもエサを十分に得られず，結果としてどのヒナも死亡し，適応度がゼロになってしまうかもしれません．エサの配分を偏らせてうまくヒナが成長したとしても，もともと小さな卵から生まれた個体は成鳥になっても小さく，なわばりや配偶者をめぐる争いに敗れてしまうかもしれません．

　このように，卵の数が多いからといって適応度も大きくなるとは限らないのです．環境が厳しかったり，大きくなってからの体のサイズがものを言ったりする場合には，少ない数の子を産み，その子にたっぷりと親の養育や保護を注ぐことが，結果として適応度の最大化につながることがあります．

子殺し

　動物界には，時として親が子を殺す子殺し行動が見られることがあります．親にとって子は適応度そのものなので，このような行動は初め，異常行動であると認識されていました．また，グループ内の増えすぎた個体数を調整しているのであるといった，グループの利益に基づく群淘汰による説明もなされるよ

うになりました.

　ハヌマンラングールは，インドやスリランカに生息する中型のサルで，インドではヒンドゥー教の聖典ラーマーヤナに現れるハヌマン神の使いと信じられ大切に保護されています．杉山幸丸は，このハヌマンラングールで子殺しが起こることを発見しました（Sugiyama, 1965）．

　生物学では，個体のとる行動様式を戦略（strategy）と呼ぶことがあります．子殺し行動が個体レベルの適応戦略であるという仮説を提唱したのが，アメリカの霊長類学者・人類学者であるサラ・ハーディです（Hrdy, 1977a, b）．ハーディは乳児がいる母親が発情しないことに着目し，よそから来た雄は前の雄の子である赤子を殺すことによって雌を再発情させ，自らの子をいち早く残そうとしているのだと考えました．雌は授乳中は排卵が止まる（授乳性無月経）ので，乳児をとり除けば雌の発情を促せるのです．

　雄による子殺しは，ハヌマンラングール以外の多くの霊長類でも起こります（van Schaik, 2000）．また，ライオンは，兄弟の雄が複数の雌を引き連れる「プライド」という群れを作りますが，やはり群れの乗っとり時には乳児に対する子殺しが起こります．この理由も霊長類と同様です．

　哺乳類の比較研究では，妊娠期間よりも授乳期間が長い種で，雄による子殺しが起きていることがわかっています．授乳期間が長いのに次の子をすぐにもうけてしまうと，齢の異なる複数の乳児を抱えることになり，雌はうまく子を成長させることが困難になります．そのような種では，まず雌の適応として授乳性無月経が進化します．すると，今度は雄の個体レベルの適応としてこの無月経を止めるための子殺しが進化したと考えられます（van Schaik, 2016）．

　ゲラダヒヒでは，優位雄の交代が起きると，妊娠中の雌の約80％で流産が起こることが知られています（Roberts *et al.*, 2012）．これは子殺しに対する雌の対抗戦略と考えられ，新しい雄に出会うことで流産が引き起こされるこのような効果を，ブルース効果（Bruce effect）と呼びます．

儀礼的な闘争の進化

　動物の闘争というと，皆さんはどのようなことを思い浮かべるでしょうか．体をぶつけ合う肉弾戦や，相手を殺し合うといった容赦のない戦いを思い浮か

べるかもしれません.

　しかし，動物の闘争はしばしば拍子抜けするくらい穏やかに見えます．たとえば，雄のシクリッド（*Aequidens portalegrensis*, カワスズメ科の魚）の闘争では，雄同士は背びれを立てて近づくと，尾びれを使って水流を起こし，相手の体にその水流をぶつけます．これで決着がつかないと，今度は口と口をくっつけて相手の体を押し合います（Eibl-Eibesfeldt, 1961）．ガラガラヘビ（*Crotalus ruber*）の戦いでは，牙で噛みつくことはせず，2匹は体を寄せ合って並進し，空中に伸びた頭と頭で押し合って，相手を柔道の押さえ込みのように地面に押しつけます．押しつけたほうが勝ちで，敗者は去っていきます（Eibl-Eibesfeldt, 1961）．上方に伸びた鋭い角を持つオリックス（*Oryx gazella beisa*, ウシ科の動物）の闘争では，まず2頭は互いに角を見せつけ合うディスプレイを行い，いざ闘いになると，頭と頭をぶつけて直接押し合います．この時，角はというと，押し合っている頭同士が離れないようにするために絡め合っているだけで，相手に突き刺すために使われたりはしません（Eibl-Eibesfeldt, 1961）．

　ローレンツをはじめとする群淘汰論者は，動物がこういった儀礼的な闘争（ritualized fight）をするのは，種の保存の本能が働いているからだと考えていました．もしシクリッドが相手の体や口に噛みつき，ガラガラヘビが牙で相手を襲い，そしてオリックスが鋭い角を相手の柔らかい横腹に突き立てたならば，闘争はどちらか一方，もしくは双方にとって致命的なものになるでしょう．このような直接的な闘争はグループの適応度を下げることになり，種の保存にも負に働きます．これを避けるために儀礼的な闘争が進化した，というのが彼らの説明です．

　メイナード＝スミスとジョージ・プライスはこの説明に対し異議を唱え，儀礼的な闘争の進化も個体レベルの利益によって十分説明可能であると主張しました（Maynard Smith ＆ Price, 1973）．つまり，攻撃しないことが得になることがある，と言ったのです．これは非常に逆説的です．なぜなら，ナイーブに考えると，相手を徹底的に攻撃する個体は儀礼的な闘いしかしない個体よりも強く，資源をより多く手に入れられるはずだと考えられるからです．

タカ・ハトゲームと進化的に安定な戦略

　メイナード＝スミスとプライスは，経済学で用いられるゲーム理論（game theory）を生物学に応用し，儀礼的な闘争の進化の説明を試みました（Maynard Smith & Price, 1973）．ゲーム理論は，もともと企業間の競争や第二次世界大戦後の東西の冷戦などを分析するのに用いられてきた方法論です．彼らは，この方法論がそっくりそのまま生物にも適用できるのではないかと考えたのです．

　そこで，彼らのロジックについて詳しく見ていくことにしましょう．ある生物種を考え，価値 V の資源をめぐって 2 個体が対峙している状況を考えます．集団には，儀礼的な闘争をエスカレートさせ，本格的な肉弾戦に打って出る好戦的な個体と，儀礼的な闘争をするだけで闘いをエスカレートさせることはない平和的な個体がいることにしましょう．これらをそれぞれ「タカ（Hawk）」戦略，「ハト（Dove）」戦略と呼ぶことにします．2 個体の持つ戦略の組み合わせによって，次の 4 通りの場合が考えられます．

　①自分がハト，相手もハトである時

　　この場合，両者は儀礼的な闘いだけをして，最終的には平和的に資源を均等分割するとします．したがって，自分の取り分は $V/2$ です．

　②自分がハト，相手はタカである時

　　この場合，闘いをエスカレートさせて来る相手に対し，自分は資源を諦めて逃げます．自分の取り分は 0 です．

　③自分がタカ，相手はハトである時

　　②と逆で，自分は資源を総取りでき，自分の取り分は V です．

　④自分がタカ，相手もタカである時

　　両者は闘いをエスカレートさせ，勝者が決まるまで闘いを続けます．勝者は資源 V を得ますが，敗者は傷のコスト C を支払います．両者の実力が同じだとすると，自分の取り分の期待値は $(V-C)/2$ となります．

　このようにして構成されるゲーム理論のモデルのことを，タカ・ハトゲーム（Hawk-Dove game）と呼びます．

　ここで「取り分」という単語を用いましたが，ゲーム理論では戦略のよし悪しを測る基準となるこのような数値のことを，利得（payoff）と呼びます．企業間の競争を表したゲーム理論モデルにおける利得とは，各企業の利潤のこと

■表4.2　タカ・ハトゲームの利得表（$C>V>0$を仮定する）

自分＼相手	タカ	ハト
タカ	$(V-C)/2$	V
ハト	0	$V/2$

でしょう．なぜなら企業は利潤を大きくする活動をしているからです．一方で，ゲーム理論を進化に応用する場合，利得は適応度で測定する必要があります．なぜなら適応度の大小によって進化の方向が決定するからです．この時，Vは資源を獲得したことによる適応度の増加分，Cは傷を負ったことによる適応度の減少分として計算されます．もし闘争で致命傷を負えばその後の繁殖は見込めないでしょうから，$C>V>0$という仮定は生物学的に見て妥当でしょう．以下では，これを仮定します．

　自分の利得を自分と相手の戦略の組み合わせごとにまとめた表4.2を見てみましょう．表中にある四つの利得中の最大値はVで，これは自分がタカで相手がハトである時に得ることができます．このことから，タカ戦略が有利な戦略であると結論づけることができるでしょうか．

　いいえ，そう一筋縄には行きません．自分がタカ戦略をとっていても，相手もタカ戦略である可能性があります．この場合，自分の利得は$(V-C)/2$であり，これは利得表の中で最小の値です（$C>V$を思い出してください）．

　ゲーム理論では自分の利得が，自分の行動のみならず相手の行動にも依存するところにその奥深さと難しさがあります．ジャンケンはそのよい例です．ジャンケンの勝ち負けは相手の手に依存しますから，グーとチョキとパーのどれが最強の戦略であるかを決めることはできません．同様に，ハト戦略とタカ戦略の有利不利は他者がどうであるかに強く依存し，したがって「常に○○戦略が有利」といった単純な結論を導くことはできないのです．

　実際，相手がハト戦略をとっている場合には，表4.2のハトの列を縦に見ると$V/2$よりもVのほうが大きいですから，自分はタカ戦略をとるほうが有利であることがわかります．しかし，相手がタカ戦略である場合には，表4.2のタカの列を縦に見ると$(V-C)/2$よりも0のほうが大きいので，自分はハト

戦略をとるほうが有利であることがわかります．確率50％で深い傷を負うぐらいなら，初めから資源を諦めてしまうほうが得だからです．

そこで少し分析方法を変えて，各個体は他者と資源競争で争うたびごとに，確率 p でタカ戦略を，確率 $1-p$ でハト戦略を選択すると仮定しましょう．このような確率的な戦略を，ゲーム理論では混合戦略（mixed strategy）と呼びます．一方で，タカ戦略やハト戦略のことは純戦略（pure strategy）と呼び区別します．生物学的に言えば，p は個体の「タカ度」，つまりどのくらい闘争をエスカレートさせやすいかを表していると考えればよいでしょう．

このような p の値は親から子に遺伝的に伝わっているとする時，進化の結果として集団に残る p の値はどのようなものでしょうか．これを以下のような方法で計算してみましょう．

今，集団のほとんどすべての個体がタカ度 p を持っているとし，これらの個体を野生型（wild-type）と呼びましょう．野生型個体 W の期待利得を計算します．野生型 W が資源競争をする相手のほとんどは他の野生型個体でしょう．その相手の1人を W′ と名づけます．双方とも p のタカ度を持っているので，実現する純戦略の組み合わせが（W, W′）=（タカ，タカ），（タカ，ハト），（ハト，タカ），（ハト，ハト）となる確率は，それぞれ p^2，$p(1-p)$，$(1-p)p$，$(1-p)^2$ であり，W の期待利得は

$$F(p, p) = p^2 \cdot \frac{V-C}{2} + p(1-p) \cdot V + (1-p)p \cdot 0 + (1-p)^2 \cdot \frac{V}{2}$$

と計算できます．

さて，この集団に野生型とは異なるタカ度 q を持つ個体がわずかに存在したとしましょう．これらの個体を変異型（mutant）と呼ぶことにします．変異型個体 M の期待利得を計算します．変異型 M が資源競争をする相手のほとん

---

4) $F(p, p) - F(q, p) = \dfrac{1}{2}(q-p)(Cp - V)$

であるため，$p < V/C$ の時は，$q = 1$ と選べば上の式は負になります．また，$p > V/C$ の時は，$q = 0$ と選べばやはり上の式は負になります．対照的に，$p = V/C$ の時は $F(p, p) = F(q, p)$ であり，条件（※）はどんな $q \neq p$ に対しても等号で成り立ちます．

どは他の野生型個体でしょう．その相手の1人をW″と名づけます．前と同様に考えると，実現する純戦略の組み合わせが（M, W″）＝（タカ，タカ），（タカ，ハト），（ハト，タカ），（ハト，ハト）となる確率は，それぞれ qp, $q(1-p)$, $(1-q)p$, $(1-q)(1-p)$ であるので，Mの期待利得は

$$F(q, p) = qp \cdot \frac{V-C}{2} + q(1-p) \cdot V + (1-q)p \cdot 0 + (1-q)(1-p) \cdot \frac{V}{2}$$

と計算できます．

　もし変異型Mの期待利得 $F(q, p)$ が野生型Wの期待利得 $F(p, p)$ よりも高ければ，変異型が集団中でその遺伝子頻度を増していくことになります．言い方を変えれば，p だけからなる集団は進化の最終状態とはなりえません．なぜなら，この集団に q という性質が突然変異で生じると，q は自然淘汰の力でどんどん増え，進化がさらに続いて行くからです．

　ですから，p が進化の最終状態となりうるには，
　　　「すべての $q \ne p$ に対して，$F(p, p) \ge F(q, p)$」（※）
が成り立っている必要があります．簡単な計算から，これを満たす p の値は，$p = V/C$ だけであることがわかります[4]．

　このようにして求められた進化の最終状態たりえる戦略のことを，進化的に安定な戦略（Evolutionarily Stable Strategy），もしくはその頭文字をとってESSと呼びます（BOX 4.1）．

BOX 4.1　進化的に安定な戦略

　以降はやや専門的になるので，興味がある人だけが読めばよい内容です．
　本文では，条件（※）をESSの条件として紹介しましたが，厳密に言えばこれは正しくなく，実は（※）はESSの必要条件でしかありません．本文の計算では，タカ度 p を持つ野生型もタカ度 q を持つ変異型も，ゲームの対戦相手はW′やW″といった野生型だと仮定して計算しました．これは，変異型は集団中に十分に少ないと考えられるからです．
　しかし，いくら変異型が十分に少ないと言っても，その存在を完全に無視することはできません．そこで，集団中には野生型と変異型がそれぞれ割合 $1-\varepsilon$ と ε だけ存在するとしましょう．ここで $\varepsilon > 0$ は十分小さな正の数です．

ある野生型 W は，確率 $1-\varepsilon$ で別の野生型に，確率 ε で変異型に出会うので，この野生型の期待利得は，

$$(1-\varepsilon)F(p,p)+\varepsilon F(p,q)$$

と書けます．また，変異型 M は，確率 $1-\varepsilon$ で野生型に，確率 ε で別の変異型に出会うので，この変異型の期待利得は，

$$(1-\varepsilon)F(q,p)+\varepsilon F(q,q)$$

と書けます．これらを比較し，野生型の利得が変異型のそれよりも真に大きい時，すなわち

「すべての $q\neq p$ に対し，$(1-\varepsilon)F(p,p)+\varepsilon F(p,q)>(1-\varepsilon)F(q,p)+\varepsilon F$ (q,q) が，十分小さな $\varepsilon>0$ に対して成り立つ」（☆）

時に，戦略 p は ESS であると呼ばれます．これが ESS の厳密な定義です．これは，「少しぐらい（頻度 ε ぐらい）別の変異型戦略が侵入してきても，野生型戦略のほうが真に高い利得を挙げられる」と言い換えることができます．

条件（※）と（☆）を比べると，条件（※）が不等号で成り立つような野生型戦略 q に対しては，（☆）が自動的に成り立つことがわかります（ε が十分小さいので，$\varepsilon F(p,q)$ や $\varepsilon F(q,q)$ といった項の効果が無視できるからです）．しかし（※）が等号で成り立つような野生型戦略 q に対しては，（☆）が成り立つかは不明です．$F(p,p)=F(q,p)$ なので，（☆）に代入して整理すると，結局は次の条件，

「（※）が等号で成り立つすべての q に対し，$F(p,q)>F(q,q)$ が成り立つ」（†）

も満たす必要があります．言い換えれば，2条件（※），（†）が両方成り立つことが，戦略 p が ESS であることの必要十分条件なのです．

脚注5）で見たように，タカ・ハトゲームで，$p=V/C$ に対して条件（※）はどんな $q\neq p$ に対しても等号で成り立つため，（†）を調べます．すると，

$$F(p,q)-F(q,q)=\frac{1}{2}(q-p)(Cq-V)$$

となり，$p=V/C$ を代入して

$$F\!\left(\frac{V}{C},q\right)-F(q,q)=\frac{1}{2C}(Cq-V)^2$$

であるので，$q \neq V/C$ なるすべての q に対して，この値は正です．すなわち（†）が言えたので，$p = V/C$ が ESS であることが確認できました．

　具体的に数値を入れて，ESS を直観的に理解しましょう．たとえば，資源の利益を $V = 1$，闘争で敗れた際のコストを $C = 5$ とします．ESS の値は，$p = V/C = 1/5$ ですから，これはタカ度が 0.2，ハト度が 0.8 である混合戦略が ESS であることを意味します．この戦略は 5 回に 1 回しか闘争をエスカレートさせないので，非常に平和的であり，儀礼的な闘争を好む戦略です．ESS の式 $p = V/C$ からわかるように，闘争のコスト C が大きければ大きいほど，ESS でのタカ度は減少します．つまり，一見有利に見えるタカ戦略も，闘争のコストが大きい時には実は不利な戦略であることが，この解析からわかるのです．

　メイナード＝スミスとプライスのこのような議論は，ゲーム理論を生物学に応用したその斬新さもさることながら，一見生存や繁殖に不利に見える行動にも個体レベルの適応が潜んでいることを明らかにした点で重要であり，群淘汰を用いずとも説明できる現象の範囲を広げたのでした（BOX 4.2）.

BOX 4.2　　群淘汰はなぜ支持されるのか

　授業や講演会で進化の話をすると，「○○という行動は，種の保存の本能から来ているのですね」といった群淘汰的な質問を受けることがよくあります．たとえば，「他者に資源を譲る協力行動は種の保存のため」とか，「老いて死ぬのはグループの利益のため」と言った具合です．このような質問は，進化の考えに本格的に触れるのは初めてという学生や聴衆ばかりか，理工系の科学者，進化を専門としない生物学者からも出ることがあります．

　群淘汰にまつわる様々な言説の中から，正しいものと正しくないものをきちんと見分けられる能力は，進化学のロジックをきちんと理解できたかを測るよい試金石になると思われます．本文中でも述べたように，一見自己の適応度にとって損になっているように見える行動にも，実は自己の利益につながる巧妙なからくりが潜んでいることを，1960 年代後半以降の進化生物学

は次々と発見してきました．この考え方に慣れていないと，グループの利益，種の保存，といった古典的な群淘汰の説明をしてしまいがちです．

　しかし，これはよくよく考えてみると不思議なことです．進化学を学ぶと群淘汰の考えを批判できるようになるのはわかるにしても，なぜ自然淘汰の考えに慣れていない人々は，群淘汰の説明を好むのでしょうか．言い方を変えれば，群淘汰の考え方自体に，何か人々を引きつけるような特別な魅力があるのでしょうか．

　たしかに，コンラート・ローレンツやヴェロ・コプナー・ウィン＝エドワーズの考え方は，1960 年代以前の動物行動学において強い影響力を持っていました．しかし，一般の人々のほとんどは彼らの仕事を知りません．では，なぜ群淘汰は人々に好まれるのでしょう．群淘汰の説明が一般の人々に魅力的に映るのは，協力や自己犠牲といった美しいストーリーが根底に流れているからではないかと思われます．

　たしかに，自己の利益だけに基づいた個体淘汰の説明は，話としては非常に利己的に聞こえます．それが進化の本質と言えばそれまでなのですが，なわばり行動を「自己の利益のため」と言うよりは，「皆で資源を均等に使うため」と説明するほうが，聞いている人の耳には心地よいでしょう．そして，このような美しく協力的なストーリーのほうを私たちが思わず好んでしまうのは，それだけ協力や助け合いといった行動が私たちヒトの身近に存在し，生きていくのに必須な行動で，そして親からもしっかりと教育される行動であるからではないかと思います．私たちヒトが，いかに他者との協力に依存して暮らしている種であるかは，以降の章でまた詳しく説明していきます．

蛍光菌のマット形成

　もう一つ，群淘汰にまつわる実証研究の話をすることにします．蛍光菌は，紫外線を当てると蛍光を発することからその名がついた細菌です．ポール・B・レイニーとカトリーナ・レイニーは，蛍光菌をビーカーで培養すると，ある系統では蛍光菌同士が互いに粘着物質を作って膜状のマットを形成し，このマットがビーカーの水面に浮くことを発見しました（Rainey & Rainey, 2003）．これは蛍光菌による協力行動と考えられます．なぜなら，水面に浮くことで彼らは空気中の酸素にアクセスでき，酸素欠乏から逃れることができるためです．

個体が細胞外に作った粘着物質はその周囲の他個体も利用できますから，粘着物質生産はグループの利益に貢献しています．

　ここで群淘汰のロジックを用いるならば，この形質はグループ適応度を上昇させているから進化するはずだ，という予測にとどまるでしょう．しかし，個体淘汰が一般に群淘汰の力を上回ることを知っていれば，さらに別の予測も立てることができます．実際，この粘着物質生産という形質には，繁殖が遅くなってしまうというコストが存在することがわかっています．これは，粘着物質の生産に資源を回すために，その分自己の繁殖への投資量が減るからです．実験によれば，粘着物質を生産することによって，繁殖の速さはもとの8割のレベルに低下してしまいました（Rainey & Rainey, 2003）．これはつまり，粘着物質生産がグループにとって利益をもたらす一方で，個体にとってはコストになることを意味しています．

　したがって，個体淘汰の観点に立つならば，粘着物質を生産する個体の中に，突然変異体として粘着物質を生産することができない個体が現れたならば，変異体はマットの一員として空気中の酸素にアクセスし，かつ自分では物質生産のコストを支払わないので，最も有利な存在になるだろうと予測することができます．事実，培養実験では5日後にそのような突然変異体が現れ，あっという間に増殖したために，粘着物質生産に携わる個体が減ってマットの強度は弱まり，最終的にマットはビーカーの液中に沈んでしまったのでした．これは，群淘汰のロジックだけでは説明できない現象です．

　なぜ実験ではそんな都合のよい突然変異体が現れたのか，と疑問を抱いた人もいるかもしれません．たしかに，第3章で突然変異はランダムな過程であると説明しました．しかし，考えてみてください．精巧な時計の一つの部品をランダムに変えたとします．この時，時計の機能がより改善するということがありえるでしょうか．いいえ，時計は機能しなくなってしまうことがほとんどでしょう．同じようなことが生物にも当てはまります．目的の物質が作り出されるまでには，体内で複数の中間生成物が作られており，それぞれの化学反応には酵素，そしてそれを作り出す遺伝子が複雑にかかわっています．ですから，塩基配列のランダムな突然変異はこの精巧な一続きの反応経路を乱し，結果として今まで果たされていた機能が損なわれることが多いと予測できます．した

がって，粘着物質が作れなくなる突然変異が起きる可能性は十分にあります．ましてや一世代あたりの時間が短い細菌では，単位時間当たりに多くの分裂が起きるため，それに伴って起きる突然変異の頻度も高く，前述のような変異体が容易に出現してもおかしくはありません．

　この蛍光菌の例を振り返ってみると，全員が粘着物質を作って協力し，酸欠を逃れて高い繁殖力を持っていた状態から始まって，粘着物質を生産できない変異体が生まれ，そして進化が起き，最終的にはマットが失われ，全員が酸欠のリスクに直面することになってしまいました．進化の前後で個体の適応度を比較すると，進化後の個体の適応度のほうが低くなってしまっています．これは，適応度の高い個体が集団に広まるという自然淘汰の原則に矛盾しているようにも聞こえますが，そうではありません．各時点で考えると，その状況で最も適応度の高い個体が広まっているのです．しかしながら，自分の適応度が，他者が何をしているかにも依存する状況下では，こういった非常に逆説的なことが起こりうるのです．

群淘汰が働く場合

　ここまで群淘汰の考え方の多くが誤りであることを述べましたが，すべてが誤りというわけではありません．群淘汰が働く場合について例を挙げてみます．

　メイナード＝スミスは，グループ間で個体の移動がある場合には，個体淘汰の力が群淘汰の力に勝ることを示しました．しかし，そうでない場合，つまりグループ間においてめったに個体の移動がない場合には，群淘汰のロジックが勝ります．この場合，グループ間の利益の差によって進化の方向が決まります．たとえば，協力者しかいないグループと非協力者しかいないグループとの間で競争が起これば，群淘汰の力によって協力者が集団でその遺伝子頻度を増すでしょう．しかし，グループ間で個体の移動がないということは，もっぱらグループ内だけで繁殖が行われていることを示唆しますから，グループ内の血縁は非常に濃くなります．したがって，強い血縁淘汰（詳しくは第8章で解説）が働き，このおかげで協力が進化していると解釈することもできます．

　進化はある集団内の遺伝子頻度の変化であることは，第2章で述べました．そして集団とは同種の個体からなる集まりであると説明しました．

しかし，「進化」の定義を広くして，異なる種Ａと種Ｂからなる「集団」を考えてみたらどうでしょう．種Ａと種Ｂはそもそも交配せず，別の遺伝的しくみを持つので，遺伝子の交流はありません．しかし，共通した資源を争うなどの競争関係はあるとします．もし，考えている形質の変異が同種内では全くなく，もっぱら種間レベルにのみ存在するならば，種Ａというグループの適応度と種Ｂというグループの適応度の大小が，どちらの種が生存しどちらが絶滅するかを決定します．これは広い意味では群淘汰と言えます．

　たとえば，種Ａは有性生殖をし，種Ｂは無性生殖をするとしましょう．有性生殖は繁殖に雄雌の２個体を必要とするのに対し，無性生殖は１個体で繁殖ができるので，有性生殖はこの意味で非効率的です（「有性生殖の２倍のコスト」）．しかし，有性生殖をすると新しい遺伝子の組み合わせを得ることができるので，進化する病原体の感染から逃れるに当たって，いつも同じ遺伝的セットしか作り出せない無性生殖よりは有利でしょう（「赤の女王仮説」）．もし後者の利益が勝るのならば有性生殖種Ａが生き残って，種Ｂは絶滅すると考えられ，これは広い意味での群淘汰と言えます．ただし，有性生殖種Ａの中に有性生殖と無性生殖を混ぜて利用する変異型個体が生まれると，この変異型は有性生殖個体より速いスピードで繁殖し，かつ遺伝的にも多様な組み合わせを持って病原体への抵抗性も高いので，種Ａの中に適応的に広がっていってしまうと考えられます．ですから，種Ａの中にこのような種Ｂの特徴を持つ変異体が生まれない，というのが前述の群淘汰が働くための必要条件となります．

[さらに学びたい人のための参考文献]

ドーキンス，R.／日髙敏隆・岸由二・羽田節子・垂水雄二（訳）（2018）．利己的な遺伝子　40周年記念版　紀伊國屋書店
　進化の原理を一般読者向けに啓蒙し，遺伝子が個体，そして遺伝子自身の利益のために，いかに利己的に振る舞っている（ように見える）かを解説した1976年初版の古典的名著．群淘汰の誤りと淘汰の単位が遺伝子であることを広く世に知らしめ，人々の生物観を一変させた．

生物としてのヒト

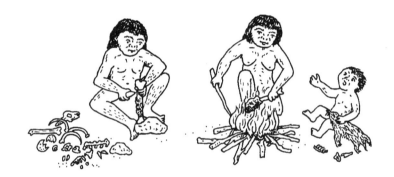

第 5 章

霊長類の進化

1 ├•─ 生物界におけるヒト

　前章までに，現代の進化生物学の基本的な考え方を説明してきました．この章と次の第6章では，私たち自身の種であるヒトについて，その生物界における位置づけ，近縁種との関係，進化史などについて述べ，私たちの身体と心が進化的に形作られた古環境がどのようなものであったかを考察してみます．そして，ヒトの心の基本的な特性について論じてみたいと思います．古人類学や分子系統学は，日々刻々，新しい証拠によって塗り替えられているので，本章の説明の細部は遅かれ早かれ古ぼけたものとなることでしょう．しかし，ヒトが進化の産物であるという基本的な事実に変わりはありません．ここでは特に，ヒトとその心を築き上げた淘汰圧がどのようなものだったのかを考える道筋を示せればと思います．本章では，まずヒトを含む分類群である霊長類（霊長目）について説明します．

生物界におけるヒトの地位

　私たちヒトは，生物界ではどこに位置する生き物なのでしょうか．先に「ヒトが進化の産物であるという基本的な事実に変わりはない」と述べましたが，これが事実として認識されるようになったのは，そう昔のことではありません．チャールズ・ダーウィンが，長い間，進化に関する彼の自説を公表するのを躊躇していたのは有名な話です（第2章，BOX 2.1）．このためらいの原因の一つは，ヒトと他の動物の連続性を示せば，神による万物の創造という当時のキリ

スト教の教義に正面から対立することになることを，ダーウィン自身がよく認識（警戒）していたからでした．それに，19世紀後半のダーウィンの時代には，古人類の化石など，ヒトと他の霊長類とのつながりを示す決定的な証拠はほとんど知られていませんでした．ネアンデルタール人の化石は発掘されていたものの，その真の意味は理解されていませんでした．ダーウィンやエルンスト・ヘッケル，トマス・ヘンリー・ハクスリーといった19世紀の生物学者たちは，主に比較解剖学の知見をもとにして，ヒトが霊長類の一員であることを示そうとしました．

　人類進化に関する先史学や自然人類学の直接的な証拠が示されるようになったのは，20世紀に入ってからのことです．1950年代以降，先史人類やヒトと他の霊長類をつなぐ古霊長類の化石が各地で発見され，1960年代からは生化学的手法を用いた系統復元の手法が次々に開発されました．さらに解剖学的構造だけでなく，行動や生態を含めた霊長類の比較研究も進展しました．その結果，今日では，ヒトは *Homo sapiens* という学名を持ち，哺乳類の中の霊長類の一員であることを，誰もが常識として知っています．

　ただし，ヒトと他の霊長類の具体的な系統関係となると，一般にはまだ十分に認識されているとは言えません．読者の多くは，ニホンザルとチンパンジーはどちらも似たようなサルだと思っていることでしょう．ヒトが霊長類の一員であることは知っていても，霊長類がどういう生物集団であるかについてはなじみがなく，ヒトは非常に特別な霊長類だという考えが根強いのです．

ヒトと類人猿の系統関係

　専門家にとっても，人類進化史が大きく塗り替えられたのは1980年代以降のことです．図5.1aは1970年代の人類学の教科書に示されたヒトと他の類人猿の系統関係です．当時の系統分類学では，類人猿とヒトの間には大きな断絶がありました．類人猿とヒトを含むグループであるヒト上科は，テナガザル科，オランウータン科（オランウータン，ゴリラ，チンパンジーを含む），ヒト科に分かれ，ヒトには科のレベルでまだ特別席が割り当てられていました．1970年代には生化学的手法を用いた系統分類はまだ黎明期でしたから，この図は主に化石の形態的特徴から推定して描かれたものです．

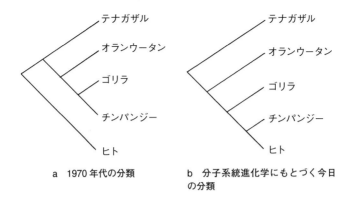

a	1970年代の分類	b	分子系統進化学にもとづく今日の分類

■図5.1　ヒトと他の類人猿の系統関係
a では，ヒトは他の類人猿とは独立の進化の道筋をたどったと考えられていた．ヒトには他の類人猿とは違う特別席が与えられていた．
b では，ヒトとチンパンジーは類人猿グループの中で，最後に分岐したことが明らかになった．ヒトはアフリカ類人猿グループの一員にすぎないことがわかった．

　しかし，その後，分子系統進化学が急速に進展し，今日の分類（図5.1b）では，かつてのオランウータン科はヒト科に含まれ，ヒトとチンパンジーがごく近い系統関係にあることが示されました．ヒトと最も近縁な2種のチンパンジー（コモンチンパンジー：*Pan troglodytes* とボノボ：*Pan paniscus*）は，実は，ゴリラとよりも，私たちヒトに近縁な関係にあるのです．分子時計を用いた推定によれば，現在のヒトとチンパンジーとは，およそ600〜700万年ほど前に共通の祖先から分岐したと考えられます（斎藤，2009）．

　つまり，生物進化の道筋において，今からおよそ600〜700万年前までは，ヒトの系統とチンパンジーの系統とは共通だったのですが，その頃に，この二つの系統の動物は異なる道を歩み始めたということになります．ですから，現在のチンパンジーはヒトの祖先と同じ動物ではありませんし，チンパンジーが進化すればヒトになるということもありません．ヒトとチンパンジーの系統が分岐してから，それぞれお互いに別の道を歩んだ分だけ，お互いが変化したからです．しかし，チンパンジー（およびその他の大型類人猿）は，現在のヒトの祖先がどのような動物であったかを類推する手がかりを与えてくれる特別な生物です．

霊長類とは

　ヒトが一介の生物である以上，私たちは様々な系統的な制約を負っています．私たちが空を飛べないのは，ヒトが哺乳類であるからというのが最大の理由です．コウモリのように翼を持った哺乳類もいるにはいますが，哺乳類の基本構造（たとえば重い骨）は空を飛ぶには不向きにできています．一方，ヒトは哺乳類であるがために，恒温性を備え，多少の温度変化には影響を受けずに生活できます．母親が妊娠と授乳の役割を負うことは，哺乳類であることの最も大きな制約です．第 2 章で述べたように，進化はすでに存在する出来合いの構造を少しずつ改変していくプロセスなので，スクラップアンドビルド方式で身体構造を一変させることはできないのです．さらに，ヒトは哺乳類の中でも霊長類の一員です．では，ヒトが霊長類であることによる制約としてはどのようなことがあるのでしょうか．まずは，霊長類の概要について説明します．

　霊長類（霊長目）はおよそ 6500～7000 万年前に登場した分類群で，大きく，曲鼻猿類と直鼻猿類の二つに分けられます（図 5.2）．より原初的な形態を維持する曲鼻猿類にはアジア・アフリカ産のガラゴ・ロリスの仲間とマダガスカルに住むキツネザルとアイアイの仲間が含まれます．一方，直鼻猿類には大きく，メガネザル，新世界ザル，旧世界ザル，そしてヒトを含む類人猿のグループが含まれます．伝統的には，原猿類（曲鼻猿類とメガネザル）と真猿類（メガネザルを除く直鼻猿類）という二分類が用いられてきましたが，遺伝解析の結果，形態や生態面で古い特徴を有するメガネザルが，真猿類とより近縁であることがわかり，分類が見直されました．曲鼻猿類とメガネザルの大半は夜行性で，逆にヨザルを除く直鼻猿類は昼行性です．

　現生霊長類の種数について，かつてはおよそ 200 種類に分類されていましたが，遺伝解析による細分化が進んだことと，いくつかの新種の発見もあり，2020 年の国際自然保護連合のレッドリストでは 493 種が検索対象になっています．たとえば，ゴリラとオランウータンはかつてそれぞれが 1 属 1 種と分類されていましたが，今日では 2 種と 3 種に分類されています．

　霊長類の特徴を一言で表すと，樹上生活に適応した哺乳類ということになります．リスやナマケモノなど樹上生活する哺乳類は他にもいますが，その目に含まれるほぼすべての種が樹上で暮らすのは霊長類だけです．ヒトを除くほと

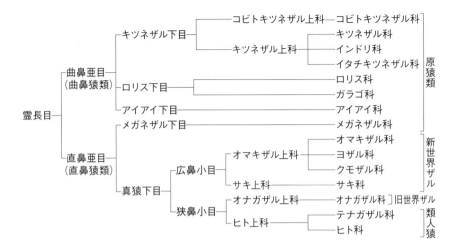

■図5.2　霊長目の系統樹（中村，2021）

んどの霊長類は，オセアニアを除く熱帯から亜熱帯の森林に生息し，樹上生活を基本とします．地上で多くの時間を過ごすヒヒ類やパタスモンキーもいますが，彼らも夜は樹上で眠ります．ヒトのみが唯一樹上生活をせず二足歩行する霊長類なのですが，この点については，第6章で述べることにします．

　霊長類は他の哺乳類にはない，いくつかの特徴を備えています（ここではヒトが属する昼行性の直鼻猿類の特徴を中心に説明します）．まず，手先の器用さと優れた視覚が代表的な特徴ですが，それは基本的には樹上生活における適応の産物です．霊長類は木の実を専門に食するリスと違って，枝先の果実や花まで利用します（この点では鳥類に似ています）．枝先をしっかりと握りながら果実を割ったりむいたりすること，果実の位置を正確に定位すること，熟れ具合を色で確かめることなどが，他の動物群にはない物体操作に優れた手，三次元的な立体視，色覚を育んだのだと考えられます（イヌやネコなど，哺乳類は一般に，色の識別がほとんどできません）．私たちヒトはもはや生活のために樹上で果実を採食したりしませんが，手先の器用さや優れた立体視能力や色覚をいぜんとして備えています．私たちがものを握ったり押したりつまんだり回したりできるのも，また奥行き感のある美しい色彩に彩られた世界に暮らすことができる

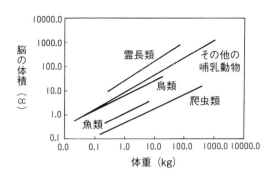

■図5.3 体重と脳の関係 (Dunbar, 1996)

のも，そのルーツはヒトの誕生よりはるか以前の遠い霊長類時代にあるのです．

　霊長類のもう一つの大きな特徴としては，他の哺乳類よりも相対的に大きな脳を持つことが挙げられます．相対的にという意味は，体重の影響を取り除いてもなお，ということです．体が大きくなればそれを制御する神経系もそれだけ複雑になりますから，体長30ｍにもなる巨大クジラの脳がヒトの脳よりも大きいのは当然のことです．図5.3は体重と脳容量の関係を分類群ごとに示したものですが，霊長類は同じ体重の他の哺乳類に比べて，相対的に大きな脳を持っていることがわかります．とりわけヒトは大きな脳を持っており，それゆえ高い知能を持つことは自明の事実です．

　では，なぜ霊長類はこんなに大きな脳を持っているのでしょうか．そして，ヒトの脳が格段に発達したのはなぜか，どんな淘汰がそこに働いたのか，ということが次の大きな問題となります．実際，この問題は霊長類学や人類学にとって解決すべき非常に重要な課題の一つと言えるでしょう．ヒトの大きな脳についての問いはしばらくおいて，霊長類がなぜ大きな脳を持つようになったかをまず考えてみましょう．

霊長類はなぜ大きな脳を持つのか ──社会脳仮説

　進化的なアプローチでは，生物の持つ形質の適応的意義に関する問いかけ──その形質は生存や繁殖にとってどのような有利さを備えているのか（究極要因：第3章，BOX 3.2）──を繰り返し発しますが，脳に関するこの問いには

特に興味深いものがあります．というのは，大きな脳を持つことには，きわめて大きな生存上のコストがかかっているからです．現代社会の常識では，「頭がよいことは，それ自体よいことだ」と暗黙のうちに見なしています．が，脳はいったん壊れると細胞が再生せず（細胞が常に作り替えられる皮膚などとは大きな違いです），何よりもそれを成長させ維持するための代謝コストが非常に大きな器官です．ヒトで言えば，脳は体重の約 2% しかないのに，全代謝エネルギーの約 20% を消費する，きわめて「燃費」の悪いぜいたくな器官です．すなわち，脳を維持するためにはそれだけ余分に食べねばならず，そんな大きな脳を持った子を産み育てるためには母親はよほどたくさん栄養をとらねばならず，それゆえ飢餓や捕食者との遭遇といった危機と背中合わせだということです．そこで，霊長類には，このような大きなコストを払うに値する何があった（ある）のかが問題になります．

　一つの仮説は，霊長類の食生活に伴う適応だという考えです．先に述べたように，霊長類は果実に依存していますが，果実は草や葉に比べて供給にむらがある（資源分布が一様でない）ので，果実食には予測や記憶の能力が必要とされるだろう，というのがその論拠です．いつ，どこで，どのように果実が実るのかを知るには，そのための認知能力が多く要るだろうという理屈です．たしかにこの説では，どこでも生えている草をはむ有蹄類よりも霊長類の相対的な脳重量が大きいことが説明できますし，霊長類の種間比較からも果実への依存度の高い種では相対脳重量が大きい傾向がうかがえます．しかし，餌ということであれば，肉食のほうが果実食よりもさらに餌の獲得が難しく，餌動物に関する知識やハンティング技術の習得に高い認知能力が必要だと考えられます．しかし，食肉類は，有蹄類よりは相対的に大きな脳を持ちますが，霊長類にははるかにおよびません．

　第二の仮説は，霊長類の社会性が脳の進化を促したという考えで，これは，社会脳仮説，もしくは，マキャベリ的知性仮説と呼ばれています（Byrne & Whiten, 1988）．霊長類の中でも特に直鼻猿類は，昼行性で身体が比較的大きく，群れを作って暮らしています．この群れは，アフリカの草原にいるレイヨウ類の大群のような単なる個体の集まりでもなければ，一時的なものでもありません．霊長類の群れは，恒常的に同じメンバーが一緒に暮らす集団です．集団生

活の適応的な意義としては，捕食者対策や食物資源の発見や確保，なわばり防衛などの有利さがあげられます（Davies *et al.*, 2012）．

　固定的なメンバーが常に一緒に暮らすような集団ができると，そのような集団どうしの間の競争だけでなく，集団内部の個体間の競争が生じます．個体を取り巻く社会環境は非常に複雑になり，個体どうしの利害の一致も不一致も，様々な場面で生じてきます．そのような圧力が生じた結果と考えられますが，群れ生活をする霊長類は，誰もが他のメンバーを個体識別しており，個体間に社会的な順位があります．そして，誰と誰が親子であるか，誰は誰と仲がよいか，誰は誰よりも順位が上かといった，社会関係に関する情報をかなり細かく持つようになりました．有名な野外実験ですが，子ザルの不安な鳴き声を隠れたスピーカーからプレイバックすると，母親がさっと音源定位するだけでなく，他の雌ザルが子ザルの母親を探すという実験結果が知られています（Cheney & Sayfarth, 1980）．

　さらに，そのような社会的情報をもとに，個体どうしが連合関係を結んだり駆け引きを行ったりすることができるようになり，ますます社会は複雑になります．つまり，もともと固定的なメンバーで恒常的な群れを作るようになった生態学的原因は他にあるのですが，いったんそのような群れでの生活が始まると，互いの競争と協調の関係が複雑になり，処理するべき社会的な情報が加速度的に多くなっただろう，それが脳の発達を促したのだろう，という考えです．

　サルや類人猿は，同種個体が単に群がって一緒にいるだけでなく，生活時間の多くを毛づくろいや子守り，けんか，仲直り，遊びといった社会交渉に費やしています．社会で暮らす中で，彼らは他者の行動の予測（こいつ〈X〉は何をしようとしているか）に敏感であるばかりでなく，他者どうしの関係（こいつ〈X〉とあいつ〈Y〉は仲がよいのか悪いのか）も認知し，それを自分と他者との関係に関連づけることができます（例：XとYは仲がよいので，自分がXに攻撃されたら，Yに応援を求めても無駄だ，など）．

　社会関係に関する知識が，捕食者対策や採食戦略などの知識よりも高い認知能力を必要とする理由は，知るべき対象（相手）もまた自分と同じような知識を持っているからに他なりません．餌探しの場合には，いつ，どこに行けば，どんな食物が手に入るかが問題になりますが，遺伝や学習によっていったん最

■図5.4　ヒヒにおける「戦術的欺き」の説明（Byrne, 1995）

適な採食戦略がわかれば，あとはおおよその予測が可能です．捕食者対策にしても，ある程度，捕食者の行動パターンが予測できれば，逃げ延びるためのルールを編み出すことができます．しかし，繰り返しのある社会的な相互作用では，最適な戦略は一意には決まらず，相手の出方次第です．昨日までの友は，多分今日も友かもしれませんが，もし最近，相手の様子がおかしいことに気づいたならば，油断はなりません．相手が考えることも同じで，あなたが考えていることの裏をかくチャンスをうかがっているかもしれません．

　『マキャベリ的知性と心の理論の進化論』の編著者の一人であるリチャード・バーンが，ヒヒの群れで観察した「戦術的欺き」は，次のようなものでした（Byrne, 1995, p. 125）．

　　ポールという名のコドモは，メルというオトナ雌が根茎を掘り出した場面に出くわした．根茎はこの時期の主要食物だが，力のいる根茎掘りはポールのような力のないコドモには難しい作業である．ここでポールは，あたりを見回し，他のヒヒがいないことを確かめると，突然大きな悲鳴を発した．するとメルよりも高順位のポールの母親が，攻撃的な声を発しながら駆けつけ，メルを猛然と追い払った．二頭のオトナ雌がいなくなったあと，ポールは残された根茎をゆうゆうと食べることができた（図5.4）．

■表5.1 戦術的欺きの分類（平田，2006）

隠　　蔽	音を出さない，隠れる，ものを隠す，興味を抑制する，無視をする
はぐらかし	発声，見る，威嚇，誘導するといった行動で他者の注意をよそに向ける
装　　う	本当の意図を隠すように，中立的に装う，友好的に装う，威嚇的に装う
社会的道具の利用	関係のない第三者を利用して欺く

　ポールが悲鳴をあげたのは，メルから実際にいじめられたからではありません．悲鳴をあげれば，母親は自分の子が攻撃されたと「思う」であろうこと，そしてメルもポールの母親から攻撃されると「思う」であろうことを予期しての「作戦」と考えられます．（他の解釈もありえますが）そうだとすると，ポールの悲鳴は本来の機能ではなく嘘のシグナルで，欺きの手段になっています．

　心理学では，他者の心的状態（意図や欲求，信念など）を推測する能力を「心の理論」(theory of mind) と呼びます[1]．この例について，もし前述のような解釈が妥当ならば，ポールは「心の理論」という能力を有していると考えられます．しかし，ポールが本当に他者の心的状態を推測できることを実証するのは困難です．ポールは何か別の機会に，泣けば母親が自分の欲求を満たしてくれることを単に「条件づけ」として学んでいて，根茎がほしかったから泣いただけかもしれません．

　戦術的欺き行動の大半は，一例報告として記録されたものですが，バーンとアンドリュー・ホワイトゥンによると，大きく「隠ぺい」「はぐらかし」「装い」「社会的道具の利用」の四つに分類でき（表5.1），曲鼻猿類では見られず，類人猿と旧世界ザル（狭鼻小目）で報告が多いとのことです（Byrne & Whiten, 1988）．このように，シグナルを操作して相手を利用しようとする行為は，私

---

1)「心の理論」は，心理学者のデイヴィッド・プレマックが最初に提唱した心の機能で，プレマックは類人猿が「心の理論」を有するかを問題にしました（Premack & Woodruff, 1978）．なぜ「心の理論」が心的能力かと言えば，他者にも心というものが宿っていると見なせるか，すなわち他者にも自分と同様に「心という内的理論体系」があると見なせるかにどうかついての能力だからです．

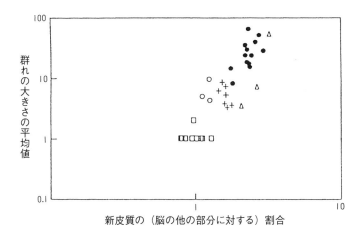

■図 5.5　霊長類における相対的な新皮質重量と群れの大きさの相関（Byrne, 1995）
大型類人猿を△，一夫多妻の真猿類を●，一夫一妻の真猿類を＋，昼行性の原猿類を○，夜行性の原猿類を□で，それぞれ表している．

たちヒトにとっては日々おなじみの現象（たとえばコマーシャル）ですが，その起源は社会生活をする霊長類に求められると言えます．社会的知能——他者が何を感じ，考えているのかを認知でき，それを利用しようとする能力——は，お互いが相手の心を読み合うことによっていっそう精巧化していくと考えられます．さらに集団サイズが大きいほど，社会的知能は発達することでしょう．

　英国の霊長類学者で進化心理学者でもあるロビン・ダンバーは，脳の中で新皮質が占める比率に注目しました（Dunbar, 1993）．霊長類の脳が他の哺乳類よりも大きくなったのは，特に新皮質の発達によるものです．新皮質は，その名の通り，脳の中でも進化的に最も新しい，最も外側の部位で，ヒトでは厚さはわずかに 3 mm 程度の薄い層ですが，深いしわになって大脳辺縁系や脳幹を覆っています．ダンバーは，新皮質と脳の残りの部分の比率を，霊長類の生活の様々な変数と比較しました．その結果，唯一，新皮質の大きさと相関が見られたのが，群れの大きさでした（果実食であるかどうか，行動圏が広いかどうかなどは無関係でした）．すなわち，大きな群れで生活するほど新皮質の比率が拡大する傾向が見られたのです（図 5.5）．群れが大きいほど，メンバーについて知

るべき情報量が大きくなりますから，群れの大きさは，社会的複雑さの有力な指標となります．すなわち，霊長類では，社会的相互作用を交わす相手の数が増すほど，新皮質の進化がうながされたと考えられます．この相関関係は，社会脳仮説の有力な証拠だと言えるでしょう．

　さらにダンバーは，ヒトの新皮質の大きさからヒトの群れサイズを推定し，150人という数を割り出しました（Dunbar, 1993）．「ダンバー数」とも呼ばれるこの人数は，小規模伝統社会で儀礼などをともに行うクランの集団サイズに相当し，軍隊では実戦で最も基本となる中隊のサイズに対応するということです．メンバー相互が顔見知りで，それぞれの人となりやメンバー間の関係性が認識されているという点で，150人はヒトの自然な群れサイズであるとダンバーは主張しました．現代社会では，自治体，会社，学校など，150人をはるかに超える社会集団は多々ありますが，大規模集団での運営には厳格なルール（規範や規則や法など）が必要になります．対して，ダンバー数の規模であれば，より大まかなルールですみ，直感的な意思疎通が可能になると考えられます．今どきであればSNSで相互にやり取りのある友だちの数，少し前なら年賀状で近況情報を交わす人の数に相当し，無理せずに心地よくつき合える社会的範囲と言えるかもしれません．

2 ｜•• 大型類人猿──ヒトのゆりかご

大型類人猿の系譜

　図 5.1b に示されるように，私たちヒトの系統は大型類人猿グループの中から進化してきました．アメリカの進化生物学者，ジャレド・ダイアモンド（Diamond, 1992）はヒトを「第三のチンパンジー」と命名しましたが，たしかに，系統樹で見る限り，ヒトは一介のチンパンジーの仲間にすぎません．実際，第6章に述べるようにアウストラロピテクスは二足歩行こそしていたものの，脳容量はゴリラやチンパンジーとほぼ同じで，400〜500 ml 程度でした．

　こう考えると，現生大型類人猿は人類進化のゆりかご期を垣間見せてくれる存在です．では，ヒトは類人猿的なものとして，具体的にどのような特徴や形

質を引き継いでいるのでしょうか．言い換えると，類人猿と他の直鼻猿類の間には，どんな大きな違いがあるのでしょうか．

　意外なことに，類人猿は他の直鼻猿類とほとんど変わらないくらい長い，約3000万年の歴史を持っています（直鼻猿類の出現は約3500万年前のことでした）．現生の類人猿は，アジアとアフリカでどちらかというとひっそりと暮らしていますが，かつて中新世（約2300万年前から約500万年前まで）には，旧世界の森林の至るところで他の直鼻猿類を凌駕するほど繁栄していたことが知られています．しかし，その後，地球が寒冷化し森林が後退すると，マカクやヒヒなど，雑食性が強く地上生活に適応する新しいタイプのサル（オナガザル上科）にその座を明け渡しました．

　類人猿の特徴としては，まず，枝にぶら下がり，身体をスウィングさせて移動する，ブラキエーション（腕渡り）と呼ばれる移動様式があげられます．その結果，彼らは前肢が後肢より長いという解剖学的構造をしています．ヒトは体操選手を除けば，現代の普通の生活ではブラキエーションのような体勢をとることがありませんが，そういう祖先を持っているからこそ私たちの上肢の可動性は非常に大きいのです．ブラキエーションは，四足歩行と二足歩行を橋渡しする移動様式とも考えられます．実際に，典型的なブラキエーターであるテナガザルは，地上に降りるとなかなか見事な二足歩行を披露してくれます．ヒトの最も重要な生物学的特徴である二足歩行も，類人猿という祖先なしでは生じなかったことでしょう．

社会構造と社会関係 ——チンパンジーを中心に

　次に，社会構造を見てみましょう．ニホンザルのような直鼻猿類に典型的に見られるのは，母系でつながった雌たちのグループが集まって群れを作るという，雌絆型社会（female-bonded society）です（Wrangham, 1980）．つまり，母親とその娘たちからなる母系血縁集団が核となり，そこに，よそからやってきた雄が加わるという集団です．直鼻猿類のほとんどの社会では，雄は性的成熟とともに自分が生まれた群れを去り，どこかよその群れに加入します．他方，雌は一生の間，自分の生まれた群れにとどまり，そこで成熟し子どもを育てます．つまり，雄が出生地から分散するのに対し，雌は出生地にとどまるという社会

■図5.6　ニホンザルの母親とその娘たちの集まり（撮影：長谷川寿一）

です．そのため，サルの仲間では，血縁関係にある雌どうしの間に強い絆が見られます（図5.6）．

　ところが，類人猿はそのような雌絆型の社会ではありません．テナガザル，オランウータン，ゴリラ，チンパンジー（ボノボを含む）では，いずれも基本的に娘は思春期になると親もとを離れていきます．テナガザルの配偶システムは一夫一妻であり，オランウータンは雄も雌も単独性，ゴリラは一夫多妻を基本とした集団で暮らしていますが，これらの分類群では息子も娘も両方が親もとを離れていきます．他方，チンパンジーは複雄複雌の集団を作って生活しています．チンパンジーでは，基本的には雄が生まれた集団にとどまり，そこで成熟して繁殖しますが，雌は性成熟前に他の集団に移っていきます．

　その結果，類人猿のオトナ雌どうしの間には，他の直鼻猿類に普通に見られる雌どうしの強い血縁の絆がありません．群れを作っているゴリラやチンパンジーでも，ある時期に一緒に暮らしているオトナの雌どうしは互いに血縁関係にはなく，また，一生の間その群れにとどまって暮らすとも限りません．雌絆型社会を持っている霊長類，たとえばニホンザルでは，血縁関係にある雌たちが寄り集まって毛づくろいをしたり，一緒に昼寝をしたりするのがしばしば観察されますが，類人猿では，雌どうしの絆はずっと弱くなっています．ただし，ボノボは例外で，雌どうしの社会交渉が多いことが知られています．ボノボの

生息地では，主食の果実が比較的豊富なので，雌どうしの採食競争が厳しくなく，共存できることがその背景にあるようです．

　一方，ヒトに最も近縁な類人猿であるチンパンジーのオトナの雄どうしの間には，非常に強い絆が見られます．雄たちは，共同で自分たちの集団のなわばりを防衛し，隣接集団と戦い，一緒に狩猟をし，とれた獲物を分け合います．雄は一生の間，自分の生まれた群れにとどまるので，オトナの雄たちの中には，母親を同じくする兄弟もいます．しかし，その血縁関係だけが雄どうしの絆のもとではありません．雄どうしの間には，個体間の強い競争も存在し，そこから複雑な連合関係が生まれます．

　雄間には社会的順位がありますが，高順位を得たりそれを維持したりするには，他の雄たちとの同盟関係が必要です．誰とどのように連合を結び，どうやって同盟関係を維持していくか，雄たちは様々な戦術を編み出しています．たとえば，狩猟で肉が手に入った時には，誰にも均等に肉を分配するわけではありません．自分と同盟関係にある雄にだけ選択的に分け与えます．

　隣接する異なる集団に属する雄どうしの間には，雌やなわばりをめぐって激しい競争があります．雄たちは，時々なわばりの周辺をパトロールし，隣接集団の動向を探っています．チンパンジーは，よく大きな声を出して互いに呼び合う，「パントフート」という声を出しますが，それで，互いを個体識別していると同時に，隣接する集団のサイズをも推し量っているようです．パトロールの時には，相手に気づかれないように，声を出さず，ひっそりと出かけます．そして，隣接集団に属する雄（時には雌）が1頭でいるところに出会った時には殺してしまうことが，多くの調査地で報告されています（Goodall, 1986）．殺しの頻度には地域差もありますが，雄の数が多いと攻撃的になる傾向があり，特に雄が大きなグループを作るウガンダのンゴゴの集団は，毎年平均2個体を殺すとのことです（Wilson *et al.*, 2014）．

　近年の野外調査からは，集団間の殺しほど頻度は高くありませんが，集団内で複数の雄が1頭の雄に襲いかかって殺す「ギャングアタック」も報告されるようになりました．また，集団間または集団内で，（ほとんどが）雄による子殺しが10を超える研究拠点で100例近く観察されています．リチャード・ランガム（Wrangham, 1998, 2020）は二つの著書で，チンパンジーの雄とヒトの男性

の攻撃性の間の進化的連続性と相違について比較しながら論考しています.

　他方, チンパンジーと近縁なボノボでは, 同種内での殺しはほとんど見られません. 先に述べたようにボノボは雌どうしの絆が強く, 雄の攻撃性を雌が結束して抑止していると考えられます.

チンパンジーは協力するか

　チンパンジーの雄どうしは一緒にいる時間が長く, 頻繁に毛づくろいしたり, ともに外集団の敵と戦ったり, 特定の個体間で同盟を結んだりと, 固い絆で結ばれているように見えます. では, ヒトの特長である助け合いや協力について, チンパンジーではどれほど萌芽的に見られるのでしょうか.

　チンパンジーはヒトとともに, 霊長類の中では例外的に他の動物を狩猟します. 狩りは一個体が単独で行うこともありますが, たいていは集団で獲物を追いつめます. 狩りに参加する個体数が多いほど, 狩りの成功率が上がるという報告もあります. ただし, ヒトの共同狩猟のように役割を分化したり, 合図を交換したりすることはなく, チンパンジーの集団狩猟が組織的な協力行動であるとは言えません. また, 野生のチンパンジーでは, 他個体が別の個体から攻撃を受け, 悲鳴を発したり身体的痛みで苦しんだりしている時に, その個体を慰めたり見舞ったりする行動も, 親子を除けばほとんど観察されません（ただし, 個体関係がより緊密な飼育群ではしばしば慰め行動が見られます）.

　飼育下の実験 (Hirata & Fuwa, 2007) では, チンパンジーが 2 個体同時にロープを引くことによって餌を獲得する装置を使って, チンパンジーの協力行動が調べられました. 両者がどちらも餌をもらえる場合, チンパンジーは力を合わせてロープを引きましたが, どちらかだけが餌をもらえる条件では, もらえない相方は協力しませんでした. 1 回交代に餌がもらえる直接互恵性（第 9 章参照）の条件でも協力行動は成立しませんでした. これらの結果から, チンパンジーが力を合わせるのは, 両者が同時に利益を得られる場合と考えられます.

　これに対し, 京都大学の霊長類研究所では, あるチンパンジーが餌をほしい（例：ビンの中のジュースを飲みたい）のだが, 隣のケージの個体だけが複数の道具の中から適切な道具（例：ストロー）を選んで取れる状況を作り, 実験を行いました (Yamamoto et al., 2009). 想像できるように, 餌がほしいチンパンジ

■図 5.7　チンパンジーのアリつり行動（撮影：長谷川寿一）

ーは隣人に激しく道具を要求しましたが，その要求に対し，隣のチンパンジー
は適切な道具を取って手渡しました．この結果は，自分の利益にはならないに
もかかわらず，チンパンジーが他者の意を汲み援助することを示していますが，
同時に，援助の条件として，相手からの要求が重要であることも明らかにしま
した．

道具使用

　先の実験に限らず，野生のチンパンジーも，いろいろな道具を使用します．
また，自然物をそのまま使って道具とするばかりでなく，自然物に手を加えて
道具を製作します．最も有名なのは，アリやシロアリを巣穴の中からつり出し
て食べるためのつり棒でしょう．アリやシロアリは土中の穴や木の幹に掘った
穴の中に住んでおり，穴の中に何かが差し込まれると，それに噛みついて攻撃
を加えます．この習性を利用し，チンパンジーたちは巣穴に細い棒を差し込み，
そこに噛みついたアリやシロアリをゆっくりと引き出して食べます（図 5.7）.
　そのためのつり棒は，細くてまっすぐで柔軟でなければなりません．チンパ
ンジーは，木の皮を細くさいたり，大きな葉をちぎって葉柄や葉脈を取り出し
たりして，それを巣穴に入れてアリやシロアリをつります．また，つりをしよ

うと決めた時には，あらかじめつり棒を何本も用意し，それを持ってつり場まで行く，道具の運搬も行います．

　西アフリカでは，堅い木の実を石で叩き割るハンマリング行動も見られています．外側の堅い殻を割って，中の柔らかい部分を食べるためです．これには，木の実を置くための「鉄床」と，木の実を割るための「ハンマー」の二つの道具が必要です．これはなかなか難しい行動で，ほどよい「鉄床」と「ハンマー」とを選ばねばなりません．また，あまり勢いよくたたき割ると，実の部分まで粉々に飛び散ってしまいますから，力の入れ方にも注意せねばなりません．幼いチンパンジーたちは，親など年長者の行動を手本にしながら，長い時間をかけて学習していきます．アリ（シロアリ）つりにせよ，ハンマリングにせよ，年長者が子どもたちに道具の使い方を積極的に教えることはありません．社会的学習に教育というプロセスが重要な役割を果たすヒトとの大きな違いが，ここにあります．

　その他の道具使用行動としては，葉をやわらかく噛んでスポンジを作り，木の洞にたまった水を飲むという行動や，枝を武器にして投げつけたり，直接手でさわりたくないものを枝でさわってみたり，といった行動など，多くの種類が観察されています．道具使用行動自体は，ダーウィンフィンチの一種がサボテンのトゲを使って木の中にいる毛虫を取り出して食べたり，ラッコが貝を割るのに石を使ったりと，いくつかの動物でも見られています．しかし，類人猿，特にチンパンジーは，道具使用のバラエティも頻度も非常に高く，また，地方ごとに異なる道具使用が見られ，文化的伝達の重要性も指摘されています（Whiten *et al.*, 1999）．

　ただし，ヒトの道具使用に比べると，やはりチンパンジーの道具は非常にシンプルです．ほとんどの道具は，「つり棒」やスポンジのように，一つの要素からなるものです．木の実割りに使う「鉄床」と「ハンマー」のセットになると，二つの要素になりますが，これ以外に二つの要素を持った道具は知られていません．ごくたまに，「鉄床」がぐらぐらするのを防ぐために，「鉄床」の下に「くさび石」を入れることがあります．こうなると，三つの要素からなる道具になります．しかし，これはほとんど見られません．また，道具を作るための道具も知られていません．

コミュニケーションと言語訓練研究

　社会関係が複雑である霊長類では，音声やジェスチャーによるコミュニケーションがよく発達しています．どの種類も，捕食者に対する警戒の音声，求愛の音声，群れのメンバーが互いの所在を伝え合うコンタクト・コールなどのいろいろな音声を使い分け，親愛の情を示したり相手を威嚇したりする，様々な顔面表情や身振りを発達させています．

　アフリカのサバンナに住むベルベットモンキーは，3種類の捕食者に対応する3種類の警戒音を持っていることがよく知られています．一つはワシ，タカなどの頭上を飛ぶ捕食者に対する警戒音，もう一つは，ヒョウに対する警戒音，三つ目はヘビに対する警戒音です．サルたちがそれぞれを聞き分けていることは，これらのプレイバック音声を聞いた個体が，それぞれの捕食者に見合う適切な行動をとることからもうかがえます．つまり，ワシに対する警戒音を聞けば空を見上げ，ヘビに対する警戒音を聞けば二足で立ち上がって地面を見る，という具合です（Cheney & Seyfarth, 1990）．

　類人猿の音声にこのような「単語」に相当するような要素があるという証拠は，まだ報告されていません．また，類人猿の音声コミュニケーションが他の直鼻猿類のそれよりもいっそう複雑であるという証拠も知られていませんが，音声コミュニケーションの野外研究は非常に難しいので，まだ研究者自身がそれらを見つけるすべを見出していないだけかもしれません．なお，道具使用行動に地域差があるように，発声パターンに地域差（方言）があることがわかってきました．パントフートと呼ばれる雄が甲高い大声で発する長距離伝達用の音声は，野生，飼育を問わずどの集団でも普通に発せられますが，音声の要素ごとに比較すると，明確な地域差があることが示されました（Mitani *et al*., 1992）．

　野生の音声研究とは別に，類人猿にヒトの言語（に似たもの）を教える実験研究は，1950年代から行われており，多くの知見が得られています．類人猿の喉頭の構造はヒトと違うので，彼らが私たちと同じように音声を操ることはできません．そこで，類人猿に対する言語訓練は，手話やコンピューター画面上の図形を使って行われてきました．類人猿の言語訓練研究の歴史は，興味深い発見と魅力的な主人公たちに満ちていますが，ここで詳しく紹介することはできません．要約すれば，類人猿は他の直鼻猿類と違って，言語に準じる記号

操作を習得することができます．また，彼らは言語を発せないものの，言語を聞き分け，理解することができます．カンジという名のボノボは，「冷蔵庫に靴を入れて」といった初めて聞く奇妙な指示に対しても，適切に反応しました（Savage-Rumbaugh & Lewin, 1994）．

　しかし，類人猿（そのほとんどはチンパンジー）は，三つ以上の単語をつなげた文章を作るのは苦手のようです．そういう文章を理解することはできるのですが，自分からそれを発することはほとんどありません．また，赤，青，緑といった個別の色を識別し，記号で表出できても，色という上位の概念を理解するのは困難です．したがって，類人猿の記号操作能力は，他の霊長類よりも格段に高度になっているものの，音節からなる単語，単語を組み合わせた文，そして文法構造を有するヒトに固有な言語に関しては，類人猿との隔たりは非常に大きいと言えるでしょう（第 12 章参照）．

［さらに学びたい人のための参考文献］

日本モンキーセンター（編）(2018)．霊長類図鑑 = Invitation to Primatology——サルを知ることはヒトを知ること　京都通信社

　181 種の霊長類を分類群ごとに生態環境も含めて紹介する図鑑編と，霊長類の身体，動作，行動，認知，社会などを解説する図解編からなる．図鑑を超えて霊長類学の基本を学べる．

ランガム，R., & ピーターソン，D.　山下篤子（訳）(1998)．男の凶暴性はどこからきたか　三田出版会

ランガム，R.　依田卓巳（訳）(2020)．善と悪のパラドックス——ヒトの進化と〈自己家畜化〉の歴史　NTT 出版

　ハーヴァード大学の人類学研究者，ランガムによる 2 冊．前者では雄チンパンジーの攻撃性とヒト男性の凶暴性の関連を述べる．後者ではさらに議論を発展させ，チンパンジーの攻撃性とボノボの非攻撃性を対比し，〈自己家畜化〉をキーワードとして，ヒトにおける協力と暴力の二面性を論じる．

スタンフォード，C.　的場知之（訳）(2019)．新しいチンパンジー学——わたしたちはいま「隣人」をどこまで知っているのか？　青土社

　野生チンパンジー研究が始まってから半世紀，DNA 解析の結果も含め近年のチンパンジー研究を網羅的に解説．

第6章 人類の進化

　約600〜700万年前，人類（ヒト亜族）はチンパンジー（ヒト族）との共通祖先から別れて独自の道を歩み始めました[1]．現生の人類は，私たちホモ・サピエンスの1種だけですが，過去には学名が命名されているだけで約20種の人類がアフリカを中心に地球上に存在しました．ある種は私たちの直接の祖先ですが，別のある種は系統樹の別の枝先に位置づけられ，いわば私たちの親戚です．

　これら約20種は，年代順に，大きく次の五つのグループにまとめることができます（図6.1）．

① 初期猿人（約700万年〜400万年前）：アフリカの森林や疎林に生息し，二足歩行する人類．アルディピテクス属など．

② 猿人（約400万年〜150万年前）：アフリカの疎林や草原に生息し，二足歩行がより発達した人類．アウストラロピテクス属など．

③ 原人（約200万年〜5万年前）：アフリカとユーラシアに生息し，脳が発達した人類．ホモ・ハビリス，ホモ・エレクトゥスが代表種．アジアでは，北京原人，ジャワ原人，フローレス原人が知られる．

④ 旧人（約50万年〜4万年前）：アフリカおよびユーラシアの寒冷地まで広く生息し，大きな脳を有するヒト（ホモ）属の人類．ネアンデルタール人

---

1) 今日の分類では，ヒト科はオランウータン亜科とヒト亜科からなり，ヒト亜科はゴリラ族とヒト族からなります．ヒト族はチンパンジー亜族とヒト亜族に分かれ，ヒト亜族が人類と呼ばれます．人類に含まれる代表的な属として，サヘラントロプス属，アルディピテクス属，アウストラロピテクス属，パラントロプス属，ヒト属があります．

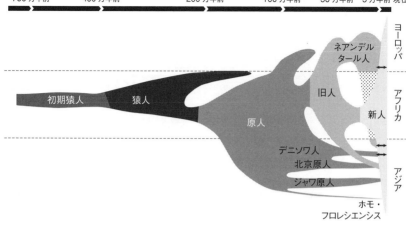

■図6.1 人類の五つのグループ（段階）と分布域（馬場, 2015）
古代DNAの解析より, 新人はネアンデルタール人やデニソワ人と交配していたことがわかった
（↔で表示）

　が有名. 近年発見されたデニソワ人が原人か旧人かは, 骨格標本が少なく
未確定だが, ホモ・サピエンスと交配していた.
⑤　新人（約20万年～現在）：アフリカを起源とし, 世界各地まで分布域を
　拡げた現生の人類. ホモ・サピエンス.
　以下, この五つのグループについて個別に述べる前に, 人類進化全体を通し
て見られる大きな流れを, 馬場悠男の総説（馬場, 2015）に基づき, 四つの特
徴——①犬歯の退化, ②直立二足歩行の進化, ③臼歯の発達と退化, ④大脳の
発達——に注目して説明します.

1 ┠• 人類進化の大きな流れ

　四つの特徴の変化について述べる前に, まず現生のヒトとチンパンジーの形
態的な違いを確認しておきましょう. 図6.2は, ヒトとチンパンジーの頭骨と
下顎骨を並べた写真です. 一見して, ヒトでは脳を覆う頭蓋が大きく発達し,
顎が縮小, 後退していることがわかります. 歯に注目するとチンパンジーでは
犬歯と切歯（前歯）が大きく, ヒトでは臼歯が大きく頑丈であることが見てと

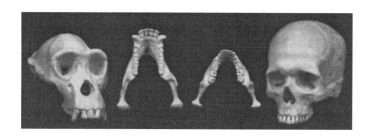

■図6.2 チンパンジー（左）とヒト（右）の頭骨と顎骨の比較（所蔵：国立科学博物館／写真：馬場悠男）（馬場, 2015）

れます．身体全体では，チンパンジーが樹上生活に適応し，前肢が長く，地上ではナックルウォークと呼ばれる四足歩行をするのに対し，ヒトは地上で二足歩行し，上肢より下肢のほうが長いという特徴があります．

　では，ヒトとチンパンジーのこれらの違いがどういう順番で，どのように進化（退化も含む）してきたのかを，馬場（2015）が描いたイメージ図（図6.3）を用いて説明します．

犬歯の退化

　まず犬歯ですが，初期猿人から猿人の段階で一気に退化しました．哺乳類の犬歯は，食肉動物では獲物をしとめる武器という機能があります．チンパンジーも頻繁に狩りをするので，チンパンジーではオスもメスも霊長類としては大きな犬歯を有しています．ただし，初期猿人と猿人において犬歯が急速に退化したことにより，猿人が狩りをしなくなったかどうかは不明です．犬歯にはもう一つの機能，すなわち同種内での闘いの武器という側面があるからです．また犬歯の大きさの性差に注目すると，チンパンジーの犬歯の性差はかなり大きく，オスどうしの身体的闘争が激しいことを反映しています．対して，猿人では犬歯の性差が縮小しており，これらより，初期猿人と猿人では何らかの理由で男性間の攻撃性が弱まったと考えられます．なお，体格の性差もまた，哺乳類では雄間闘争の強さの指標と見なされますが，初期猿人から猿人段階での体格の性差については，化石標本が少ないため明確なことはわかっていません．

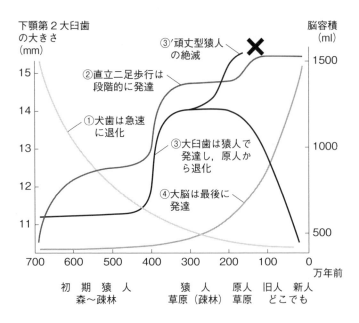

下顎第2大臼歯
の大きさ
(mm)

③'頑丈型猿人
の絶滅

脳容積
(ml)

②直立二足歩行は
段階的に発達

①犬歯は急速
に退化

③大臼歯は猿人で
発達し，原人か
ら退化

④大脳は最後に
発達

700　600　500　400　300　200　100　0　万年前

初 期 猿 人　　　　　　猿 人　　原 人　旧人　新人
森〜疎林　　　　　　草原（疎林）草原　どこでも

■図6.3　人類進化の大きな流れ──四つの特徴の進化イメージ（馬場，2015）

直立二足歩行の進化

　人類進化の初期のステージで生じた第二の特徴は，直立二足歩行です．後でも述べるように，初期猿人が二足歩行していたことを示す様々な証拠が発見されています．しかし，より直接的な証拠は猿人段階から知られ，その代表がラエトリ遺跡の足跡です（後掲図6.6）．その後，現生人のような直立二足歩行が完成したのは，草原生活に適応した原人の時代です．図6.3に示されるように，二足歩行は直線的というよりは段階的に発達したと考えられます．

　そもそもなぜ初期猿人段階で二足歩行が始まったのかは，人類学上の大きな謎の一つですが，オーウェン・ラブジョイは「食料供給仮説」（プレゼント仮説）というユニークな説を提唱しています（Lovejoy, 2009）．この仮説によれば，この時代に，チンパンジーのようなメスが積極的に発情をアピールする乱婚型社会から，女性の発情の信号がわかりにくくなり，女性が特定の男性と配偶関係を結ぶつがい（ペア）型あるいは一夫多妻型社会へ移行して，男性が自分の配偶者と子に食物を運搬するのに適した移動様式が直立二足歩行になったと

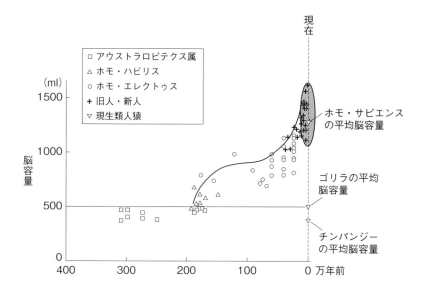

■図6.4 猿人から現生人までの脳容量の推移（Mithen, 1996）
約200万年前までの猿人時代，脳容量は大型類人猿とほぼ同じ大きさ（500 ml以下）であった．原人の初期段階に脳は急拡大し，ホモ・エレクトゥスは約1000 mlの脳を有していた．約50万年前以降，脳はさらに拡大し，一部の旧人はホモ・サピエンス（約1200〜1400 ml）より大きな脳（約1500 ml）を持っていた．

いうことです．この仮説を実証することはなかなか大変ですが，前述のように犬歯が退化したことと犬歯の性差が縮まったことは，男性の配偶者獲得競争が弱まり，つがい型社会の形成を促したことを示唆します．また野生のチンパンジーもしばしば二足歩行をするのですが，それは主に食料を運搬する状況であるということも，この仮説を間接的に支持するものです．

臼歯の発達と退化

　第三の変化は，初期猿人ではなくアウストラロピテクス属に代表される猿人で顕著に見られる臼歯の発達です．臼歯はその名の通り食料をすりつぶすのに適した歯ですが，臼歯の進化は，猿人たちが地球の寒冷化に伴い生活環境を森林から疎林や草原に移し，主要食物が果実中心から，より咀嚼を要する若い茎や根茎，堅果（ナッツ）に変わったことを反映しています．猿人の中でも「頑

丈型」と呼ばれるパラントロプス属は生息時期が原人と重なりますが，彼らの臼歯はとりわけ大きく，咀嚼を支える頭部の筋肉も発達していました．他方，原人以降のヒト属では，臼歯は退化していきます．火の利用に関する最古の遺物は，今のところ約69〜79万年前のものですが，より早い段階から原人たちが火を利用していた可能性もあり，そうであれば食物の加熱調理が，原人の咀嚼を大きく軽減し，臼歯の縮小をもたらしたと考えられます．

大脳の発達

　第四の特徴は脳の拡大です．脳容量の拡大は前述の三つの変化より遅れて，約200万年前の原人の時代に入って始まりました（図6.4）．猿人は直立二足歩行をしつつも脳容量は類人猿並みの500 ml以下でしたが，原人時代を通して脳は徐々に拡大しました．さらに約50万年前以降，旧人時代に入ると拡大が加速し，一部の旧人は現生人より大きな脳を有していました．脳の進化を促した要因については以下でも述べますが，ここでは，脳の拡大がヒト属の重要な大きな特徴であることを理解してください．

　では，以下，人類進化の五つのグループについて個別に解説していきます．

2 初期猿人——直立二足歩行する類人猿

　初期猿人の化石はいずれも1990年代以降に発見され，これらの化石の詳しい研究によって，類人猿から分かれた初期の人類の暮らしがかなり明らかになってきました．とりわけ重要なのは，初期猿人は森林部で樹上生活に適応しながらも直立二足歩行を開始したという発見で，サバンナへの進出により直立二足歩行が始まったという従来の定説が見直されるようになりました（諏訪，2012a）．

　初期猿人で最古の化石と見なされるのが，中央アフリカのチャドで発見されたサヘラントロプス・チャデンシスです．発掘地の地層は精度が高い放射性年代測定が使えないため，600〜700万年前と幅の大きな年代が推定されています．サヘラントロプスの頭骨の下面にある大後頭孔（脊髄への神経の出入口）が下方を向いていることから，サヘラントロプスは直立二足歩行をしていたと

推測されます．次に古い化石が，ケニア
で発見された約600万年前のオロリン・
トゥゲネンシスです．大腿骨の形態的特
徴から，オロリンも直立二足歩行をして
いたと考えられます．ただし，サヘラン
トロプスもオロリンも，化石標本が少な
く断片的なことから，彼らの直立二足歩
行に関する議論は限定的です．

　1994年，エチオピアのアラミスでは，
ティム・ホワイトと諏訪元らのチームが
アルディピテクス・ラミダスの全身骨格
標本を発見しました．430〜450万年前
のものと測定されたこの貴重な標本は，
他の多くの標本とともに時間をかけて分
析され，2009年にその成果が，*Science*

■図6.5　*Science*誌のアルディピテクス・
ラミダス特集（2009年10月2日）号

誌の特集号として発表されました（図6.5）．その結果，アルディピテクス・ラ
ミダスの腰や足の特徴からは，彼らが地上で直立二足歩行していたことが示さ
れましたが，同時に足の指は，類人猿のように拇指対向性（親指が他の四本の
指と向き合うこと）を残し，樹上生活も続けていたことがわかりました（諏訪，
2012b）．犬歯の大きさに関して言えば，20個体分がすべて雌のチンパンジー
程度ということで，男性の犬歯サイズと犬歯の性差がともに縮小したことが示
されました．このことは男性間の身体的攻撃性がチンパンジーより弱まり，つ
がい形成が進んだことを示唆しています．先に述べた直立二足歩行の起源に関
するラブジョイの「食料供給仮説」は，このようなアルディピテクス・ラミダ
スの数々の新発見に基づいて提案されたものでした．

3 ┠• 猿人──草原への進出

　約370万年前と推定されるタンザニアのラエトリ遺跡には，二足歩行してい
た大中小3種類の足跡がくっきりと残され（彼らは家族だったのでしょうか），

■図6.6 世界最古の足跡（馬場，2015）
ラエトリ遺跡のアウストラロピテクス・アフ
ァレンシス3組の足跡.

これが二足歩行に関する最も古い直接証拠です（図6.6）．ラエトリ遺跡からは下顎骨標本も発掘されており，アウストラロピテクス・アファレンシス（*Australopithecus afarensis*）と命名されています．少し時代が下ったエチオピアのハダールからは多くのアウストラロピテクス・アファレンシスの化石が発見されていますが，中でも有名なのが，全身の40%の骨格が残されているルーシーと呼ばれる女性の化石標本です．ルーシーの身長は1.1 m，体重は29 kgと推定され，骨盤，大腿骨，足の特徴から，明らかに二足歩行していたことがわかります．ただし，上腕骨と大腿骨の長さの比率は，類人猿ホモ・サピエンスの中間（すなわち腕が長めで脚が短め）で，歩き方はホモ・サピエンスのようにスムーズではなかったようです．アウストラロピテクス・アファレンシスの脳容量は400 ml程度と推定され，ほぼ類人猿並みのものでした．類人猿との分岐からホモ・サピエンスまでの道のりのちょうど半分ぐらいの時点でさえも，脳は未発達の状態でした．

　アウストラロピテクス・アファレンシス以降の猿人の化石は，今日ではかなりたくさん発見されており，様々な猿人たちのうちのどの系統が現生人の直接の祖先なのかについて議論が続いています．大きく分けると，アウストラロピテクス属のアファレンシスやアフリカヌスを含む370万年前から現れ200万年前にはほぼ姿を消したグループと，それより遅く270万年前から140万年前に生息したとされるグループです．前者と比べ後者のグループは，顎や臼歯が大

きく，頑丈型猿人とも呼ばれ，エチオピクス，ボイセイ，ロブストスの 3 種が含まれます．アウストラロピテクス属とは別のパラントロプス属として扱われることもあります．

　頑丈型猿人は咀嚼力がきわめて強かったわけですが，頑丈型猿人以外のアウストラロピテクス属も，アルディピテクス・ラミダスに代表される初期猿人と比べると臼歯がずっと発達しており，食料に大きな変化があったことがわかります．足指の拇指対向性が消失していることからも，彼らは樹上から草原へと生活圏を移したことが示されます．食料は，やわらかい果実食から，草原で得られる相対的にかたい食物（若い茎や枝，木の実，根茎など）に変わったと考えられます．

　頑丈型猿人のうちボイセイは，230 万年前から 140 万年前に生息していたとされ，その時期は後述の原人（初期のヒト属）と重なります．生息地も原人と同じ東アフリカです．当時の東アフリカの草原では，複数の人類が長きにわたって共存していたことが示唆されます．

　初期猿人も含め，猿人の化石の発掘地はすべてアフリカです．チャールズ・ダーウィンは『人間の由来』の中で，ヒトとゴリラ，チンパンジーの類似性から人類進化の舞台はアフリカだっただろうと予測しましたが，果たしてその通りだったわけです．アフリカの古環境は，森林地帯が拡大したり縮小したりを繰り返していたことがわかっていますが，ヒトの祖先は，森林とサバンナの境界部で他の類人猿とは異なる生息環境を開拓していたことでしょう．アウストラロピテクス属には，いくつかの異なる種類が存在していましたが，いずれも体格は後に現れるヒト属よりもかなり小さく，脳容量だけ見れば彼らもアフリカ大型類人猿とほとんど変わりませんでした．また猿人が加工した石器を用いていたという明確な証拠はまだありません．ただし，近年，330 万年前の石器が発見されたとの報告もあり，猿人とヒト属の間には大きな断絶があるというよりは，猿人はヒト属への移行の準備段階にあったと見るべきだという見解もあります（諏訪，2012a）

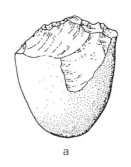

■図 6.7　原人の石器（Mithen, 1996）
a　初期のヒト属の石器——オルドヴァイ型：骨をたたきわったり，肉を
こそげ取ったりするのに利用された．
b　ホモ・エレクトゥスの石器（握斧）——アシュレアン型：両面を計画
的に加工した美しい石器．様々な用途に使われた．

4 •• 原人の進化

　後期の猿人と重なる時代，約二百数十万年前に，私たちと同じヒト属（ホモ
属）に分類されている原人が現れます．ここにおいて，ヒトの歴史が始まりま
す．その最古のものがホモ・ハビリス（*Homo habilis*）で，やはりアフリカに現
れました．ハビリスにも，いくつかの傍系種が知られていますが，これらの最
初期のヒト属の脳容量は 600〜700 ml で，大型類人猿やアウストラロピテクス
と比べて 5 割ほど拡大していました．

　同時に，彼らが発掘されたオルドヴァイ渓谷では，小石から剥片を打ち砕い
たタイプの石器（オルドヴァイ型：図 6.7a）が見つかっており，ヒト属の誕生と
ともに，粗末ながら加工された石器製作が始まったという見方が一般的です
（ただし，前述のように石器の起源は猿人時代にまでさかのぼる可能性もあります）．
150〜200 万年前の遺跡では，加工された石と動物の骨片が一緒に見つかって
いるので，彼らは石器を用いて動物の解体をしていたようです．しかし，その
動物を狩猟によって手に入れたのか，屍肉を引きずってきたのかは明らかでは
ありません．

　やや時代が下り，およそ 180 万年前に最初の氷河期が訪れた頃，新しいタイ

プのヒト属が誕生しました．一般にはホモ・エレクト
ゥス（*Homo erectus*）として知られますが，近年ではホ
モ・エルガスター（*Homo ergaster*）とも呼ばれる原人
たちです．中でも，ほぼ全身が完全な骨格として発見
されたのが，トゥルカナ・ボーイと呼ばれる化石です．
この原人少年は，身長が約 160 cm もあり，非常にす
らりとした体型で，プロポーションは現生人とほとん
ど変わりません（図6.8）．ただし脳容量は，現生人よ
り小さく 1000 ml 以下でした．生理人類学者のピータ
ー・E・ウィーラーは，このような体型は，浴びる熱
射量を抑えると同時に内的な発熱量も相対的に減少さ
せる，冷却効率のよい設計であると説明しています
（Wheeler, 1994）．この段階でヒトの直立二足歩行が完
成し，原人たちは長距離の行動圏を歩き回れるように
なったのだと考えられます．

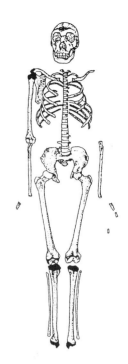

■図6.8　復元された原人
少年の骨格（諏訪，1995）

　原人の化石はアフリカだけでなく，東南アジアや中
国でも発掘されており，北京原人やジャワ原人が有名
です．この時代に彼らがアフリカを旅立ち，ついにア
ジアにまで分布域を広げ始めたことがわかります．旧
約聖書の「出エジプト」になぞらえて「出アフリカ」と呼ばれることもあります．
　ホモ・エレクトゥスの脳容量は約 800〜1000 ml で，ホモ・ハビリスよりさ
らに拡大しました．そして，約 140 万年前，彼らの石器には複雑に両面を加工
した握斧（アシュレアン型：図6.7b）が見られるようになります．これは，チン
パンジーやボノボにはどう訓練しても制作が不可能なほどの，計画性を要する
精巧な石器です．なお，原人の火の利用については後述します．

5 ┠•• アジアの原人の多様性

　20世紀の人類学では，原人がアフリカを出たのは，アシュレアン型石器を
携えたホモ・エレクトゥスの時代，年代で言えば 100 万年前頃だとされていま

した．しかし，近年の世界各地の遺跡の調査から，より古い時代に人類がユーラシアに進出していたことが明らかになりました（海部，2021）．

　ジョージアのドマニシ遺跡では，185万年前のオルドヴァイ型石器と178万年前の原人の化石骨が大量に発掘され，その原人はホモ・ハビリスとホモ・エレクトゥスの中間的な特徴を有していました．さらに，中国西部陝西省の藍田遺跡では，ドマニシ遺跡より古い210万年前の地層からオルドヴァイ型石器が発見され，中国北部でも120〜170万年前の石器が発掘されました．どうやらアジアに進出したのは，脳はさほど大きくなく，石器も原始的な，初期の原人だったようです．有名なジャワ原人は，最古の年代が比較的新しい110万年前と推定されていますが，島に渡るにはそれなりの長い年月を要したようです．

　さて，21世紀に入ってから，東南アジアでは常識を覆すような原人の化石の発見が相次ぎました．2003年，ジャワ島の東にあるフローレス島の約5〜10万年前の地層から，身長105cm，脳サイズがチンパンジー並みの新種の原人が発見されました．人類進化の流れを見れば，原人は身長が高くなり，脳容量が増大する方向だったのですが，このフローレス原人はそれとは真逆の小型化した原人でした．形態的特徴はジャワ原人に似ているのですが，そのような原人が，ホモ・サピエンスと同時代の約5〜10万年前まで生存していたというのも驚きです．フローレス島のような孤立した島では，哺乳動物が小型化する島嶼効果が知られており，実際，フローレス島のゾウは，ウシのサイズまで縮小していました．フローレス原人も島嶼効果で小型化したのだと考えられています．

　近年，フィリピンのルソン島でも矮小化した新種のルソン原人が発見され，生息年代は6万年前頃と推定されています．フローレス原人しかり，島という特殊な環境における人類進化は人類学研究の新たなトピックです．

　台湾の海底からは，20〜40万年前のものと推定される原人の下顎骨が発見されました．この化石は下顎骨が頑丈で歯が大きく，ジャワ原人や北京原人より原始的な特徴を有し，より古いタイプの原人が比較的最近まで台湾に生息していたことを示唆します．

　さらに，後述のように，ネアンデルタール人とは違う旧人，デニソワ人もアジアで発見されました．人類進化の主たる舞台は，長らくホモ・サピエンスの

発祥地でもあるアフリカだと見なされてきましたが，近年の研究からは，過去200万年の間，ヒト属がアジアでも多様な進化を遂げてきたことが徐々にわかってきました．長い目で見ると，現生種としてホモ・サピエンス1種しか地球上に存在しない現代環境が，少し変なのかもしれません．

6 ├•• 肉食の起源と食物分配──ハンター仮説とホームベース仮説

　ここまで，ヒトの進化の道筋を，化石や遺跡の証拠に基づいてスケッチしてきました．では，彼らの具体的な生活についてはどんなことがわかっているでしょうか．化石やその他の遺跡の発掘物だけから生態を類推するのは困難な作業ですが，できる限り復元を試みてみましょう．

　彼らは主に何を食べていたのでしょうか．私たちホモ・サピエンスは雑食です．一方，近縁種であるチンパンジーは，基本的には果実を中心にした植物食ですが，ある程度肉食もしますし，昆虫食にも時間をさきます．特に，オトナ雄は頻繁に狩りをし，森林のサル類を枝先に追い込んで落下させて捕らえるという方法をよく用います．著者のうち両長谷川が観察したタンザニアの集団の高順位の雄たちは，平均すれば1日100g程度の肉を摂取していたと試算できますから，ホモ・サピエンス並みだとさえ言えます．

　人類進化に関して1960〜70年代に一斉を風靡した考え方は，ヒト＝ハンター（Man the hunter）仮説と呼ばれ，中でもデズモンド・モリスの『裸のサル』（Morris, 1967）や，ロバート・アードレイの『アフリカ創世記』（Ardrey, 1962）は，当時の人々に広く読まれました．サバンナに進出した初期人類たちが，獲物を狩ることによって知性を増し，道具を進歩させ，肉とセックスの交換によりパートナーの絆を形成し，男性たちは同盟関係を築いた，というストーリーです．

　たしかに，初期ヒト属の遺跡では，人工的に加工された大量の石片と動物の骨が一緒に発掘されることがよくあります．しかし，ホモ・ハビリスの時代にどれほど狩猟に成功していたかは定かでありません．彼らのからだは比較的小さく，確実に狩猟をしていたという直接証拠はありません．チンパンジーのオスの狩猟効率が高いのは，ライバルのいない森林でサルを狩る技術がそれなり

に洗練されているからですが，ホモ・ハビリスが生活の舞台にしていたサバンナには，ライオンやヒョウをはじめ，プロの肉食動物がすでにたくさんいました．彼らは有能な狩猟者ではなく，他の肉食獣が殺した獲物の残りをあさるスカベンジャーだったとも考えられます．人工遺物と骨片が同時に見つかるのは，そこがヒョウのような肉食獣の採食場所にすぎないという見方もあります．

　ハンター仮説は，雄（男性）が狩猟をすることによって，ヒト的な特徴のすべてをセットとして獲得したという仮説でした．すなわち，効率よく歩いて狩猟するために二足歩行になった，狩猟で肉が大量に食べられるようになったから脳が大きくなった，狩猟する時に男性どうしが協力するために言語が生まれた，男性が狩猟で得た肉を特定の女性に分け与えるから一夫一妻の絆ができた，という具合です．しかし，これはあまりにも単純で，しかも男性中心の仮説であり，そのうちに支持を失いました．

　1970年後半に，人類学者のグリン・アイザックは，初期ヒト属の遺跡は，狩猟や屍肉あさりによって集めた肉や，採集して持ち寄った植物性食物や小動物を，処理し分配し合う彼らのホームベースだったとする「ホームベース」仮説を提案しました（Issac, 1978）．このホームベースで夫婦の絆が生まれ，集団の成員が言語的なコミュニケーション能力をつちかったのも，そこにおいてだったろうとアイザックは考えました．進化心理学者の中にも，ヒトの心の基本デザインができた進化環境としてホームベース仮説を採用し，それは今日の狩猟採集生活にまで引き継がれていると見なす研究者もいます．

　しかし，本格的なホームベースとそこにおける集団生活がヒト属の進化のどの時代から現れたのかに関しては，その後も議論が続いています．アイザックはホモ・ハビリスまでさかのぼれると考えましたが，考古学者のルイス・ビンフォードはホモ・ハビリスがホームベースに持ち帰れるほどの大量の肉を入手した証拠はないと反論しました．彼は，初期ヒト属の肉食は運よく見つけた屍肉をその場で解体する程度のもので，屍肉あさりする人数も個人単位がせいぜいだっただろうと主張しました（Binford, 1981）．議論を決着させるためには考古学的証拠が十分ではありませんが，今日では，少なくともホモ・ハビリスの時代の初期ヒト属が，生活の糧となるほどの肉を狩猟によって入手していたとは考えられていません．

7 ◦ ホモ・エレクトゥスの生活

では，次に出現したホモ・エレクトゥス（*Homo erectus*）の生活はどうだったのでしょうか．ホモ・エレクトゥスが有能なハンターであったか，それとも屍肉あさりを主体としたスカベンジャーであったかは，依然として証拠が十分でありません．しかし，ホモ・エレクトゥスのからだの作りは，それ以前の初期人類とは明らかに異なっていました．彼らのからだはウィーラーが説明したように熱効率がよく，長距離の直立歩行に適していましたから，たとえスカベンジャーであったにせよ，彼らはより広い範囲の土地をより自由に，かつ安全に動き回れるようになったことでしょう．広い行動圏を手に入れて，暮らしぶりが向上した（捕食者の脅威が減り，採食効率が高まった）結果，脳というぜいたくな器官を拡大させる余裕ができたとも考えられます．

人類の「出アフリカ」の時期については，前述のように，かつて考えられたより早い時期（約200万年前）だと考えられるようになりましたが，約140万年前から約15万年前までの100万年以上の長きにわたって，ホモ・エレクトゥスの化石はアシュレアン型石器（握斧）とともにアフリカとユーラシアの広い地域で発見されています．

アフリカを出ることにより，ホモ・エレクトゥスは全く新しい多様な植物相や動物相に適応しなければならなかったことでしょう．加えて，ホモ・エレクトゥスは氷河期（寒冷期）と間氷期（温暖期）が頻繁に繰り返した時代に直面しました．これらを考え合わせると，ホモ・エレクトゥスの生活環境は，それ以前の初期ヒト属や猿人たちのそれと比べて，はるかに変化に富んだものだったに違いありません．

ホモ・エレクトゥスのほっそりした解剖学的特徴からは，彼らの生活の別の側面にも変化が生じたことが示唆されます．すなわち，ホモ・サピエンスに似た骨盤の形態からは，彼らがかなり未熟な状態の小さな脳容量の赤ん坊を出産していたことがわかります．私たちと同様に，新生児を未熟なうちに出産し，時間をかけて成長させる傾向が認められるのです．しかし，母親が独力で未熟な赤ん坊を育てることは，栄養面でも外敵からの防御の面でも非常に大きな負

担ですから，何らかの養育援助が必要だったことでしょう．人類進化の中で，身体や犬歯の性差が縮小した初期猿人段階でつがい（夫婦）が始まったという，前述のラブジョイの食料供給仮説もありますが，男性がより積極的に育児に参加するようになり，核家族的な男女の絆が生まれたのは，ホモ・エレクトゥスの時代だったのではないかと推測されます．さらに，ホモ・エレクトゥスの特徴として，体重の性差（性的二型）が猿人より縮小していますが，このことからも彼らが一夫一妻的な配偶関係を結んでいただろうと考えられます（性的二型と配偶システムの関係については，第11章参照）．

　ホモ・エレクトゥスが残した石器からも，彼らの生活ぶりだけでなく，製作者の精神性を垣間見ることができます．握斧と呼ばれる洋梨型をした新しいタイプの石器は，140万年前に初めて現れます．それ以前の人類最初の石器（ホモ・ハビリスが制作したと考えられるオルドヴァイ型：前掲図6.7a）は，石を数回から10回割った程度でできる，鋭い縁を持つだけのものですが，握斧は石の両面から剝片を均等に削り取る作業が必要な石器です（アシュレアン型：前掲図6.7b）．この石器を作るためには，いくつかの工程を踏む段階が必要で，対称性に関する計画性も要ります．様々な形の刃面を持つので，切る，割る，こじ開ける，削る，つぶすなど，用途に応じて様々な使い分けが可能だったと思われます．さしずめ，原人たちのスイス・アーミーナイフと言ってもよいでしょう．握斧は機能性に優れた素晴らしい道具でしたが，ほぼ100万年間にもわたって，基本的には変化しませんでした．生息地の環境も多様だったはずなのに，彼らは目的別に新しい道具を作り出しはしませんでした．なお，東南アジアの原人の遺跡では，両面加工したアシュレアン型石器が見つかっていないので，彼らは竹で作った道具を用いていたのではないかと推測されています．

　以上で見てきたように，ホモ・エレクトゥスは多くの点でホモ・サピエンスにも通じる新しい生活を切り開きました．しかしながら，彼らの脳容量の増加も技術革新の速度もきわめてゆっくりしていました．ホモ・サピエンスが農耕を開始してから現代までが約1万年ですから，その100倍もの長さの期間，ヒトの主要な祖先が変化しなかったということは，私たちの目から見ればあまりに保守的であり，原人たちの後進性を示しているようにも思えます．しかし，100万年間も大きなモデルチェンジもせずに生き続けることができたというこ

とは，むしろ高く評価すべきことかもしれません．飛行機でも自動車でも，基本設計がしっかりしたモデルほど，長い間現役であり続けます．その意味で，ホモ・エレクトゥスは人類進化史の中でもひときわ光っています．

8 ├•• 火の利用と調理仮説

　人類がいつから火を利用していたかに関しては，直接的な証拠が残りにくく，人為的な火か自然発火かの区別が難しいこともあり，確かなことは言えません．イスラエルのゲシャー遺跡には，69～79 万年前のものと推定される焼けた食物と火打ち石などを含む炉床が残されており，確実な証拠としては最古ですが，それ以前から人類が火を使っていた可能性は十分考えられます．

　ヒト男性の攻撃性の起源を論じたリチャード・ランガム（第 5 章参照）は，人類における火の利用と調理の開始は通説よりはるかに古く初期ヒト属までさかのぼると考察し，火の利用の開始が人類進化上の画期的な出来事だったと論じました（Wrangham, 2009）．ランガムの調理（クッキング）仮説によれば，火のコントロールには，捕食者を寄せつけず，地上で眠れるという利点があり，人類の地上生活が促され，直立二足歩行が完成し，ライバルである肉食動物の排除により狩猟効率も向上したのだろうとのことです．さらに，肉の加熱調理は，生肉食と比べて栄養摂取を容易にし，寄生虫や細菌を排除でき，植物性食物についてもデンプンの糖化が進み，効率的なエネルギー摂取が可能になり，それらの結果，消化器が小さくなって，ぜいたくな器官である脳の進化が促されたとランガムは論じました．男性は狩猟，女性は採集と料理といった男女の分業も進み，男女の絆の強化と家族（夫婦）の成立も火の賜物だということです．現代のキャンプファイヤーや暖炉でもそうですが，火にはヒトの心をおだやかにする機能もあり，共同体生活が促されたとも考えられます．直接的な証拠は少ないものの，火の利用とコントロールが人類に多大な恩恵をもたらしたことは，多いにありえたと思われます．

9 ⊶ 旧人から新人へ

　その時代が長く続いたホモ・エレクトゥスも，およそ40～50万年前になると，新人（ホモ・サピエンス）によく似たヒト，旧人（古代型ホモ・サピエンスと呼ばれることもあります）に主役の座をゆずり，約30万年前にはほぼ姿を消します（ただし，前述のようにアジアの島嶼部では5～10万年前まで生存していました）．当時の地球環境は，依然として氷河期と間氷期の間で激しくゆれ動いていました．現生人の私たちにとっても地球温暖化は深刻な問題ですが，後期氷河時代の先史人類たちも，まさに人類の生き残りをかけて環境の激変と戦っていました．今で言う「異常気象」──干ばつや多雨，予測できない気温の変動──が異常ではなく，むしろ当たり前の時代でした．

　このような厳しい環境変化をくぐり抜けてしぶとく生き延びた旧人は，アフリカ，アジアのみならず，さらにヨーロッパにまで分布していました．旧人のうちで約20万年前頃にヨーロッパに現れた人々が，有名なネアンデルタール人です．彼らは新人よりも大きく，がっしりした筋肉質のからだをしていました．しかし，旧人の何よりの特徴は，かつてないほどの大きな脳の持ち主であったということです．彼らの脳容量（約1300～1500 ml）は，ホモ・サピエンスのサイズ（約1200～1400 ml）よりもむしろ大きいくらいでした．このことは，脳が過酷な環境を生き抜くサバイバルツールの働きをしたことをよく表しています．古代型ホモ・サピエンスという呼称は，彼らを新人と同種と見なし，亜種と位置づける分類です．彼らを新人と同種として扱う理由は，脳容量が大きいからですが，体つきがかなり違うことで亜種とされます．

　南シベリアのアルタイ地方で発掘された化石骨から抽出されたDNAからは，ホモ・サピエンスともネアンデルタール人とも異なる第三の人類の存在が明らかになり，デニソワ人と名づけられました．デニソワ人についてはまだ謎に包まれていますが，デニソワ人のDNAはホモ・サピエンスにも引き継がれており，混血があったことは確かです．ネアンデルタール人のDNAもホモ・サピエンスに残されており，旧人から新人（ホモ・サピエンス）への移行は，劇的な変化ではなく，交配しながらの交替だったと考えられるようになりました

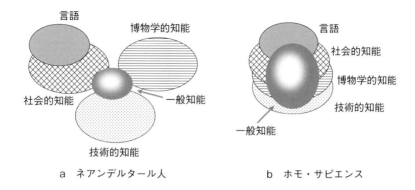

■図 6.9　ミズンの描いたネアンデルタール人とホモ・サピエンスの知性の模式図
　　　　（Mithen, 1996）

（Pääbo, 2014）.

　ネアンデルタール人は，非常に大きな脳を持っていたわりには，装飾や芸術など文化的な痕跡をほとんど残さず，残された石器のバリエーションも少ししかありませんでした．それゆえ彼らは，伝統的に「愚かな人々」というイメージで描かれてきました．ネアンデルタール人は，最終的にはおよそ 4 万年前に消えてしまいます．ネアンデルタール人からホモ・サピエンスへの入れ替わりは，愚か者が賢い者に敗れ去ったというシナリオで説明されることが多いのですが，ネアンデルタール人の精神生活が実際にどのようなものであったのかは，あまりわかっていません．そもそもホモ・サピエンスとほぼ同じサイズの彼らの脳は，いったい何のために使われていたのでしょうか．

　人類の心の進化に関して『心の先史時代』を著した認知考古学者のスティーヴン・ミズン[2] は，旧人の脳は，博物学的知能，技術的知能，社会的知能の三大能力がそれぞれ独立に機能していただろうと推論しています（Mithen, 1996：図 6.9a）．言語能力もそれなりに発達していたものの，それは主に社会的

2）Mithen の発音を本人に直接確認したところ，マイズンとのことでしたが，日本ではミズンが定着しているので，本書でもミズンとします．

情報の交換に関連したものにとどまっていただろうとも述べています（この考えは，ロビン・ダンバーの言語起源説に依拠しています）．ミズンはまた，特にネアンデルタール人の博物学的知能が特異的に高かったことを評価しています．厳寒期のヨーロッパで，さしたる技術の蓄積もない状態で，ネアンデルタール人が哺乳動物（主に中型のシカ）を狩猟し，それを冷凍保存するには，動物の生態についての知識や洞窟のありかなどの地理的知識が不可欠だったはずです．しかし，ネアンデルタール人にはその後のホモ・サピエンスにおいて発達した認知的流動性（一般知能）が欠けており，芸術やトーテミズム，目的別の道具が現れなかったのは，認知的な柔軟さの欠如によるものではないかと，ミズンは結論づけています．

　後の各章で見るように，ホモ・サピエンスも適応問題に応じた多様な領域固有的な認知能力を備えていると考えられ，それを支持する証拠もありますが，私たちの心は領域間を自由に行き来し，それらをつなぎ合わせることもできます．ネアンデルタール人とホモ・サピエンスは，脳容量では大差ないものの，認知的流動性ということについて質的な変化があったというのがミズンの考えです（図6.9b：この点については，次節でもう一度述べます）．彼の議論は，近年の先史学，人類学，認知科学の知見の統合化を目指すものですが，この説明の正しさを支持するためには，さらに多くの証拠が必要でしょう．特にネアンデルタール人がどのような言語能力をどの程度まで持っていたのかについては，確固たる証拠はありません．発掘された彼らの舌骨からは，ホモ・サピエンスと同様の発声が可能であったことが示唆されていますが，彼らが実際にどれほどの語彙を持ち，どこまで文法を用いていたのか，そしてどのような場面で言語的なコミュニケーションを交わしていたのかについては，現段階では知るすべがありません．

10 新人の誕生

　ネアンデルタール人と時代的には重なりますが，今からおよそ20万年ほど前に，解剖学的には現在の私たちと区別のつかない，ホモ・サピエンス（*Homo sapiens*）と分類される新人がついに出現しました．この解剖学的新人が

どこから現れたのかに関して，かつてはアフリカ起源説（アフリカ出身の古代型ホモ・サピエンスが新人の起源であるという説）と多地域進化説（新人はそれぞれの生息地域にいたホモ・エレクトゥスと古代型ホモ・サピエンスの末裔であるという説）の二つの説がありましたが，分子進化学の知見から，今日では前者のアフリカ起源説が支持されています．

アフリカ起源説は，レベッカ・キャンとアラン・ウィルソンが提唱した説で，ホモ・サピエンスすべての祖先は，今から14〜29万年前にサハラ以南に住んでいた少数の女性を含む集団に由来するという主張です（アフリカ・イブ仮説とも呼ばれます：Wilson & Cann, 1992）．キャンらは，世界中の147人の女性から胎盤を集め，ミトコンドリアDNAの変異を分析しました．ミトコンドリアDNAは母親を通じてしか伝わらないので，分子系統進化を調べる上でよく用いられる材料です．分析の結果，アフリカ女性のミトコンドリアDNAの変異が一番大きく，系統樹を描くと，アフリカ以外の地域の系統とアフリカの系統にくっきりと分かれました．このことは，世界中の女性の系統はアフリカの系統につながっていることを示しています．すなわち，約100万年前の最初の「出アフリカ」の後もアフリカにとどまり，2回目の「出アフリカ」をした女性を含む集団が，すべてのホモ・サピエンスの直系の祖先だろうということです．アフリカ起源説が正しいとすると，アフリカのイブの子孫たちは，世界各地で旧人と置き換わったことになりますが，前述のように，実際にはネアンデルタール人やデニソワ人と交配していました．

ホモ・サピエンスの脳容量は，ネアンデルタール人に代表される旧人よりやや小さい1200〜1400 mlですが，体格もだいぶ華奢になっています．解剖学的新人の化石は，約10万年前のものから発見されていますが，その後，変化が少ない数万年間が続きました．しかし，6万年前頃から，人類進化における最も劇的な変化が突如，しかけ花火のように，世界各地で生じました．まず，南アジアのホモ・サピエンスがオーストラリアに渡りました．彼らが海を渡れたのは，言うまでもなく彼らが舟を作ったからです．4万年前頃からは，骨格器が世界中で見つかるようになります．加工しやすい骨からは多彩な道具が生まれました．引き続き，ビーズ，ペンダントなどの装飾品や壁画，彫像が現れました．約3万年前のフランスでは，300点を超える動物が洞窟の壁に描かれて

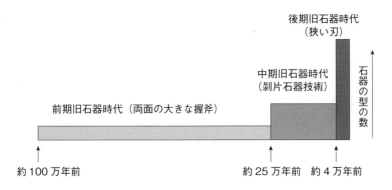

■図6.10　過去100万年間の石器技術の変化（Lewin, 1993）
前期旧石器時代の握斧はその型式がずっと変化せず停滞していた．新人の登場からしばらく
して，旧石器文化は急速に多様化した．

いうます．図6.10は，石器の型式の数の増加を時代とともに追ったものですが，
およそ3〜4万年前に急激な変化が起こったことを示しています．約700万年
の人類進化史の中の最後のわずか数万年の間に，一気に人間らしさが花開いた
かのように見えるため，この現象は「文化のビッグバン」とも呼ばれます．
　次の問題は，なぜ文化のビッグバンが起きたのかということです．これには
諸説があり，技術革新に求める説，社会組織がついにホームベースを中心とし
たものになったからだという説，時制を持ち文法的にも洗練された言語が生じ
たからだという説などです．ただし，これらの説を支持する証拠は必ずしも明
確ではありません．
　これらに対し，先に紹介したミズンは，ホモ・サピエンスの心が領域特異的
なものから領域間を流動できる心へと質的に変わったからだろうと説明してい
ます．社会的知能と博物学的知能が重なるところからは，動物の擬人化や，人
と自然を重ね合わせるトーテミズムが生まれ，博物学的知能と技術的知能が混
じり合うことから，目的に応じた専門的な技術が生じ，社会的知能と技術的知
能がクロスオーバーすることから，他者を道具的に使うことや社会的交渉のた
めの道具が出てきたのだろうと，ミズンは論じます．芸術や宗教や科学が，さ
らにこれらが一緒になったところに生まれたというのが彼の主張です．
　先史時代の人々が実際に何をどのように考えていたのかを知るための切り札

には，できることならタイムマシンがほしいところです．しかし，彼らが残した遺物から，彼らの心をうかがい知ることも可能です．図6.11は最古の芸術品とされる，南ドイツで発掘された約3万数千年前のマンモスの牙製の彫像です．頭がライオンの男性像で，この作者の技術力と想像力は現在のアーティストと比べても遜色ありません．この作品が生まれるためには，たしかに技術的知能と博物学的知識と社会的知能の統合が必要だったことでしょう．

　文化のビッグバンの後，人類はまたたく間に，南北アメリカ大陸や大洋の島々など，地球上のすみずみまで分布域を広げていきました．約1万年前には農耕と牧畜を開始し，やがて富の蓄積は各地に巨大文明を生み出しました．有史時代に入ってからの歴史については，読者の皆さんもご存じの通りです．

■図6.11　ライオン／人をかたどった象牙製の小像（ウルム博物館蔵／ユニフォトプレス）南ドイツ，ホーレンシュタイン＝シュターデルから出土．約3万2000年前．高さ約30cm.

[さらに学びたい人のための参考文献]

井原泰雄・梅﨑昌裕・米田穣（編）(2021)．人間の本質にせまる科学——自然人類学の挑戦　東京大学出版会
　　東京大学で開講されている自然人類学の入門講義の教科書．先史時代から未来まで，またゲノムレベルから地球生態系まで，自然人類学の研究の最前線を網羅的に解説．

ダンバー，R./鍛原多惠子（訳）(2016)．人類進化の謎を解き明かす　インターシフト
　　第5章で紹介した「ダンバー数」の提唱者による人類進化の通史．時間収支モデルなど独自の仮説も多く含まれるが，読みごたえがある．

第 **7** 章

ヒトの生活史戦略

1 ● 生活史戦略——人生のタイムスケジュール

　多くの生物は，生まれて，成長して，次世代を残して，死にます．これは，生物の1個体が生まれてから死ぬまでにどのような経過をたどるかということですが，そのパターンは，だいたい種ごとに決まっています．たとえばゾウは普通，20歳前後で成体になり，およそ3〜4年ごとに出産し，1回に産む子どもの数は1頭で，だいたい60年ぐらい生きられます．ドブネズミは，数カ月で成体になり，毎月のように子どもを産み，1回に産む子どもの数は5〜6匹で，2年ぐらい生きます．もちろん，これらの数値には個体差がありますが，種は，それぞれ平均的な値というものを備えています．

　進化生物学で言うところの生活史とは，個体が生まれてから死ぬまでの時間がどのように経過し，その間に，自己の維持や成長と繁殖にどのようにエネルギーを配分するか，ということをさします．個体が生存して子を残してこそ，生物は存続していけるので，生活史のパターンも，その種が生息している環境との関係で，自然淘汰によって形作られます．

　生活史のパターンを描写するパラメータには，からだの大きさ，寿命，成長速度，繁殖開始年齢，生涯繁殖回数，1回に産む子の数と大きさ，子育て投資の量などがあります．これらは互いに関連しており，しばしばセットになって現れます．動物のからだの大きさと，その動物が示すいろいろな数値との間には，しばしば，

$$y = bx^A$$

のような関係が成り立っています．からだの大きさとしては，普通は体重が使われます．これを x とし，寿命や繁殖開始年齢，年間に産む子どもの数などを y とすると，上記のような関係があるので，自然対数（ln）をとると，

$$\ln y = \ln b + A \ln x$$

となり，両対数にした時に直線関係が見られます（後掲図7.1）．これを，アロメトリーと呼びます．

体重の重い動物は寿命が長いので，一般に成長速度が遅く，繁殖開始年齢も遅い傾向があります．すなわち，体重が重い動物は寿命が長く，年間に産む子どもの数も少なくなるので，寿命の長い生物は年間に産む子どもの数が少ない，という関係になります．

また，一度に産む子の数が多い種では，1匹の子のサイズは小さくなり，子育ての投資量は少なくなります．サイズの大きな子を一度にたくさん産むことはできません．このように，「こちらを立てるとあちらが立たない」という関係を，トレードオフと呼びます．つまり，一度に使えるエネルギーの量は限られているし，あることに時間を使えば別のことには使えない，ということです．

進化生物学では，生活史のパターンは，これらのトレードオフが，その種の置かれている環境において最適に割り振られるように進化すると考え，どのような生活史パターンになるか，生活史戦略の進化を分析しています．

2 ┣•• 様々な生物の生き方——rとK

ドブネズミ，ツグミ，ショウジョウバエ，タンポポに共通する生活史のパターンは何でしょう？　からだが小さい，寿命が短い，成長速度が速い，一度に産む子どもの数が多い，ということが挙げられます．では，ゾウ，アホウドリ，オオリクガメ，カシノキに共通する生活史のパターンは何でしょう？　先のグループとは反対に，からだが大きい，寿命が長い，成長速度が遅い，一度に産む子どもの数が少ない，ということでしょう．これらの生活史パラメータは，

同時にセットになって現れることが多いのですが，そのことは，それらの生物が住んでいる環境の様子と関連している可能性があります．

　前者は，環境の変動が激しく，いつ生息地に空きができるかわからない不安定な場所で見られることが多く，後者は，環境が安定していて，生息地に空きはほとんどない，飽和した場所でよく見られます．生物の個体数がどのように増えていくかを考える個体群生態学では，その個体群の瞬間最大増加率（growth rate）を r，個体群が飽和した時点での個体数である環境収容力（ドイツ語で Kapazitätsgrenze: capacity limit）を K で表します．そこから，前者のような生活史を r 戦略，後者のようなものを K 戦略と呼びます．

　この二つのタイプの生息地はどのように異なるのか考えてみましょう．環境変動の激しい場所では，そこに住んでいる個体がすべて死んでしまうようなことがしばしば起きます．つまり，あまり長生きすることは期待できません．そして，みんなが死んでしまうようなことが起こると，生息地に空きができるので，その時に繁殖できる個体は急速に増えることができます．このような場所に住んでいる生物は，死亡率が高く長寿命は期待できないので，自分のからだを作るための投資は少なくし，素早く成長して繁殖を開始するほうが有利になります．そして，運がよければ周囲には空きがたくさんあると期待できるので，なるべくたくさんの子どもを生産したほうが有利になるでしょう．そこで，からだが小さく，成長速度が速く，一度に産む子どもの数が多く，寿命は短いという生活史パターンになります．r 型の生物は，同種の他個体との競争はあまり強くなく，増えられる条件になった時にどれだけ増えられるかが勝負なのです．だから，この戦略は，個体群の瞬間最大増加率である r を冠しています．

　一方，環境が安定している生息地では，個体群はすでに増えて環境収容力いっぱいになっています．生息地の空きはほとんどなく，同種の他個体との競争が，適応度に影響を与える最も重要な要因となります．そこで競争力をつけるには，自己投資をたくさんした大きなからだを持ち，ゆっくり時間をかけて成長することになります．子どもをたくさん産んでも育たないでしょうから，一度に産む数は少なくし，1 匹の子どもにたくさんエネルギー投資をして，大きな子どもを産みます．さらに子育てに投資をすることも有利です．環境収容力 K のいっぱいのところで競争力をつける戦略というので，K を冠した名称です．

このr戦略，K戦略の理論は，個体群生態学者のロバート・マッカーサーと社会生物学者のエドワード・ウィルソンが，1967年に『島嶼生物地理学』という書物の中で最初に提唱しました．その後，この理論はいろいろと吟味されてきましたが，生息環境が飽和しているかどうかが生活史戦略に与える影響は甚大であり，飽和していなければr戦略，飽和しているところではK戦略というのは，大筋において当たっていると考えられています．

タラという魚は，1匹の雌が1回に200万個もの卵を産むそうです．あのタラコの中には，全部で200万個もの卵が入っているのです．タラは卵を産みっぱなしで何の世話もしません．そこで，200万個もの卵が生まれたとしても，結局のところ，生き残るのはその中の2匹だけということもあります．それでも個体群は存続していきます．無駄と言えば無駄ですが，典型的なr型であり，こんな戦略が適応的な状況はありうるのです．

一方，私たちは哺乳類ですが，哺乳類は，雌が子どもを妊娠してからだの中で成育させ，出産後も母乳を飲ませて世話をします．タラとは違って，親が大変に大きな子育て投資を行っています．ですから，200万個はおろか，1回に生む子どもの数はせいぜい10数匹でしょう．これは典型的なK戦略です．

3 ┝•◦ 霊長類の生活史戦略

哺乳類の中でも，私たちは霊長類に属しています．第5章で見たように，霊長類にもいろいろな種類がいますが，霊長類は概して成長に時間がかかり，比較的寿命が長く，一度に1匹の子どもしか産まないのが普通です．霊長類の古い特徴を残している，小型で夜行性のキツネザル類でも，一度に産む子どもの数は2〜6匹であり，ネズミの類とは大違いです．

先に，ゾウはK型の典型であるかのように書きましたが，ゾウの体重は10tもあり，陸上哺乳類としては最大級です．体重が大きいほど生活史はゆっくりと進みますから，それを考慮に入れると，霊長類はさらにK型傾向が強いことになります．

霊長類と霊長類以外の哺乳類とで，体重に対する寿命と繁殖開始年齢のアロメトリー関係をグラフにして見ると（図7.1），霊長類の線のほうが常に上にあ

ることがわかります．つまり，霊長類は同じ体重の他の哺乳類に比べて，寿命が長く，繁殖開始年齢が高くなっています．また，同じく霊長類と霊長類以外の哺乳類とで，体重と年間に生産する雌の子の数の関係を比べて見ると（図7.2），霊長類の線のほうが常に下にあります．つまり，同じ体重の哺乳類に比べ，霊長類は繁殖速度が遅いことがわかります（Charnov & Berrigan, 1993）．

　では，成長と繁殖について，少し別の観点から見てみましょう．哺乳類には，胎児期，赤ん坊期，子ども期，おとな期の四つの成長段階があります．哺乳類では，母親が子宮の中で胎児を育てて出産し，その後しばらくの間，授乳をします．この間，赤ん坊の栄養とエネルギーは母親から供給され，成長は主に母親に頼ることになります．これが赤ん坊期です．離乳すると，自分でエネルギーを得ますが，日々の暮らしを維持していく以上に得たエネルギーを使っ

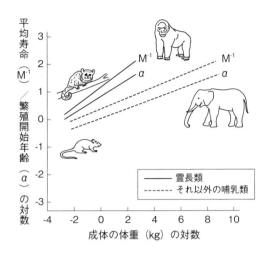

■図7.1　霊長類とその他の哺乳類における繁殖開始年齢（α：離乳から初産の年齢まで）と平均寿命（瞬間死亡率Mの逆数）のアロメトリー関係（Charnov & Berrigan, 1993）

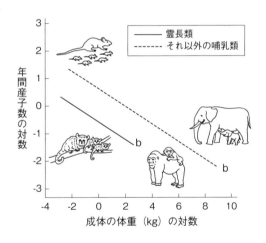

■図7.2　霊長類とその他の哺乳類における年間の産子数（娘）のアロメトリー関係（Charnov & Berrigan, 1993）

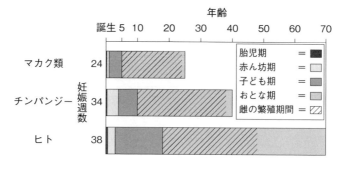

■図7.3　マカク類・チンパンジー・ヒトの繁殖期間（Schultz, 1969 を改変）

て，からだを大きくしていきます．つまり，成長します．これが子ども期です．

　からだが十分に大きくなって性成熟に達すると，成長は止まります．そして，それ以後に得た余分なエネルギーは，繁殖に使われることになります．これがおとな期です．

　どの哺乳類もこの四つのライフステージを経るのですが，たとえば，身近に飼われているイヌでは，犬種による差異はありますが，妊娠期間は60日ほど，生後およそ2〜3カ月で離乳し，およそ1年で性成熟します．一方，霊長類であるニホンザルは，おとなの体重がおよそ5〜6 kgと，飼い犬とあまり変わりませんが，妊娠期間はほぼ24週，離乳するのにおよそ1年かかり，性成熟にはおよそ4年かかります．

　このように，霊長類は典型的なK型の動物なのですが，中でも類人猿はその極致と言えるでしょう．チンパンジーの赤ん坊が離乳するには4年ほどもかかり，オランウータンではなんと7年もかかります．チンパンジーの雌が繁殖可能になるのは10歳からです．図7.3には，胎児の妊娠期間，赤ん坊期，子ども期，おとな期の長さがそれぞれどれくらいであるかと全体の寿命を，ニホンザルなどのマカク類とチンパンジー，そしてヒトで比較してみました．体重は，この順に重くなるので，体重が大きくなるほどに，個々のライフステージも寿命も長くなることがわかります．その中で，ヒトは少しパターンが異なっていることが見てとれるでしょう．

4 ├○• ヒトの生活史戦略の特徴

人類の脳の大型化

　これから，ヒトの生活史のパターンについて見ていきますが，その前に，人類における脳の大型化の様子を見ておきましょう．現在のヒトの脳重は，およそ 1200〜1400 g で，体重のおよそ 2% を占めています．相対的にこんな大きな脳を持っている哺乳類はありません．比較的脳の大きな哺乳類であるチンパンジーやクジラでも，脳重は体重の 1% ほどです．

　脳を維持するための代謝のコストは非常に大きく，毎日の食事でとるカロリーのおよそ 20% は，ただ脳を維持することだけに使われています．だから，よほどそのコストを補って余りある利益がなければ，脳が大きくなるような進化は起こりません．生存して繁殖していくという意味では，大きな脳などなくても生物が十分に繁栄していることは，無脊椎動物を見れば明らかでしょう．

　現生の大型類人猿である，オランウータン，ゴリラ，チンパンジーの脳重は，大体 450 g ほどです．この 3 種のからだの大きさには大きな違いがありますが，脳はこれくらいにとどまっています．それに比べると，ヒトの体重を平均的に 65 kg としても，1400 g はかなり大きいと言えます．

　第 6 章でも述べましたが，進化史で見ると，ヒト属が出現する前に直立二足歩行をするようになった初期人類であるアウストラロピテクス属などの脳容量は，現生の類人猿と変わりありませんでした．それが，ヒト属の出現とともに脳は大きくなり，ホモ・ハビリスではおよそ 600 g，ホモ・エレクトゥスでは 1000 g ありました．そして，ホモ・サピエンスが 1200〜1400 g ですから，人類の系統では，進化的に見ればごく短期間に急速に脳が大型化したと言えます．その間に体重も重くはなりましたが，脳重が 3 倍にもなったことは画期的です．

　その原因が何だったのか，この大きな脳を使って何をしているのかについては，これまでにいろいろと述べてきました．しかし，先に述べたように，大きな脳を持つにはかなりのコストがかかります．ここでは，こんな大きな脳を持つようになったことで，一生の流れがどのように影響を受けたのかについて考

えていきます.

生理的早産?

ニホンザルなどのマカク類のオトナ雌の体重は 6〜7 kg で, 妊娠期間はほぼ 24 週です. ヒトに最も近縁な大型類人猿であるチンパンジーは, オトナ雌の体重がおよそ 30 kg, 妊娠期間は 34 週です. それに比べると, ヒトの女性の体重をおよそ 50 kg として, 妊娠期間が 38 週というのは短すぎるように感じられるかもしれません.

ヒトは生理的な早産であると述べたのは, 20 世紀前半を中心に活躍したスイスの生物学者, 人類学者のアドルフ・ポルトマンでした. たしかに, マカク類の赤ん坊もチンパンジーの赤ん坊も, 出産直後から母親の腹部の毛につかまって運ばれていきますが, ヒトの新生児にはそのような力はありません. また, ヒトの新生児の脳の大きさはおとなの脳の 30% 未満しかなく, チンパンジーの新生児の脳が, オトナの脳のおよそ 40% であることと比べると小さいように見えます. このように未熟な状態で生まれてくるのが, ヒトにとっては自然なことだというわけで, ポルトマンはこれを「生理的早産」と呼びました.

なぜこんな未熟な状態で生まれてくるのかについてポルトマンは述べませんでしたが, その後, それは人類進化におけるジレンマの解決であったという説が広く信じられてきました. ヒトでは, 人類進化史においてどんどん脳が大きくなった一方, 直立二足歩行で歩いたり走ったりしなければならない生活となりました. 大きな脳を持つと, 新生児の脳も大きくなりますが, そうなると, 産道, つまり骨盤の開口部も大きくならねばなりません. しかし, あまり大きくなり過ぎると, 直立二足歩行の効率が悪くなるので, 早めに出産してしまうのだ, という説です.

しかし, 最近の研究によると, 別の可能性も指摘されています (Dunsworth *et al.*, 2012). 成体の雌の体重と新生児の体重と脳重とのアロメトリー関係を計算すると, ヒトは他の類人猿に比べ, 妊娠期間が長く, 新生児の体重も重く, 脳重も重いのです. また, ホリー・M・ダンズワースらは, ヒトの女性の骨盤の幅をもう少し広げても, 歩く効率にそれほどの影響はないことを示しました. では, 妊娠期間は何で決まっているかというと, 胎児の要求に見合うエネルギ

ーを母親がいつまで供給できるかということで，供給できなくなった時点で出産することになります．

　つまり，ヒトの脳は大きいのですが，実際，母親はかなりの負担をかけて自分自身のエネルギーを胎児に振り向け，胎児のからだも脳も大きくしているのです．それでも，生まれてきた新生児がこんなにも無力であるのはなぜなのか．それは，脳の成長と維持にかなりのエネルギーが必要であり，脳が十分に大きくなるまで，母親の子宮からのみによるエネルギー供給で育てるのは無理だからなのでしょう．ヒトの脳は，生後も 3 年ほどは胎児期と同じ速度で大きくなっていきます．その意味で，本当に「生理的早産」なのです．

　妊娠期の女性が，自己維持以上に胎児のために必要とするエネルギー量は，妊娠 16 週までは + 50 kcal ですが，以後 28 週までには + 250 kcal となり，それ以降は + 500 kcal となります．しかし，出産後の授乳期には，+ 450 kcal となるので（厚生労働省），子宮内で育て続けるよりは，外に出して授乳で育てるほうが楽になる計算です．

　一方，赤ん坊を無力なままで出産してしまうということは，その先の子育てには，母親以外の個体も貢献できるし，しなければならない，ということを意味しています．ヒトが共同繁殖（第 8 章参照）であるのは，ヒトのおとなの脳が大きいために，そのようなおとなの脳になるまで育てるには成長期間が長くなり，そのような子どもを育てるための世話量が非常に大きくなったことに起因しているのです．

離乳の時期

　大型類人猿の赤ん坊は，離乳までに大変長い時間がかかります．一番短いゴリラでおよそ 3.5 年，チンパンジーでは 4 年，オランウータンでは 7 年にもなります．ところが，ヒトは，体重も脳重もこれらの大型類人猿よりも大きいにもかかわらず，狩猟採集民での平均離乳年齢は 2.8 年なのです．これはとても短いと感じませんか．レトルトの離乳食などが充実している現代の先進国の社会では，早ければ 1 年程度で離乳することも可能です．しかし，そんな製品がない，狩猟採集民の自然授乳の社会でも，ヒトの赤ん坊はおよそ 3 年以内に離乳するのです．つまり，ヒトは生物として，赤ん坊期が短くできています．

それがなぜなのか，詳しいことはまだ解明されていません．しかし，大型類人猿の母親たちが，基本的に誰の手も借りずに単独で子育てをしているのに対し，ヒトが共同繁殖であることは，大いに関係しているのではないでしょうか．ヒトでは，母親の自己維持のための食料も，赤ん坊のための離乳食も，母親だけではなく，多くの他個体が供給することができ，実際にそうしています．このような他からの助力があれば，それらが見込めない他の類人猿に比べて，早く子どもを離乳することができるでしょう．

長い子ども期と思春期

　さて，霊長類以外の哺乳類では，普通は，離乳するとまもなく性成熟に達し，おとなになって自らの繁殖を開始します．霊長類では，そこにもう少し時間がかかり，離乳はしたけれども性成熟はまだという，子ども期が存在します．ニホンザルでは1〜2年，チンパンジーで3〜4年でしょうか．

　しかし，たとえ性成熟はまだであっても，離乳した後は，霊長類の子どもは1人で移動し，1人で食物を獲得します．まだ精神的，社会的には，母親をはじめとする他の個体に依存するところは大きいのですが，食べて移動するという点では，離乳とともに独り立ちしているのはたしかです．赤ん坊が離乳してしばらくすると次の赤ん坊が生まれ，母親は，その子を抱えて運び，授乳せねばなりません．だから，上の子は必然的に自立せねばならないのです．

　ところが，ヒトではそうは行きません．離乳したからといって，1人で移動することもままならず，ましてや1人で食物獲得することなど全く無理です．ヒトの子どもが，おとなと同じ効率で歩くことができるようになるのは，およそ7歳です．食べるという意味では，永久歯が生え始めるのが6歳頃で，生えそろうには10数年かかります．

　そして，ヒトでは，おとなの食糧獲得行動が複雑です．基本的には狩猟採集ですが，それには多くの知識と技術の習熟が必要で，他個体との協力関係の構築も必須です．このような食料獲得行動に習熟するには，さらに何年もの年月を要します．そこで，離乳した後の子ども期のうち，7歳ぐらいまでを幼児期，7〜13歳ぐらいまでを児童期，13〜18歳ぐらいまでを思春期として，成人までの間をさらに三つに分けることが提案されています（Boggin, 1999）．

体力的には，成長とともにどんどん向上し，瞬発力や持久力も増えていきます．しかし，狩猟と採集という食料獲得行動，その他の生計活動，そして社会行動一般には，様々な知識と技量が必要なので，それらがピークに達するのは，30代ぐらいとなります．その後，食料獲得能力はずっと高いままで維持され，60歳を過ぎる頃から衰えていきます．つまり，ヒトのおとなの壮年期はかなり長く続くということでしょう．

　また，ヒトの脳の前頭前野の抑制系が成熟し，瞬間的な情動をよく抑制し，いろいろな行動の可能性を勘案して行動選択できるようになるのも，20代になってからのようです．したがって，ヒトが本当におとなとして一人前に働けるようになるには20〜30年という長い時間が必要なのですが，その後は長くその状態が維持されるのです．

繁殖可能期間と寿命

　では，ヒトは，いつから繁殖が可能になるのでしょうか．女性は，14歳以下ではほぼ妊娠不可能で，15〜19歳の間に自然妊娠率が上昇します．そして，25歳頃までが自然妊娠率のピークで，その後35歳頃まで高い自然妊娠率が持続しますが，37歳以降，急速に低下して，45歳以降はほぼゼロとなります（図7.4）．

　その原因は，卵子の劣化と減少にあります．ヒトの卵子は，女性が胎児の頃から作られていて，不思議なことに胎生20週頃にピークとなり，600〜700万個に達します．その後はどんどん劣化し，妊娠可能な時期には30〜50万個にまで減少してしまっています．そして，35歳頃には2万個ほどになり，50歳近くになると1000個ほどになります．1000個になるともう妊娠は不可能になるので，閉経となります．繁殖の終了です．

　一方，男性の精子形成は12歳頃から活発になり，すぐにも，潜在的には授精（卵子を受精させること）可能となります．男性の精子形成能力は一生続くので，女性の閉経のように，ある時で繁殖終了ということはありません．しかし，加齢とともに精子の運動性が徐々に減少し，精子が持つDNAの損傷確率も上がっていくので，授精確率はどんどん下がります．35歳以上では，25歳までの授精確率に比べて半分になると言われています．まとめると，男性でも

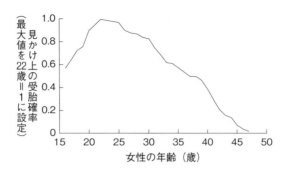

■図 7.4　人類の自然妊娠率（Wood, 1989）
台湾（Jain, 1969）の結婚と最初の出生の間隔と，避妊をし
ないフッター派（Sheps, 1965）の出生間隔のデータの再分
析を行った，Bendel & Hua（1978）にもとづく.

女性でも，繁殖力のピークは 20〜30 代で，その後は急速に落ちていくと考え
てよいようです.

　このように，ヒトの繁殖可能期間は比較的短いのですが，先に見たように，
赤ん坊の離乳は比較的早くなっています. 赤ん坊が離乳すれば，次の赤ん坊を
妊娠することができるようになります. そこで，ヒトの出産間隔は，他の大型
類人猿と比べると短くなっています. チンパンジーの離乳年齢はおよそ 4 歳で
すから，チンパンジーの雌は 5 年に一度しか出産できません. しかし，ヒトは
2.8 年で離乳するので，4 年に一度のペースで出産できるのです.

　さて，ヒトの体力や生計活動の能力を見ると，繁殖と同じカーブを描くわけ
ではありません. ヒトの女性は，閉経を迎えた後も生計活動に活発に従事し，
自らの食料だけでなく，家族の食料供給にも大いに貢献しています. ヒトの男
性が狩猟で能力を十分に発揮するのは，30〜50 代にかけてであり，その頃の
男性の余剰生産力はかなりのものに達します. どうやらヒトは，繁殖力が衰え
るのが比較的早いのに対し，一般的な体力の衰えはずっとゆっくりしていて，
寿命が長いようです（図 7.5）.

　ヒトの脳は，他の大型類人猿に比べて 3 倍にもなりました. この大きな脳を
使って，ヒトはたくさんのことを学習し，記憶し，技術を高め，個体の生産力
を上げていきます. それには長い時間がかかります. そして，多くの個体が共

同で暮らすので，そのような年長
の個体が培った能力が生み出す成
果が，みんなに還元されていきま
す．こうしてヒトの繁栄が達成さ
れているのだと考えられます．

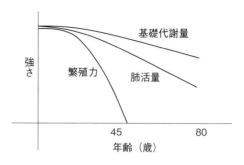

■図7.5　ヒトの女性の諸機能の年齢変化の概念図

「おばあさん」はなぜいるのか

　ヒトの女性は，およそ45〜55
歳の間に閉経を迎えます．つまり，
受精可能な卵子が枯渇し，それ以
降は繁殖不可能になるのです．しかし，女性のからだの組織や体力そのものは，
それ以降も比較的元気に維持されています．これは不思議なことです．という
のも，哺乳類一般を見ると，繁殖年齢が終わると同時にからだにも終わりが来
て，寿命も尽きるのが普通だからです．現生の類人猿の中でヒトに最も近縁な
チンパンジーでも，野生状態で最も高齢と考えられる，ゴンベ国立公園のフロ
ーという雌は，死ぬ数年前まで妊娠・出産し，最後の子育て中に死にました
（面倒を見きれずに，子どもも死んでしまいました）．つまり，もう自分自身の子
どもは産まないが，元気に生きているという「おばあさん」の存在は，不思議
なのです．

　そのことが最初に指摘されてから，ヒト以外の哺乳類でもおばあさんは存在
するのかが調べられました．これまでの研究によると，それは，鯨類のいくつ
かの種にしか見られないようです．前掲図7.3 に見られるように，普通の哺乳
類では，繁殖の終了時期が寿命の尽きる時期と一致しているのです．

　近年の先進国では，大部分の人々の寿命が延びた結果，社会の高齢化が進ん
できました．では，これは文明の発達によってヒトが死ななくなったためだけ
なのかと言うと，そうではありません．先進国の医療や福祉以前の狩猟採集社
会においても，一握りの人々は70歳以上まで生きています．数万年前の遺跡
から出てくる骨を見ても，一握りの人々は50歳以上まで生きていたことが明
らかです．つまり，ヒトは潜在的に長寿命なのです．

　それでは，にもかかわらず，なぜ女性には閉経があるのでしょう？　からだ

が元気ならば，もっと年をとるまで子どもを産み続けてもよいはずなのに，な
ぜ卵子は，30代後半以降に急速に少なくなっていくのでしょうか．この疑問
に対し，最初に進化的な仮説を考えたクリスティン・ホークスら（Hawkes *et
al.*, 1998）は，「おばあさん仮説」を提唱しました．ヒトの妊娠・出産・授乳と
いう女性の繁殖コストは非常に大きい一方，ヒトは共同繁殖なので，母親以外
の個体が子育てに貢献する余地はたくさんあります．そこで，ある時点で女性
は自分自身の繁殖をやめ，残った体力を駆使して孫など次世代の子育てを手伝
ったほうが，実質的に適応的だったのではないか，という仮説です．

　彼らは，狩猟採集民である，タンザニアのハッザの人々の研究から，実際に
おばあさんたちは知力と体力を駆使して孫世代の食料供給に大きく貢献してい
ること，おばあさんがいない場合といる場合とでは，いる場合のほうが孫の生
存率が上がることを立証しました．以後，おばあさんが子育てにどれだけ貢献
しているかを示す研究はたくさん積み重ねられているので，そのことは事実と
言えます．

　しかし，「おばあさん仮説」が主張するように，自らの繁殖をやめて孫世代
の子育てを助けることで，おばあさん個人の孫の数は本当に増えるのでしょう
か．シミュレーションの計算によると，曲がりなりにも自分で繁殖を続けた時
のほうが，適応的なこともあるようです．

　そこで，マイケル・A・カントらによりもう一つ別の仮説が提出されました
（Cant & Johnstone, 2008; Johnstone & Cant, 2010）．それは，ヒトの世代間での競争
に注目した仮説です．ヒトという生物が繁殖のために出生地を離れるパターン
を見ると，女性が出生地を離れて「嫁に行く」というパターンが，その逆より
も多く見られます．また，ヒトは共同繁殖なので，コミュニティのメンバーが
子育てに協力することが必要です．そして，女性の繁殖力は，年を重ねるごと
に減少していきます．

　この状況で，一つのコミュニティの中にいる女性や男性の関係を見てみまし
ょう．コミュニティにいる成人男性は，外から妻を迎えます．そこには，その
妻をめとった男性の母親もいます．外からやってきたばかりの若い妻は将来の
繁殖力が高いですが，男性の母親は年が上なので，当然ながら若い妻よりも繁
殖力は低くなります．この状態で，年をとった母親が自分自身の繁殖を続ける

場合と，自分の息子とその若い妻との間にできた孫の子育てを手伝う場合とを比較すると，若い妻の繁殖を優先するほうが結局は適応的だというのが，この仮説です．

どちらも，後の世代の子育て（正確には「包括適応度」，第8章参照）に対するおばあさんの貢献を重視しているのですが，そして，それは事実なのですが，進化のシナリオとしては，ホークスらの説が，おばあさん自身にとっての有利さを主眼としているのに対し，カントらの説は，世代間での繁殖競争を重視しています．どちらが正しいのか，まだ結論は出ませんが，いずれにせよ，ヒトの寿命は非常に長いのに対し，繁殖力という点では，かなり早く減衰することがヒトの特徴です．

これもおそらく，ヒトの脳が大きく，子育てのコストが非常に大きく，血縁・非血縁を含めてコミュニティのメンバーが子育てにかかわる共同繁殖の社会であることと関連した，ヒトの生活史戦略なのだと考えられます．

[さらに学びたい人のための参考文献]

ハーディ，S. B.／塩原通緒（訳）（2005）．マザー・ネイチャー──「母親」はいかにヒトを進化させたか（上・下）早川書房
　ヒトを含む霊長類の進化を，「母親」という役割から分析した書物．生活史戦略の解説ではないが，子どもの成長と母親のあり方，母子の進化的対立，おばあさんの存在などについての考察．

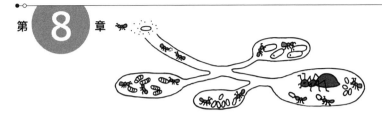

第8章

血縁淘汰と家族

1 血縁淘汰理論

行動の四分類

チャールズ・ダーウィンの自然淘汰理論は，適応度と呼ばれる個体の生存・繁殖に関する指標が進化の方向を予測することを明確に説明しました．第4章で見たように，1960年代までは「集団の利益か」「個体の利益か」という群淘汰の論争もありましたが，理論研究と実証研究の両面で「個体の利益」こそが進化の原動力であることが明らかになり，一見すると自らの適応度にとって損であるように見える行動にも，実は適応度を高めるための巧妙なしくみが隠れていることが明らかになったのです．

しかし，それでも自然淘汰理論によって説明できない現象がいくつか残りました．本章と次章ではその一つである協力行動について考えていきます．

生物の行動は，時に自己の適応度だけでなく，他者の適応度にも影響を与えます．たとえば，チンパンジーの雄どうしが協力してなわばりを防衛し，外敵をうまく追い払えれば，自分の住みかやそこにある食料，および雌を守ることができるため，自らの利益につながります．同時に，仲間も同じような恩恵を得ることができます．

かたや，闘争行動はどうでしょうか．ハーレムをめぐって，ゾウアザラシの2個体が闘争していたとします．相手を攻撃して追い払えれば自らの利益になります．一方で，攻撃された側は，ハーレムを失う，けがをするなど明らかな

■表 8.1　自己と他者の適応度の増減に基づく行動の 4 分類

自己の適応度　＼　他者の適応度	増　　加	減　　少
増　　加	相互扶助行動（mutual benefit）	利己行動（selfishness）
減　　少	利他行動（altruism）	意地悪行動（spite）

損失を被ります.

　こうやって，ある行動を，①自己の適応度が増加したか否か，②他者の適応度が増加したか否かの二つの側面で分類すると，表 8.1 のように 4 種類に分類することができます（West *et al*., 2007）.

　先ほどのチンパンジーの防衛行動の例は表 8.1 の「相互扶助行動」に，そしてゾウアザラシの闘争行動の例は表 8.1 の「利己行動」に，それぞれあてはまるでしょう. 自然淘汰理論からは，このような行動が進化するのはある意味当然と考えることができます. なぜならこれらの行動によって行為者は適応度上の得をしているからです.

　しかし残りの二つ，「利他行動」と「意地悪行動」はそう簡単には説明できません. 利他行動とは，自らの行為によって自分の適応度が減少し，他者の適応度が増加するような行動のことです. そして意地悪行動とは，両者とも適応度が減る行動です. いずれも自分の適応度が減る行動ですから，これらは一見進化しなさそうに思われます.

　しかしながら，これらの行動は実は自然界にあふれています. 意地悪行動の典型的な例としては，細菌が死亡する際に周囲にバクテリオシンと呼ばれる毒を出し，周りを道連れにすることが知られています（Gardner *et al*., 2004; West & Gardner, 2010）. 利他行動については，以下で詳しく紹介していきます.

協力行動と利他行動

　協力（cooperation）という単語は日常でも使われ，幅広い意味を持っています. そこでは行為の結果（役に立ったか否か）以外に，どのような意図を持って行われた行動であったか（助けようとしたか否か）も問われます. しかし，

生物学で「協力」を定義しようとすると，意図の有無を排除せざるをえません．そこで以下では，他者に利益を与える行動を「協力行動」と呼ぶことにしましょう．そして進化の文脈では，この利益は適応度の上昇を意味します．

この定義を採用すると，表8.1の相互扶助行動と利他行動が「協力」にあてはまります．相互扶助行動の進化は，基本的には前述の説明通りですので，これからしばらくは利他行動について考えていきましょう．

利他行動の例でダーウィンを悩ませたのが，アリやハチなどの社会性昆虫における不妊ワーカーの存在です．これらの生物では，しばしば明確な役割分業（カーストと呼ばれる）が存在し，女王は卵の生産に集中する一方で，働きアリや働きバチとして知られるワーカー個体は，子育て，採餌，巣の防衛のためにせっせと働きます．ちなみにこれらワーカーは雌です．

不妊となる性質が遺伝的に決まっているとしましょう．ワーカーは不妊ですから，卵を産むことができず，不妊である性質を次世代に伝えるすべがありません．一方で，妊性を持つ女王は卵を残しますから，自然淘汰理論に従えば，時間が経つと（論理的には1世代待てば）この世から不妊ワーカーは消え，すべての個体が卵を産める状態になるはずです．

しかし（！），このような予測に反して，アリやハチの社会には現在でも不妊ワーカーがあふれている，これはどういうことなのだろう？　とダーウィンは悩んだのです．『種の起源』には，（不妊ワーカーの存在が）「特に難しく（one special difficulty）」，そして「私の理論にとって致命的（fatal to my theory）」と書かれており，ダーウィンの悩みが窺い知れます．

この世紀の大問題を解決したのが，イギリスの若き進化生物学者，ウィリアム・D・ハミルトンでした．

血縁淘汰理論とハミルトン則

ハミルトンは自然淘汰理論を一歩進めた議論を展開しました．第2章で述べたように，ある性質が進化によって集団で広まるためには，その性質をコードする遺伝子が広まる必要があります．自分の持つ遺伝子が次世代に受け渡される方法の一つは，自分が生存し繁殖に成功することです．これが適応度の考え方でした．しかし，これは唯一の方法でしょうか．

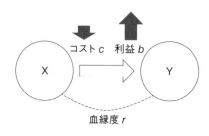

コスト c　利益 b

X　　　　Y

血縁度 r

■図8.1　利他行動の進化の理論モデル

実は，別の方法があるのです．ハミルトンが着眼したのはこの点です．自分の血縁者を考えてみましょう．血縁者とは家系的関係によって同じ遺伝子を共有する個体，たとえば，あなたの父親，母親，兄弟姉妹（きょうだい），祖父母，孫，おじおば，いとこなどです．このような血縁者が子を残したとします．血縁者はある一定の確率であなたと同じ遺伝子を共有していますから，血縁者から生まれた子も，やはりある一定の確率であなたと遺伝子を共有しています．つまり，経路は違えども，あなたの持つ遺伝子が次世代に伝わったことになるのです．

そこでハミルトンは考えました．自分が子を産んだか血縁者が子を産んだかの区別にかかわらず，次世代に残った遺伝子のコピーの総数だけが問題になるのではないか，と．

利他行動をコードする仮想的な遺伝子を考えてみます．実際は一つの遺伝子だけで行動が完全に決定されることはまずないので，これはあくまで説明をわかりやすくするための例と考えてください．ただ，複数の遺伝子がかかわっている行動に関しても，以下と同じような議論を展開することは可能です．

利他行動遺伝子を持つ個体 X は，自分の適応度を犠牲にして他者 Y を援助します．議論を簡単にするために，個体 X が利他行動の結果失った適応度の減少分を c と置きましょう．それに対し，援助を受けた個体 Y の適応度の増分を b とします．ここで c や b はそれぞれ cost, benefit の頭文字です（図8.1）．

自然淘汰の働きを知るために，個体 X の適応度を考えてみましょう．仮に X が利他行動をとらなかったとした場合の適応度を w_0 と置きましょう．実際には X は利他行動をしたので，その分のコストとして適応度が c だけ減少します．よって X の適応度 w は，

$$w = w_0 - c$$

と計算でき，これは元の値 w_0 よりも小さくなります．したがって，利他行動

遺伝子を持つことは持たないことよりも不利なので，利他行動は進化しないという結論が導かれます．

　しかし，YがXの血縁者であったらどうでしょうか．YはXの持つ遺伝子をある確率で共有していますから，Yが子を残せば一定の確率で利他行動遺伝子が次世代に広まります．そこで個体XとYの遺伝的近さをrと置いて，

$$w_{\mathrm{IF}} = w_0 - c + rb$$

という量を考えることにしましょう．

　w_{IF}の右辺に現れる第二項までは，Xの適応度そのものです．一方で，第三項に現れるbという量は，個体Yの適応度の増分であり，Xの適応度の増分ではありません．しかし，遺伝的に$r(\leqq 1)$だけ近いYが子を残したのだから，遺伝子が次世代に伝わったという意味ではそれはX自身が子を残したのと変わらないだろう，ただしYはXと同じ遺伝子を確実に共有しているかはわからないので，Yが得た利益bをYとの遺伝的近さであるr倍に減じて，それをあたかもXが得た適応度として解釈しよう，というのがw_{IF}という量の意味です．標語的に言えば，「遺伝的にrだけ近いあなたの利益bは，私にとっての利益rbと同じ」という考えであり，このハミルトンの新しい発想法は，その後の進化生物学の流れを劇的に変えました．

　w_{IF}は，自分の適応度wに血縁者の適応度の増分を重みづけて加えた仮想的な量で，包括適応度（inclusive fitness）と呼ばれます．rは，ある基準により測定された2個体間の遺伝的近さを表す量で，血縁度（relatedness）と呼ばれます．

　包括適応度を用いると，血縁者への利他行動が進化する条件をいとも簡単に導くことができます．利他行動をしなかった場合の包括適応度は単にw_0，利他行動をした場合の包括適応度は$w_0 - c + rb$ですから，後者のほうが前者より大きい時，つまり，

$$-c + rb > 0$$

である時に，血縁度がrである血縁者への利他行動は進化します．この不等式を特に，ハミルトン則（Hamilton's rule）と呼びます．

　ハミルトン則は，厳密な遺伝学の理論によって別途検証され，b, c, rとい

った量を「適切に」定義すれば，正しく進化の方向を予測することが知られています．ハミルトンの直感は正しかったのです．

このように，血縁者への利益を介してある形質が進化するしくみを，血縁淘汰（kin selection）と呼びます．血縁淘汰は，個体の利益ではなく遺伝子の利益というレベルまで踏み込んで考えているところが新しい点ですが，それ以外の点は基本的に自然淘汰のロジックと同じであるため，自然淘汰の特別な場合と見なされます．

血縁度

では，血縁度 r とはどんな量なのでしょうか．r には厳密な定義がありますが，ここではわかりやすい状況に限ってその計算方法を説明しましょう．

第3章で述べたように，私たちヒトは，父親と母親からゲノムを1セットずつ受け継ぐ二倍体の生物です．したがって特定の遺伝子座に着目すると，そこには二つの遺伝子——片方は父親から，もう片方は母親から受け継いだもの——が存在します．どちらでも構わないのでそのうちの片方（Aと名づけます）を考えてください．

次に，あなたから見て血縁度を計算したい人を考えます．たとえば母親にしましょう．この時，遺伝子Aを母親が「直近の家系関係を理由として」[1] 持っている確率こそが，あなたと母親の間の血縁度 r です．遺伝子Aは，あなたが父親か母親のどちらかから受け継いだものです．それらのチャンスは五分五分ですから，遺伝子Aが母親由来である確率は $r=1/2$ と計算できます．

あなたから見て母方の祖母はどうでしょうか．あなたが持つ遺伝子Aが母親由来である確率は 1/2，さらにそれをあなたの母親が父親からではなく母親から受け継いだ確率も 1/2 なので，あなたと母方祖母の間の血縁度は $r=(1/2)$

---

1) 直近の家系関係を持たなくても同一の遺伝子を持つ可能性があります．たとえば，生きるのに必須な基本的な器官を作る遺伝子は，血縁者でなくともほとんどの人が共通して持っています．元をたどれば，この遺伝子は私たちヒトがはるか遠い祖先から共通して受け継いだものでしょう．このような理由で遺伝子の共有が見られる場合，実は血縁度の計算においてこの効果を統計的に排除して考える必要があります．言い方を変えれば，血縁度は常に単なる「遺伝子の共有確率」ではないのです．

×(1/2) = 1/4 と計算できます．もっと離れた相手との血縁度の計算は定義に従うと大変ですが，簡便な計算方法が存在します（BOX 8.1）．

BOX 8.1	血縁度の計算

血縁度の計算は，注目する2個体が家系図で離れれば離れるほど大変になります．しかし，家系中に同族婚（血縁者どうしの結婚）がないなどの条件が揃えば，二倍体生物の場合，以下のような簡便な計算法が存在します．

たとえば，いとことの血縁度を考えます．あなたといとこは父親や母親は異なりますが，2人の同じ祖父母を持っています．このように2個体が共通して持っている祖先のことを「共通祖先」と呼びます．当然ながらこの祖父母の親，つまり曾祖父母もあなたたちの共通祖先ですが，家系図をさかのぼり，いったん共通祖先を見つけたらそれより上の共通祖先は考えない，というルールを設けることにします．

次に，自分からいとこまで，この共通祖先を経由して何ステップで到達できるかを考えます（図）．ここで家系図を書いた際の親子関係を1ステップとして考えます．たとえば，あなたといとこの母親どうしが姉妹であるとしましょう．すると，あなたといとこには，

「あなた→あなたの母親→母方祖母（共通祖先）→いとこの母親→いとこ」

という4ステップの経路が存在します（矢印の数がステップ数です）．また，母方祖父も共通祖先ですから，

「あなた→あなたの母親→母方祖父（共通祖先）→いとこの母親→いとこ」

という4ステップの別の経路も存在します．あなたといとこの共通祖先はこの2人ですべてですから，これで経路の探索は終了です．

最後に，

$$\sum_{\text{すべての経路}} \left(\frac{1}{2}\right)^{\text{経路のステップ数}}$$

という和を計算します．実は，これが血縁度になります．先の例だと4ステップの経路が二つあったので，

$$r = \left(\frac{1}{2}\right)^4 + \left(\frac{1}{2}\right)^4 = \frac{1}{8}$$

が，求める血縁度になります．

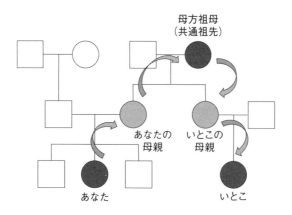

■図　血縁度の計算方法

　あなたと母方祖母の血縁度を計算したい場合は，あなたと母方祖母の共通祖先は母方祖母自身ですから，経路は

　　「あなた→あなたの母親→母方祖母（共通祖先）」

のみとなります．先ほどは母方祖母からいとこまで家系図を下る必要がありましたが，今回はその先のステップがないと考えればよいでしょう．だからあなたと母方祖母（もしくは他の祖母，祖父）との血縁度は $r = (1/2)^2 = 1/4$ となり，本文中の計算と一致します．

血縁度とハミルトン則における b と c

　ハミルトン則における b や c は，ある行動の結果としてもたらされた適応度の増加分，減少分を表す量です．たとえば，あなたの利他行動の効果とは独立に，あなたの血縁者が子をさらに1個体産んだとしましょう．この時，b を $b+1$ に変更する必要はありません．b はあくまで「自分の行動の結果としてもたらされた他者の適応度の増加分」なので，あなたの援助行動とは関係のない部分は勘案する必要がないのです．

　あなたの行動は，時として複数の個体を同時に助けるかもしれません．警戒声（alarm call）はその一例です．地上性のリスであるベルディングジリス

(*Urocitellus beldingi*) は，捕食者が近づくとある個体が特殊な鳴き声を出し，周囲に危険の接近を知らせます．この行動は，捕食者に自らの存在を示してしまう危険な行動である一方，警戒声を受けとった仲間は，かがんだり巣穴に戻ったりする回避行動をとることができ，適応度上の利益を受けとると考えられます．

そこで，警戒声を発した個体が適応度を c だけ失い，一方で周囲にたくさんいる血縁者が捕食回避による利益を一斉に受けとったとします．この時，警戒声が進化する条件を与えるハミルトン則は，

$$-c + r_1 b_1 + r_2 b_2 + \cdots + r_n b_n > 0$$

となります．ここで r_i は i 番目の血縁者に対する血縁度，b_i は i 番目の血縁者が受けとった利益です．ハミルトンが現れる前，有名な集団遺伝学者ジョン・B・S・ホールデンは，「私は 2 人のきょうだい，もしくは 8 人のいとこを助けるためなら川に飛び込むよ」と言ったのですが，これはきょうだいの血縁度が $r = 1/2$ でいとこの血縁度が $r = 1/8$ であることから来ています．

2 ｜∘• 生物界における血縁淘汰

社会性昆虫の不妊ワーカー

コロニー，そして女王のためにせっせと働く不妊ワーカーの存在は，ダーウィン流の自然淘汰の枠組みでは説明が難しかったのは前に述べた通りです．しかし，血縁淘汰を用いれば説明することができます．アリやハチでは，ワーカーは実は女王の娘です．ワーカーから見れば女王は母親なのです．ですから，働いて女王の繁殖を助けることで，ワーカーは自分の遺伝子を間接的に残していることになるのです．

女王は卵を産む専門のカーストですから，その繁殖力は絶大で，種にもよりますが 1 日に数百や数千の卵を産むこともあります．したがって，ワーカーは自ら産卵するよりも，女王のサポート役に回るほうが結果として自分の包括適応度を最大にできるため，進化の結果として不妊になったと考えられています．

警戒声の進化

前述のベルディングジリスの警戒声について詳細に調べた研究があります（Sherman, 1977）. 成体雄と成体雌を比較すると, 集団内の個体数の差の影響を取り除いても, 雌のほうが警戒声を上げる頻度が高かったのです. これはなぜでしょうか.

実はベルディングジリスは母系の社会を形成しており, 雌は生まれた集団にとどまる一方で, 雄は最初の冬眠を迎える前に生まれた集団から出ていきます. そのため, 成体雌の周囲には自らの血縁者が多いのですが, 成体雄は「よそ者」であり, 警戒声を発することで雌のほうが雄よりも包括適応度上大きな利益を挙げると考えられるのです.

また, 雌は常に警戒声を発するわけではなく, 母親や姉妹や子どもなど守るべき血縁者が自らの周りに多くいる時により多く警戒声を発していたのでした. そして, これは血縁淘汰が予測する方向に合致しています. このように, 血縁者に対して偏って援助を与えたり, 逆に非血縁者に対して偏って攻撃や妨害をする傾向を, 縁者びいき（nepotism）と呼びます.

鳥類のヘルパー

鳥類には, たとえば, エナガ, オナガ, ツバメ, カケスなどで, しばしば血縁者の子育てを手伝う個体の存在が見られます. これらの個体をヘルパー（helper）と呼びます.

エナガは小柄な鳥で, ヒナが巣立つまでに捕食者に食べられてしまう確率が非常に高いことが知られています. 繁殖シーズンの後半にこのようなことが起こると, つがいは繁殖をあきらめ, 特に雄は自らのきょうだいの巣に行って子育てを手伝うようになります（Hatchwell *et al.*, 2004）. つまり, 甥や姪を育てるのです. このように両親以外が子育てを手伝う繁殖方式を, 共同繁殖（cooperative breeding）と呼びます.

これは, 適応の観点からすると非常に効率的な方策です. 実の子と甥・姪を比べると前者のほうが血縁度が高いので, 繁殖期にまず自分の子を残そうと試みることは理に適っています. そしてそれが失敗に終わった時の次善の策として, ヘルパーという戦略を用意しているのです. 実際にヘルパー行動のコスト,

そして個体間の血縁度を推定したところ，ヘルパー行動はたしかにハミルトン則を満たしているという報告がなされています（Hatchwell *et al.*, 2014）.

　ただし，ヘルパーと言っても必ずしもすべてで血縁淘汰が主要な説明になっているとは限りません．たとえば，フロリダヤブカケスでは，巣立った雄，つまりヒナにとっての兄が主にヘルパーになりますが，包括的適応度上の利益は限定的と考えられています．フロリダヤブカケスは強いなわばり性を持っているので，巣立ち後にいきなり繁殖をしようとしてもなかなかよいなわばりを見つけることはできません．したがって，生まれた場所にとどまり，ヘルパーをしながら親のなわばりの継承のチャンスを狙うことが有利になります．この場合，ヘルパー行動は自己の（包括的適応度ではなく）適応度を大きくする手段として考えるのが自然と思われます（Woolfenden & Fitzpatrick, 1978；江口，2005）.

3 ┣•• 血縁認識

　ここまで生物界の血縁淘汰についていくつか例を述べてきましたが，そもそもこれらの生物はどうやって自らの血縁と非血縁を認識しているのでしょうか.

表現型マッチング

　一つは表現型マッチングと呼ばれる方法です．これは見た目，匂い，音など，知覚できる何らかの手がかりを使って自分と相手のそれが似ているかを判断し，「似ていればその相手は血縁者であろう」と判断する方法のことです．ベルディングジリスでは口腔腺や肛門腺などから出る匂い（Mateo, 2006），社会性昆虫では主に体表面の炭化水素の種類と組み合わせ（van Zweden & d'Ettorre, 2010），エナガでは餌を持ってくる親から学ぶさえずり（Sharp *et al.*, 2005）を，血縁認識の手がかりとして用いています.

　もちろん，表現型が同じだからといって血縁であるという保証はありませんから，このやり方で血縁認識が必ずうまく行くとは限りません．ただ，生物界でよく使われていることからもわかるように，表現型マッチングはよい精度を持っていると考えられます．しかし，表現型マッチングを行うためには，優れた感覚器とそれを利用するための優れた神経基盤を持っていなくてはなりませ

ん．日常生活における経験からもわかるように，ヒトでは表現型マッチングによる血縁認識はとても難しいと考えられています．

物理的近縁性

　親子やきょうだい，および血縁者はしばしば物理的に近い場所に存在する傾向があります．たとえば，卵もしくは子として生まれた瞬間は，親と子は必ず近接しているはずです．同時に生まれたきょうだいも同じです．子育てを行う種では，子育て期間中，親子は近い場所にいますし，成体になってからも，母系社会では雌とその血縁者が，父系社会では雄とその血縁者が物理的に近い場所に存在します．

　したがって，生まれた後に他の場所に分散する傾向が低い生物，もしくは分散はするものの血縁者と一緒に小集団で群れて暮らす傾向のある生物では，「物理的に近くにいること」が「血縁者であること」を示唆し，わざわざ表現型マッチングに頼らずとも，近くに存在することだけをもって血縁認識をすることができます．ヒトは長い子育て期間を持ち，また狩猟採集民の頃から現代に至るまで家族集団を基本的な単位として暮らしてきました．ですから，ヒトでも物理的近縁性は，血縁認識において一定の役割を果たしてきたと考えられます（BOX 8.2）．

| BOX 8.2 | ウェスターマーク効果 |

　ヒトが物理的近縁性を血縁認識の手がかりとして使っていると考えられる例として，エドワード・ウェスターマークの提唱した近親婚回避のメカニズム，ウェスターマーク効果が挙げられます．

　近親婚によって生まれた子は，遺伝病の原因となる遺伝子を父親と母親の双方から受け継ぎ，病気を発症する確率が非常に高くなります．これを避けるためには血縁者との配偶を避けねばなりませんが，前述のようにヒトは表現型マッチングによる血縁認識が不得意です．そこで物理的近縁性を利用して近親婚回避をしている可能性があります．

　具体的には，幼少時に一緒に育てられた男女が，互いに対し性的興味を抱

きにくくなる傾向を，ウェスターマーク効果と呼びます．これは，幼少時に一緒にいるという物理的近縁性が，兄妹もしくは姉弟の関係，もしくはそれより離れた血縁関係にある可能性を高めるからです．たとえば，イスラエルのキブツ（集団農場）で一緒に育てられた男女が結婚しにくいこと（Shepher, 1983）や，男の子の親が幼女を買いとって育て，やがて自分の息子と結婚させるという，台湾に以前存在した「シンプア」という結婚方式では，カップルの出生率は低く，離婚率も高いことが知られています（Wolf, 1995; Lieberman, 2009）．

　ここで一つ注意しておきたいのは，血縁「認識」と言っても個体が，相手が血縁者であることを認知的に理解している必要はないことです．第3章で述べた至近要因と究極要因の違いについて思い出してください．究極的には血縁淘汰が働いているのですが，至近的に行為者に援助行動をとるきっかけとなるのはあくまで「表現型が近い」ことや「物理的に近くにいる」ことであって，「血縁度が高い」から助けているわけではありません．そもそも血縁度の概念は1960年代に提唱されたものですし，人間がゲノムを解読できるようになったのも最近のことです．それより以前から，生物が「血縁度が高い」ことを手がかりとして利他行動をしていたはずはありません．

親族呼称

　最後に，ヒト特有であり，かつヒトにおいて最も重要な血縁認識の方法を紹介します．私たちが用いる言語には，自己と血縁者との関係性を詳細に表す単語がたくさん存在します．父親，母親，兄，弟，姉，妹，息子，娘，おじ，おば，甥，姪，祖父，祖母，孫，いとこ，またいとこ，大おじ，大おば，など．これらの呼称を繰り返し用いることで，ヒトは明示的な血縁認識をしています．生まれた時から「この人はあなたのお父さんだよ」「この人はあなたのお姉さんだよ」と言われ続けることで，誰が自分の血縁者で，どのような関係の血縁者であるかを学習するのです．

　単語の解像度の細かさは，どれだけその概念が歴史的に重要であったかを間

接的に反映しています．たとえば，歴史的に魚が重要なタンパク源であった日本では，「出世魚」と呼ばれる一部の魚は成長に応じて呼び名が変わります．冬の長いフィンランドでは，雪を表す単語がたくさんあり，どんな性質の雪かに応じて細かく呼び分けられています．同様に様々な親族呼称の存在は，血縁関係の判別やそれに基づく血縁者間の協力が人類史においていかに重要だったかを物語っていると言えるでしょう．

4 ┠•• 血縁者間の協力

　前章までは，主に利他行動について生物の協力行動を見てきました．しかし，実際の世界では，協力行動が自分のコストになるか利益になるか，つまり利他行動なのか相互扶助行動なのかは，時と場合によって異なります．定義上は，ある行動をとったことで自分が得る様々な利益とコストのすべての合計をとり，その合計で自分にとって損なら利他行動，そうでなければ相互扶助行動なのですが，その線引きは行動をとった個体自身にとってすら明確ではありません．

　また，相互扶助行動（ハミルトン則において$-c>0$なる行動）であってもハミルトン則は依然として成立します．$-c>0$なので，そもそも血縁者を通した効果rbがなくてもハミルトン則は成立するのですが，rbという項はある意味「ダメ押し」になって，さらにハミルトン則が成立しやすくなるわけです．

　このような理由から，血縁淘汰理論は利他行動だけでなく協力行動一般についての予測を与えると考えられます．具体的には「血縁者間では非血縁者間よりも協力が達成されやすいだろう」という予測が立ちます．以降しばらくはこの予測にあてはまる例を見ていきましょう．

バイキングの連合形成

　ロビン・ダンバーらは，9〜12世紀のオークニー諸島（スコットランド北部）のバイキングに関する歴史伝承を分析しました（Dunbar *et al.*, 1995）．この伝承は史実によく基づいているとともに，バイキングにとって財産権や相続は重要だったので登場人物間の血縁関係が詳細に記述されており，血縁淘汰の分析に有用でした．

■表8.2　バイキングの連合の安定性と血縁度の関係（Dunbar *et al.*, 1995）

連合相手との血縁度	$r \geqq 0.063$	$r < 0.063$
安定な連合	6	3
不安定な連合	1	7

■表8.3　イヌイットの捕鯨船クルーのメンバー（Morgan, 1979 より作成）

船長との関係	船長から見た血縁度	度　　数
息　　子	0.5	15
兄　　弟	0.5	10
甥	0.25	7
い と こ	0.125	1
大甥（兄弟の孫）	0.125	1
いとこ甥（いとこの息子）	0.0625	1
血縁者の養子	0	3
非血縁者	0	5

　彼らはバイキングがどのような相手と連合を結んだか，またその連合が安定であったかも調べました．ここで言う不安定な連合とは，後に解消されてしまった連合をさします．すると，相手との血縁度が $r = 0.063$ 以上，つまり（いとこの血縁度が $1/8 = 0.125$ であり，$1/16 = 0.0625$ であることを考えると），いとこもしくはそれより血縁度の高い相手と組んだ連合がより安定で，血縁度がそれ未満の血縁者と組んだ連合はより不安定であることがわかりました（表8.2）．

イヌイットの捕鯨船クルー

　アラスカに住むイヌイットに関する研究があります．彼らは鯨を捕るために捕鯨船を出すのですが，注目すべきはそのクルーの構成です．船長から見てクルーは非常に血縁度の高い血縁者でした（表8.3：Morgan, 1979）．

　これには捕鯨船，そしてアラスカという条件が大いに影響していると考えられます．捕鯨は成功すれば大きな利益となりますが，時間とエネルギーを大量に費やす分，失敗すれば大きな損失となります．また，鯨と衝突したり，捕鯨船が氷の中に閉じ込められたりすることは，一つ間違えば死を意味します．し

たがって，本当に困った時に助けてくれるパートナーと捕鯨船に乗り込むことが重要であり，彼らはそのパートナーとして血縁者を選んでいたのでした．

ヤノマミの争い

　ヤノマミ（Yanomamö）はベネズエラに住む狩猟採集民です．ヤノマミの村は，人口が増えすぎると二つのグループに分かれることがあります．分かれた後でもしばらくはグループ間の個体には血縁関係が残っていますし，またグループ間で女性が嫁ぐなどして血縁関係は保たれます．しかし，もはや同じ村の者どうしという関係はなくなり，そこにはある程度の緊張が生じます．

　ある日，別々の村の男どうしでケンカが始まりました．最初は一対一のやり合いだったのですが，騒ぎを聞きつけた人々が大勢駆けつけ，小競り合いは大がかりな争いへと進展します．この様子をフィルムで撮影していた研究者は，後から援軍に訪れた人物が誰を助けたかを丹念に調べました（Chagnon & Bugos, 1979）．前述のように，村間にも血縁関係は存在しており，自分の親族が別の村にいるという状況も起きていました．ですから，どちらの味方につくかはそれほど簡単な問題ではありません．

　分析の結果，援軍に訪れた人物は，自分とより血縁度の高い側に味方する傾向があったことがわかりました．また，その人物が助けた相手は，自分と同じの村の誰かをランダムに助けたと仮定して計算される血縁度よりも，高い血縁度を持つ人物だったのです．言い換えれば，争いという一大事において血縁者を優先的に助けていたのです．

おばあさん仮説

　第7章で述べたおばあさん仮説は，包括適応度の言葉を使えばわかりやすく整理できます．おばあさんが自らの繁殖をやめて自分の適応度 c をあきらめる代わりに，自分の子の繁殖を手伝って子の適応度を b 上昇させたとしましょう．おばあさんから見た子の血縁度は $r=1/2$ ですから，この行動によるおばあさんの包括適応度の上昇は $-c+(1/2)b$ であり，この値が正である場合に閉経は進化すると予測できます．

アヴァンキュレート

ヒトの子育ては基本的に両親が行いますが，母方のおじが男の子に特別な投資をする現象がいくつかの社会で知られています．これをアヴァンキュレート（avunculate）と呼びます．母方のおじは，甥を育て，知識や財産を受け渡します．これは，たとえばニューギニアのトロブリアンド（Trobriand）諸島などで見られます．しかし，そもそもなぜこのような不思議なシステムが生じたのでしょうか．そして，なぜ母方のおじなのでしょうか．文化人類学者のマーシャル・サーリンズは，オセアニアの諸社会では，血縁・非血縁を区別せずに養子にすることを挙げ，ヒトでは血縁度に応じた利他行動は働いていない，それらはすべてその文化の持つ価値観によるのだと主張しました（Sallins, 1976）．

これに対し，進化生物学者は，母性と父性の非対称性に着目しました（Alexander, 1974, 1979; Greene, 1978, 1980）．子の母性，つまり誰が母親かは，母親本人には自明です．しかし，父親の場合には話が異なります．妻に不貞があれば，妻が産んだ子といえども自分の子とは限らないのです．ですから子の父性，つまり誰が遺伝的な父親であるかには不確実性が伴うのです．この不確実性は，性に開放的な社会であればあるほど大きくなります（BOX 8.3）．

BOX 8.3	アヴァンキュレートが成立するわけ

たとえば，父性の確実性，つまり男性から見て配偶者が産んだ子が実際に自分の遺伝的な子である確率が，p である社会を考えましょう．この時，男性 X にとって，妻 Y が産んだ子 Z に対する血縁度の期待値は $(1/2)p$ です．

ところが，男性 X から見てもっと血縁度の期待値が高い可能性のある子を産む人がいます．それはこの男性の姉妹 V です．X と V の血縁度を計算しましょう．① X と V は同じ母親から生まれているので間違いなく母親を共有しており，この分による血縁度への貢献は 1/4 です．② X と V が父親を共有しているかは不明です．そもそも X と V 自身が「父親」と呼んでいる人，つまり文化的父親は，遺伝的父親ではないかもしれません．控えめな見積もり方を採用し，X と V の文化的父親が遺伝的父親でもある確率はそれぞれ独立で p であると考えます．また，X と V がともに同じ遺伝的父

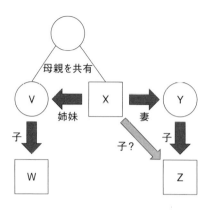

■図 アヴァンキュレートにおける個体間の関係

から生まれた婚外子である可能性がありますが，これを無視すれば，X と V が同じ遺伝的父親から生まれた確率は p^2 となり，この分による血縁度への貢献は $(1/4)p^2$ です．したがって①と②を足し合わせて X と V の血縁度は $(1/4) + (1/4)p^2 = (1+p^2)/4$ とわかり，V が産んだ子を W とすると，X と W の血縁度はその半分の $(1+p^2)/8$ となります（図）．

　そこで不等式

　　（X と Z の血縁度 $(1/2)p$）$<$（X と W の血縁度 $(1+p^2)/8$）

を解くと，

$$p < 2 - \sqrt{3} \ (\fallingdotseq 0.268)$$

が得られます．つまり，p が 0.268 未満であるような，父性に大きな不確実性さが存在する社会では，姉妹の子へ投資するほうが妻の産んだ子へ投資するよりも血縁淘汰の意味で有利になることがわかります（Greene, 1978）．

　この値 0.268 という値はかなり極端な父性の不確実性を意味しますが，この結果はむしろ「性におおらかである社会ほどアヴァンキュレートが成立しやすくなる」と理解されるべきでしょう．

チベットの一妻多夫

　世界には，わずかながら一妻多夫の文化を持つ社会が存在します．たとえば，

ネパール北西のチベット地域に住むニンバ（Nymba）族がそれです。一妻多夫は、環境が非常に厳しい土地における生きる知恵だったと考えられています。一妻多夫では一夫多妻と違って子を産めるのは一人なので、生まれる子どもの総数は自然と制限されます。これは耕作のできる土地の少ないこの地域では理想的です。なぜなら息子がたくさん生まれると相続の際に土地を細かく分割せねばならず、そのような分割された狭い土地では息子たちが家族を養うのが難しいからです（Goldstein, 1976, 1978）。また農業、牧畜、そして他地域との交易など様々な生業で生計を立てている彼らにとって、一家に夫が複数おり、男手がたくさんあることも有利だと考えられます。

このようなニンバの一妻多夫においては、複数の男性兄弟が一人の妻をめとります。複数の男性が一人の共通の妻を持てば、男たちの間で様々ないさかいが起こり得ることは想像に難くありません（Levine & Silk, 1997）。しかし、夫が互いに兄弟であることによって、この対立はある程度緩和されていると考えられています。実際、必ずしも兄弟での一妻多夫の形態をとるとは限らないスリランカでは、夫たちが兄弟であるほうがより結婚が安定になることが知られています（Tambiah, 1966）。

全きょうだいと半きょうだいの親密度の違い

きょうだいは、父親と母親を遺伝的に共有する全きょうだい（full-sib）と、母親もしくは父親の一方のみを遺伝的に共有する半きょうだい（half-sib）に分けられます。全きょうだい間の血縁度は $r = 1/2$、半きょうだい間の血縁度は $r = 1/4$ です。後者は、母親のみを遺伝的に共有する同母半きょうだいと、父親のみを共有する同父半きょうだいにさらに細かく分けられます。

この三つのカテゴリー間できょうだいの日頃のつき合い方に差があるかを調べたところ（Pollet, 2007）、たとえば、きょうだい間で心配事を相談する頻度は、性別を含む他の要因の影響を統計的に取り除いた後でも、全きょうだいが一番高く、同母半きょうだいがそれに次いで高く、一方、同父半きょうだい間ではずっと低い、という結果が得られました。

この結果の至近要因として、同居の有無が挙げられます。母親が前夫との子を引き取り新しい夫と子をもうけると、これら2人の子は同居する同母半きょ

うだいとなります．この研究で用いられたオランダのデータでは，その逆のパターン，つまり父親が前妻との子を引き取るパターンが少なく，結果として同母半きょうだいはよく同居しているが，同父半きょうだいはそうではないというパターンが見受けられました．つまり，近接性の効果により，同居することできょうだい間での絆が強まり，その結果として同母半きょうだい間には心配事を相談する心理的関係性が生まれたと考えられます．そして全きょうだいと同母半きょうだいの心配事の相談頻度の差に比べて，同父半きょうだい間の相談頻度がずっと低かったという結果は，同居がきょうだい間の絆形成に大きな役割を果たすことを示唆していると考えられます．

　読者の皆さんに誤解してほしくないのは，この結果は三つの兄弟姉妹カテゴリー間の比較をした際に現れた一般的傾向であって，個々の事例には必ずしもあてはまらないということです．全きょうだいでも仲のよくない兄弟姉妹はいますし，別居している同父半きょうだいでも仲のよい兄弟姉妹はいますから過度の一般化は禁物です．そして，このような一般的傾向を理解する際，血縁度の値ではなく絆（BOX 8.4）の強さが手がかり，つまり至近要因となって人々が結びついていることに注目してほしいのです．社会が人間関係の問題に手を差し伸べようとする時，真に考えるべきはどうやって血縁度を上げるかではなく，どうやって絆を強めるかなのです．これとは別に究極要因に関して，「そもそもなぜ絆の強さを手がかりにしてヒトは社会的関係を持つのか」という問いがあります．この問題に答えてくれるのが血縁淘汰理論であり血縁度です．

BOX 8.4	絆の実体に迫る

　絆（bond）とは，個体間の長期的な愛情関係や信頼関係のことで，哺乳類では特に授乳・養育を通じた母子の絆がその最も基本となるものです（菊水，2018）．近年の目覚ましい分子生物学的研究の進展により，母子の絆にはオキシトシンというホルモンが大きくかかわっていることが明らかになってきました．たとえば，げっ歯類では吸乳刺激や母子の身体的接触によりオキシトシンが分泌され，中枢神経にも作用して親には養育行動を促し，また子に安心を与えます（菊水，2018）．ヒトでも，親子や配偶者間の絆形成期において血中のオキシトシン濃度は上昇することが知られています（Feldman, 2016）．

さらにイヌと飼い主の関係において，飼い主とのふれあいなどの交流中にイ
ヌが飼い主をよく見つめる群では，イヌと飼い主双方でオキシトシンのレベ
ルが上がっており，オキシトシンを介した双方向の絆の正のループが存在す
ることがわかっています（Nagasawa *et al.*, 2015）.

5 ┃•• 非血縁者間の葛藤

　血縁淘汰理論によれば，血縁者間に比べて非血縁者間では協力は達成されに
くいであろうという予測が立ちます．もちろん，ヒトが血縁者間でのみ協力を
するわけではなく，非血縁者間でも多種多様な協力の姿が見られますが，その
話は次章で詳しく述べることにして，ここでは非血縁者間でどのような問題が
生じやすいのか，その一般的傾向についていくつか具体例を見ていくことにし
ます．進化生物学では個体どうしの利害が対立し，協力がうまくいかないこと
を，葛藤（conflict）という単語で呼ぶことがあります．

殺人の研究
　個体間の葛藤が最高レベルに高まった時，殺人（homicide）が起こりえます．
人間行動進化学研究のパイオニアであるマーティン・デイリー，マーゴ・ウィ
ルソンの著作 “*Homicide*”（Daly & Wilson, 1988）には，様々な殺人の例がその特
徴とともに分析されています．
　たとえば，1972 年にデトロイトで起きた同居人殺人の被害者を，加害者か
ら見た関係性で分類すると，配偶者やそれ以外の非血縁者（義理の関係や養子
関係）が多く（表 8.4），それに比べて，子や親といった血縁者が殺されるとい
うケースは相対的に少ないことがわかりました．
　しかし，同じ殺人でも共犯関係となると話は変わります．表 8.5 にあるよう
に加害者—被害者間には血縁がない場合が多かったのですが，共犯者間の平均
血縁度は，どの分析対象となった事例においても加害者—被害者間のそれより
も高い傾向がありました．これは殺人の共謀という「協力」において，しばし

■表8.4　同居人に対する殺人事件の被害者（Daly & Wilson, 1982）

被害者	実際の殺人件数	世帯内でランダムに起きた場合の期待件数	相対リスク
配偶者	65	20	3.32
その他の非血縁者	11	3	3.33
子	8	29	0.27
親	9	13	0.69
その他の血縁者	5	33	0.15

■表8.5　殺人の加害者―被害者間，および共犯者間の平均血縁度（Daly & Wilson, 1988）

	加害者―被害者間	共犯者間
デトロイト	0.03	0.09
マイアミ	0.01	0.09
バイソン‐ホーン・マリア（インド）	0.09	0.16
ビール（インド）	0.05	0.27
ムンダ（インド）	0.07	0.33
オラオン（インド）	0.06	0.23
ツェルタル・マヤ（メキシコ）	0.08	0.35
グロ・ヴァンター（アメリカ先住民）	0.01	0.50
13世紀イングランド	0.01	0.08

ば同じ利害関係にあり協力しやすい個体が血縁者であったことを意味します．

子殺し（infanticide）

　次に親から子への殺人について考えてみましょう．親子関係には，遺伝的なつながりがある場合とない場合があります．後者は養子でも実現されますが，その多くは結婚相手に連れ子がいることで生じる義理の親子関係です．この際，義理の親（継親（ままおや）と呼ばれる）は配偶者の連れ子（継子（けいし／ままこ））に対し遺伝的つながりを持ちません．

　血縁淘汰理論によれば，継子は実子よりも親から虐待を受けるリスクが高いであろうと予測されます．事実，1974～83年のカナダのデータでは，同居する継親による子殺し率は，両親とも実の親である場合よりもはるかに高いことが示されました（図8.2）．その値たるや驚くべきもので，0～2歳児に至ってはその相対的な子殺し率は約70倍という非常に高い値でした．

典型的なケースは，離婚し，赤ん坊を引き取った母親が再婚し，相手の男性が継子に対して虐待を行い，母親も暴力やネグレクトに関与するか見なかったふりをする，というものでした（Daly & Wilson, 1988）．連れ子のいる女性と結婚した男性は妻に関心を持ってもらいたいものの，世話のかかる赤ん坊がそれを妨げます．男性にとって継子は突然自分が責任を持たなければならない存在として現れるため，愛情を抱くことができないと虐待が起こります．母親のほうも，自分の限られた時間を子と再婚相手の両方に投資することはできないため，それが悪いほうに転んだ時に虐待が起きるのです．統計に現れるのは，その中でも子の死亡につながったケースだけです．

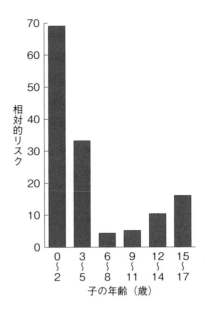

■図8.2　年齢別に見た継親による子殺しの相対的リスク（Daly & Wilson, 1988）
同居の継親による子殺しが，両親とも実の親の場合の何倍になるかを算出.

このような「遺伝親よりも継親において児童虐待が起きやすい」という一般的傾向を，童話の名前から取って「シンデレラ効果」（Cinderella effect）と呼びます．これは物語の中でシンデレラが継母にいじめられていたことに由来します．

シンデレラ効果の存在は，他の研究によっても明らかになっています．たとえば，父親による未就学児に対する殴打死の発生率は，継親が遺伝親の約124倍であるというカナダのデータがあります（Daly & Wilson, 2001）．また母親の実子しかいない家庭と，実子以外が含まれる家庭を比較すると，後者の食費のほうが相対的に少ないことがアメリカや南アフリカのデータから明らかになっています（Case et al., 2000）．

もちろん，前述の結果を過度に一般化するのは誤りです．遺伝的つながりがない親子でも良好な関係を築くことはできますし，遺伝的つながりがあってもうまく行かない親子関係もあります．しかし，集団として見た時にどのような

要因がそろうと虐待が起こりやすいか，その傾向を知っておくこと自体は重要です．そのような知見は，虐待という問題に社会としてどのように取り組み，どのようなサポートを用意すべきかを，考える契機を私たちに与えてくれるでしょう．

6 ┣•• 血縁者間の葛藤

　血縁淘汰理論によれば，血縁者が得た適応度上の利益 b は，包括適応度を通じた自らの利益 rb と見なすことができます．しかし，相手となる血縁者が遺伝的に同一（つまり血縁度 $r=1$）でない限り，rb は b よりも小さくなるため，もしあなたと血縁者が競争関係にあって，どちらか一方しか利益を得ることができない場合，あなたは自分自身で利益 b を得たほうが，血縁者に利益を譲って包括適応度上の利益 rb を得るよりも得になります．

　このような考察から，自分と血縁者が競争関係にある場合，血縁者間においても葛藤が生じることが容易に予測できます．

親と子の対立

　最もわかりやすい例は，親と子の対立（parent-offspring conflict）です．以降ではヒトを含む二倍体生物で考えてみましょう．

　子は親にとっては適応度そのものですが，どこに対立が潜んでいるのでしょうか．親は子育てをすることで，子は親からの子育てをねだることで，子の生存をより確かなものにします．ですから子育てという行為は親と子の双方にとって適応的です．しかし，親が複数の子を生む場合，話は少し違ってきます．

　親は最初の子を育てることで適応度を得ます．そして，また次の子を育てることで適応度を得ます．親にとって，2人の子はどちらも血縁度が $r=1/2$ なので，2人とも遺伝的には等価値です．

　ところが，子の目線から見た場合はどうでしょう．自分自身の血縁度は $r=1$ であるのに対して，きょうだいとの血縁度は $r=1/2$ ですから，自分ときょうだいの間には2倍の遺伝的価値の違いが存在します．子は，きょうだいが子育てを受ける利益を相対的に過小評価するのです．

この遺伝的な価値の差から，親と子には対立が生じることが予測できます．親から見れば「どの子もうまく育てて，最終的に生存できる子の総数を最大にしたい」のですが，それぞれの子には「きょうだいよりも自分を優先的に育ててほしい」という動機が生じるのです．

たとえば授乳期間を考えてみましょう．母親からすれば，授乳中はホルモンの影響で排卵が抑制されるため，適切なタイミングで授乳を打ち切ることが最適な行動です．それによってこれから生まれる将来の子への子育ての量を増やすことができるからです．実際，授乳中は女性の月経が止まります（授乳性無月経）．これは，授乳中に分泌されるプロラクチンというホルモンが乳汁生産を促す一方，排卵を抑制する働きを持つからです．また，子のほうはきょうだいの価値を前述のように「過小評価」するため，母親が自分への授乳を打ち切り弟や妹の出産・育児に移行することを拒み，より長い期間母乳をほしがることが予測されます．母親が断乳を試みると子はしばしば大泣きして母親を困らせますが，その背景にはこのような親子の遺伝的な対立が潜んでいるのです．

アメリカの進化生物学者，ロバート・トリヴァースは，ハミルトンの血縁淘汰理論をいち早くアメリカに広めた人物です．彼は鋭い洞察力を持ち，1970年代を中心に多くの斬新な進化生物学の仮説を提唱しました．彼は生物としてのヒトにも大いに関心を持ち，様々な人間行動の進化的起源を考察しました．親子の対立もその一つです．

トリヴァースは，「投資（investment）」という経済学の単語を用いて，従来「当たり前」とされていた子育てという行動には，子が成長し自らが適応度を得る正の側面とともに，他の子の生存や自らの将来の繁殖機会が失われるという負の側面も存在することを指摘しました．そのため，親はただやみくもに子育てをするのではなく，利益とコストのバランスを見極めて子育てという「投資」を巧みに行っているだろう，という仮説です．子育てに関するこのような考え方を，親の投資（parental investment）理論と呼びます（第10章も参照）．

親の投資理論の簡単なモデル

前述の授乳の話を念頭に置いて，親の投資理論に関する簡単なモデルを考えてみることにしましょう．

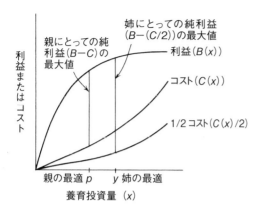

■図8.3 親の投資理論のモデル（Trivers, 1974）

登場する個体は親と姉，そして妹の三者です．図8.3の横軸は，親が姉に行う養育投資量 x を表しており，描かれているグラフ $B(x)$ は姉の生存率を表します．B は右肩上がりであり，これは姉への投資量 x が大きければ大きいほど姉が生存しやすいことを表しています．同時に B は頭打ちであり，これはある程度の養育がなされれば，もはや生存率は劇的には上昇しないことを表しています．これらの仮定は常識的に考えて妥当でしょう．そしてこのグラフだけを見れば，投資量 x が大きければ大きいほど，親にとっても姉にとってもよい結果がもたらされることがわかります．

しかし，トリヴァースの親の投資理論では，親の投資によって潜在的に失われるもの，つまりコストにも同様に目を向けます．たしかに養育投資によって姉の生存率は上昇するでしょう．しかし，その見返りとして，まだ生まれていない第二子，姉から見ると妹，への投資量は減ってしまいます．つまり，姉への投資と妹への投資は，片方が大きくなればもう片方が小さくなるトレードオフの関係にあるのです．

そこで図8.3にもう1本のグラフ $C(x)$ を描きます．C は親が姉に x だけ投資した結果として，第二子（姉にとっての妹）が生まれない，もしくは生存できない確率と解釈してください．C は B と同じく右肩上がりで，これは姉へ投資すればするほど妹が生まれなくなることを表しています．一方，C は B と異なって下に凸であるように描かれています．これは，妹への投資量がもともと少ない場合には，さらに投資量が減少すると大きな影響があることを表しています．

こうなると，もはや親は姉への投資量 x をむやみに大きくすることはできません．なぜならそうすれば，姉は確実に育てられる一方で，妹が決して育た

ないからです．親にとっては生まれてくる子の数の総和を最大にすることが適応的です．親の適応度（を構成する成分）は，

$$B(x) - C(x)$$

と計算できるので[2]，親はグラフ B とグラフ C の間隔が最大になるような養育投資量 $x = p$ を選ぶと予測できます．

　一方で，姉から見たらどうでしょうか．養育投資量 x の結果として，姉は確率 $B(x)$ で生存し，その後に子を産みます．しかし，同時に妹の生存率は $C(x)$ だけ下がります．姉の包括適応度を考えると，妹の血縁度は $r = 1/2$ であり，妹が死ぬことで妹が子を残せなくなってしまうことのコストは，この係数を乗じて評価されます．よって姉の包括適応度（を構成する成分）は，

$$B(x) - rC(x) = B(x) - C(x)/2$$

と計算できます[3]．このことから，姉はグラフ B とグラフ $(1/2)C$ の間隔が最大になるような養育投資量 $x = y$ を親に要求すると予測できます（図 8.3）．

　図 8.3 から明らかなように，親にとっての最適な投資量 $x = p$ と姉にとっての最適な投資量 $x = y$ には隔たりがあり，後者のほうが大きくなります．この差こそが親子の間の対立の姿と言えます．

親子の心理戦

　もちろん自然界が前述のようなきれいなモデルで説明できるとは限りません．たとえば，B や C といったグラフがどのような形になっているかは親子の双

---

2) 厳密に言うと，親が姉に全く投資しなかった場合（$x=0$）に期待できる妹の生存率を s とすると，親が姉に x だけ投資して妹の生存率は $s - C(x)$ に下がるので，親の適応度は $B(x) + \{s - C(x)\}$ です．しかし，s は x に依らない定数なので，$B(x) - C(x)$ の最大化を考えればよいことになります．

3) 姉や妹が生存した場合に産む子の数をそれぞれ k とすると，投資量が x の時に，姉が産む子の数は $kB(x)$，妹が産む子の数の（$x=0$ の時と比べた）増分は $-kC(x)$ なので，姉の包括適応度への寄与は $kB(x) + r\{-kC(x)\} = k\{B(x) - rC(x)\}$ です．k は x に依らない定数なので，$B(x) - rC(x)$ の最大化を考えればよいのです．

方ともにわからないでしょう．このような不確かさは，親子間にさらなる心理的な駆け引きの余地を生み出します．

　生まれたばかりの赤ん坊は話すこともできず，自分の欲求を親に伝える手段は泣くことしかありません．ですから子が泣いている時，親は子がただかまってほしいのか，それとも身体に何か重大な問題が起きているのかをなかなか区別することができません．後者が起こっていれば一大事ですから，親は赤ん坊のもとへ駆けつけて世話をします．

　同じことをある程度発達の進んだ子がしたらどうでしょうか．子は親にかまってほしいから，わざと泣いて親の注意を引こうとします．しかし親は，子がもし本当にどこかが痛いのならば，泣くといったわかりにくい方法ではなく，「○○が痛い」と直接言葉で伝えてくるだろうと考えます．そして，ただ泣きわめいているわが子は本当はどこも痛くなく，ただかまってほしいのだ，だからほうっておこう，という選択肢をとることができます．

　こう考えると，赤ん坊の泣き声にはしたたかな進化的戦略が潜んでいることがわかるでしょう．親が持ち帰ったエサを鳥のヒナが大きな口を開けてねだるように，ヒトの赤ん坊の泣き声には自らの生存を確かなものにする役割があります．そしてこの機能は，長い歴史を経て私たちのゲノムに刻み込まれてきた進化の産物なのです．一方で，投資を引き出される側の親は夜泣きで寝不足になることもしばしばですが，ただ子の要求につき合うだけではからだが持ちませんから，「この泣き方ならかまわなくても大丈夫」など，子の状態の些細な違いを敏感に読みとるようになります．育児は親子の絆を育む大切な場であると同時に，親子の細かい心理戦が常に展開されている場でもあるのです．

母親と胎児の対立

　ここまで親と子の対立について詳しく述べてきましたが，実はこの対立は子が生まれる前から起こっていることがわかっています．ここでは母親と胎児の対立について見ていくことにしましょう．

　ヒトの受精卵は，子宮内の子宮内膜と呼ばれる部分にたどり着き，ここを基点に成長していきます．この際，母体と胎児の物質交換の窓口となる器官が胎盤です．胎盤は胎児由来の部分と母体由来の部分から構成され，母体から胎児

へ栄養や酸素などが，また胎児から母体へ老廃物などが輸送されます．

　興味深いのは，哺乳類で種によって胎盤の構造が異なり，母体と胎児が接触している度合いが異なる点です．ウマやブタの胎盤では母体側の上皮（からだや臓器の表面の組織）が胎児側に接しているだけなのに対し，イヌやネコでは母体の毛細血管が胎児側に接し，ヒトを含む霊長類のほとんどでは母体の血液自体が胎児側に接しています（光永他，2001）．霊長類では胎盤がより母体へ「食い込んで」おり，母親から多くの養分を吸収しようとしているように見えるのです．

　実際，母親と胎児は血縁度が $r = 1/2$ の関係ですから，両者の間には栄養供給に関して対立が生じます．双方にとって胎児の成長が重要なのは間違いないのですが，胎児が自らの成長をより優先する一方で，母親は自らの将来の繁殖にも重きを置くため，胎児への過剰な栄養供給を拒否すると予測できます．

　そこで胎児側は驚くべき作戦を実行します．母親の血糖値を上げようとするのです．血糖値は普段，膵臓から分泌されるインスリンというホルモンの働きで一定になるよう調整されています．しかし，妊娠期間中には胎盤からインスリン拮抗ホルモンが作られ，母親のインスリン感受性を低下させます．また，胎盤からはインスリン自体を分解する酵素も生産されます．血糖値が高いということは，胎児にとってはそれだけ母親から供給される糖が多くなるということですから，成長に好都合です．しかし，母親にとっては妊娠糖尿病と呼ばれる症状に至ることもあり，好ましい状況とは言えません．

　血圧についても同様です．妊娠時に高血圧になる妊娠高血圧症候群という症状が知られていますが，この背景には，母親の血圧を高め，胎児が受け取る酸素や養分量を高める胎児側の操作があるのではないかと考えられています（Haig, 1993）．興味深いことに，妊娠初期には母体側から子宮につながる「らせん動脈」と呼ばれる血管がより長く渦巻き型になることが知られており，これは血流を増やそうとする胎児に対する母親からの反発である可能性があります．なぜならそのようなコイル状の血管は血流に対する抵抗として働き，胎児側に流れる血流を相対的に減らす働きを持つからです．

　もちろん胎児にとっても，母親が死亡してしまったり流産してしまったりしては元も子もないため，このような母親と胎児の駆け引きにはバランスが重要

です. しかし，私たちが生物である以上，個体の差，環境の差のような要因によって駆け引きのバランスが大きく崩れた場合には，母親と胎児の双方にとって深刻な症状が現れることもあるのです.

ゲノム刷り込み

　胎児は母親と父親からそれぞれゲノムを1セットずつ受けとります. この視点に立って先ほどの母親と胎児の対立を再び考えてみると，興味深いことに気づきます.

　胎児および胎盤が母親の体内バランスを乱すことは説明しました. では，胎児のどの遺伝子がそのような操作を試みるのでしょう. 母親から受け継いだゲノム側に乗っている遺伝子が，「母体から養分を搾取せよ」という命令を出して母親自身を搾取させるというのは矛盾しているように聞こえます（図8.4）. 一方で，胎児が父親から受け継いだゲノム側に乗っている遺伝子が母親を操作していると考えたらどうでしょうか. 父親が遺伝子を胎児に渡し，その遺伝子が母親からの養分の吸収を促すことで，父親の遺伝子は胎児の成長という利益を得ます. 母親は養分を胎児に奪われてしまいますが，この母親のコストが父親にとってどれほどのものかはその配偶システムに依存します. 父親が次に別の配偶相手を見つけるならば，現在の配偶相手である母親が負うコストは，父親にとっては何らコストではありません. 逆に完全な一夫一妻制のもとでは，母親がコストを負うと，父親にとっても次の繁殖が見込めなくなるためにコストとなります. ヒトはこの二つの中間と考えられるので，母親がコストを負っても，父親の遺伝子はそのコストを過小評価するでしょう. したがって，父親の遺伝子が胎児に搾取を命令するというのはありえる話です.

　実は哺乳類では，同じ遺伝子でも由来親によって働きが変わってしまう現象が知られています. これを，ゲノム刷り込み（genomic imprinting）と呼びます. ゲノム刷り込みの実体は主にDNA塩基配列のメチル化であり，精子や卵を作るたびにこのメチル化の目印は刷新されます. たとえば，「母体から栄養を搾取せよ」という命令を出す仮想的な遺伝子Zを考えてみましょう. Zを持っている母親は，これを胎児に渡してしまうと自分が搾取されてしまいますから，Zにメチル化でZ-Mといった目印をつけてから胎児に渡します. Z-Mはメチ

ル基が邪魔して胎児では発現せず，結果とし
て母親は胎児に搾取されずにすみます．かた
やZを持っている父親は，これをメチル化
せずにそのまま胎児に渡します．そうすれば
胎児は母親から栄養を過度に吸収し，これは
父親の遺伝的利益となります．実際にはこれ
ほど単純ではありませんが，これがゲノム刷
り込みの基本的な仕組みです．

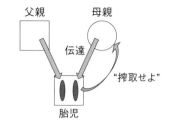

■図8.4　母親由来の遺伝子からの
命令がある場合

　PEG10（paternally expressed gene 10）は，父
親由来の遺伝子だけが発現する刷り込み遺伝子です．興味深いことに *PEG10*
は胎盤形成に必須な遺伝子であり，胎盤でよく発現します．これは母体と胎児
間のやりとりの背後に父親由来の遺伝子が役割を果たしていることを示唆しま
す．他の刷り込み遺伝子もその多くは胎盤で高い発現性を示すことがわかって
おり，どうやら胎盤は母ゲノムと父ゲノムの対立の「主戦場」であるようです．
一般に父親由来で発現する遺伝子は胎児の成長を促進し，逆に母親由来で発現
する遺伝子は胎児の成長を抑制することが知られており，これは血縁淘汰理論
が予測する方向と一致する知見です（Ishida & Moore, 2013）．

親による選択的投資

　親から見た子への血縁度はどの子も同じです．しかし，子の属性によって将
来の繁殖の見込みが異なる場合，親はより将来が望める子へ投資を多くし，結
果として投資量は子の間で偏ることが予測されます．

　このような投資パターンは動物の社会で多く見られます．スコットランドの
ラム島に住むアカシカを調べた研究では，群れ内で順位の高い雌は息子をより
多く，順位の低い雌は娘をより多く産んでいました（Clutton-Brock *et al.*, 1984）．
息子はやがて雌をめぐる争いに参加して勝たなければ子孫を残せないので，母
親からすると，からだの大きい息子を産めば多くの孫を期待できるのに対し，
からだの小さい息子を産んでしまっては孫を期待できません．娘にはそのよう
な争いがないか，あっても相対的には弱いものなので，娘のからだの大きさと
孫の数にはあまり強い関係はありません．

このような状況下において，高順位の雌は自らの健康状態も良好なので，大きなからだの子を産むことが期待できます．その場合，息子を産むほうが娘を産むよりも孫の数で有利になります．逆に，低順位の雌は自らの健康状態が不良なので小さなからだの子を産むと期待でき，その場合には小さいながらも娘を産むほうが小さな息子を産んでしまうよりも多くの孫が期待できます．つまり高順位の雌では息子＞娘，低順位の雌では娘＞息子という価値の違いが存在し，これが前述の産み分けにつながっていると考えられます．産み分けと言っても精子を選別することはできないので，これは主に選択的な流産によって行われていると考えられています．

父系社会における女児差別

　父系社会では，息子が財産を相続したり親もとにとどまったりするのに対し，娘は財産を相続せず，生まれた地を離れてしまいます．親から見るとやがて一族を背負って自分たちの面倒を見てくれる息子への投資は，いつかは出ていってしまう娘への投資よりも価値が高いため，このような社会では息子に対してより手厚い養育を施す傾向が見られます．これは東アジアから南アジア，中東，そして北アフリカの地域で特に顕著です．

　たとえばインドでは，娘が嫁入り時に，嫁ぎ先にダウリーと呼ばれる多額の花嫁持参金および持参品を持っていく習慣があります．この習慣はいまだにインドに根強く残っており，ダウリーの額は世帯の年収を超えることもしばしばです．ダウリーは娘を持つ親にとって大きな負担となるので，女児は妊娠中に中絶，もしくは産後に子殺しやネグレクト（意図的に世話をしないこと）に遭いやすくなります（Diamond-Smith *et al.*, 2008）．

　アジアでは家父長制（patriarchy）と呼ばれる家族制度の影響が顕著です．家父長制のもとでは一家の長としての権限を息子（特に長男）が継承するので，息子は娘よりも家の中での地位が高く，優先的に親の投資を受けていたと考えられます（第11章参照）．

　たとえば儒教のもとで家父長制の考えが伝統的にある韓国では，1980年代中盤から2000年頃までの期間，出生性比が大きく男児に偏る傾向が見られました．表8.6によれば1989年の出生性比は112（女児を100とした時の男児の

■表8.6　1989年の韓国および中国における全出産の出生性比，および誕生順別出生性比（女児を100とする）（Hesketh & Xing, 2006）

	全出産	第一子	第二子	第三子	第四子	第五子以降
韓国	112	104	113	185	209	
中国	114	105	120	125	133	130

数）で，自然な出生性比と考えられている105〜107を大きく上回ります．これは1980年代から超音波診断や精子選別という技術を用いた男児女児の産み分けが可能になったからと考えられます（李他，2002）．とりわけ第三子，第四子の出生性比はそれぞれ185，209と男児に極端に偏ったものでした．

　同様に，中国の出生性比も1980年代から男児に偏りを見せ，2004年に121というピーク値を示した他，2010年代前半でも115〜117と引き続き高い値を示しています（UNFPA China, 2018）．1979〜2015年まで続いた一人っ子政策により，長らく中国では子を2人以上持つことに法的なペナルティーが課され，両親は第一子の性別にきわめて敏感になりました．男児に偏った出生性比の背景には，伝統的な家父長制の価値観や，嫁いで家を出ていってしまう娘に比べて自分たちの老後の面倒を見てくれるであろう息子を好む親の意向が見え隠れします．統計データとして表面に現れない女児の多くは，選択的に中絶され，もしくは戸籍に載らない子として存在していると考えられます．

　このように，統計的に報告された出生性比とヒトの自然な出生性比との差を考えることで，間接的に女児差別の存在を明らかにすることができます．2001年段階でアジア諸国における「消えた女性」の総数は6700〜9200万人であると推計されています（Hesketh & Xing, 2006）．これは想像を絶する数です．

女児への偏向投資
　絶対数こそ限られていますが，女児へより多くの投資をする社会も知られています．たとえば，ケニアの牧畜民であるムコゴド（Mukogodo）を調べた研究では，0〜4歳の子の性比が，67：100と大きく女児に偏っていました．これはムコゴドが周囲の牧畜民より資源を持たないために男性が妻を得るのが大変なのに対し，女性が夫を見つけるのは容易であるためだと考えられています

(Cronk, 1991). 実際，親が子を薬局や診療所に連れて行く率で見ると，女児のほうが男児より優遇されていました．

　ハンガリーのロマ（放浪の民として知られていた）の人々を調べた研究では，様々な側面において女児優遇の傾向が見られました．ロマの人々は一般に貧しく，娘がロマでないハンガリー人男性と結婚することは，裕福になる「上昇婚」としての側面を持ちます．そのため親は，息子経由よりも娘を経由して孫の数をより多く増やすことができると期待して，娘に多くを投資したと考えられます．実際，ロマの人々の出生性比は女児に偏り，男児が中絶されることが多く，授乳期間や教育期間は女児のほうが長い傾向がありました．そしてこれらのパターンはその他のハンガリー人のものとは正反対でした（Bereczkei & Dunbar, 1997）．

　本章では血縁者間の話をしてきましたが，ヒトでは血縁によらない協力も多く存在します．第9章では非血縁者間の協力のメカニズムについて探っていきます．

［さらに学びたい人のための参考文献］

長谷川眞理子・河田雅圭・辻和希・田中嘉成・佐々木顕・長谷川寿一（2006）．シリーズ進化学6　行動・生態の進化　岩波書店
　第2章に辻和希による血縁淘汰と包括適応度に関する詳細な解説がある．日本語で読むことのできる貴重な文献の一つである．

デイヴィス，N. B., クレブス，J. R., ウエスト，S. A.／野間口眞太郎・山岸哲・巖佐庸（訳）（2015）．行動生態学（原著第4版）共立出版
　現代の行動生態学の理論と実証の成果が網羅的にまとめられている重厚な一冊．
　第8章は家族内の対立について，第11〜13章は血縁淘汰や協力について，それぞれ取り上げている．

第9章

血縁によらない協力行動の進化

前章では，血縁に着目し，ヒトを含む生物一般に関して血縁者間における協力の姿を見てきました．加えて，ヒトは非血縁者どうしでもよく協力します．これはヒト以外の生物種における種内協力の多くが血縁で説明できることとは対照的です．本章では，血縁のない個体どうしが行う協力について見ていくことにします．

1 ┠• 直接互恵性

直接互恵性とは

第8章で学んだハミルトン則によれば，非血縁者（$r = 0$）を相手とする利他行動の進化条件は

$$-c + rb = -c > 0$$

となり，このような利他行動は進化しないことがわかります．これに対し，ロバート・トリヴァースは，非血縁者間であっても，個体間の関係が長続きするのであれば利他行動は進化することを主張しました（Trivers, 1971）．そのしくみはごく簡単です．非血縁者である2個体XとYのやりとりを考えましょう（図9.1）．Xがコストcを払ってYに利他行動をして，Yはその結果として利益bを得ます．もしXとYの関係がここで終わってしまえば，Xはコストを払っただけで「損」になります．しかし，後日Yが利他行動をお返ししてコ

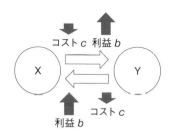

コスト c 利益 b

X → Y

コスト c

利益 b

■図9.1　直接互恵性のしくみ

ストcを払い，Xに利益bを与えたとします．この計2回の利他行動の結果をまとめると，XもYもcを払いbを得たので，合計では両者ともb−cを得たことになります．

したがって，もしb>cという条件が満たされているならば，b−cは正であり，Yとの一連の相互作用の結果として，Xは自己の適応度を上昇させることができています．適応度の上昇に結びついたのだからこのような行動は進化するでしょう．これがトリヴァースの示したロジックでした．利他行動を互いに与え合うことから，トリヴァースはこのしくみを，互恵的利他行動（reciprocal altruism）と呼びました．これは今では，直接互恵性（direct reciprocity）とも呼ばれます．

私たちは日常的にこのようなやりとりを多くしているので，直接互恵性という堅苦しい言葉を持ち出すまでもなく，トリヴァースの説明は直観的に理解できると思います．友人とのものの貸し借りや隣人との助け合いなどは，まさに直接互恵性の好例です．

直接互恵性の例

では，いくつか直接互恵性の具体例を見ていくことにしましょう．パラグアイのアチェ（Aché）族やベネズエラのヒウィ（Hiwi）族において，家族間で食物交換がどのように行われているかを調べた研究があります（Gurven, 2006）．特に，注目したのは家族Aから家族Bに渡される食物の量や価値や頻度と，家族Bから家族Aに渡される食物の量や価値や頻度の関係です．分析の結果，実際に両者には正の関係性が存在し，直接互恵性の存在が示唆されました．

ではヒトの子どもは，はたして何歳ぐらいから直接互恵性の原理を身につけるのでしょうか．これを調べるため，人形を使った実験が行われました（Warneken & Tomasello, 2013）．最初の場面では実験者が操作する人形はおもちゃをたくさん持っていますが，参加者である幼児の手元にはおもちゃがありません．そして幼児に人形からおもちゃを分け与えられる（協力）か，分け与えら

れない（非協力）か，いずれかの経験をさせました．

　次に，幼児の手元にはおもちゃがたくさんあり，実験者が操作する（最初の場面と同じ）人形は全くおもちゃを持っていないという，先ほどとは正反対の場面を作り，幼児の行動を観察したのです．その際，人形は「おもちゃをくれない？」と幼児にたずねたりして，おもちゃがなくて困っていることをアピールしました．

　結果は幼児の年齢によって異なりました．3歳半の子が人形に分け与えたおもちゃの数は過去の経験に依存しており，自分に協力的だった人形には，自分に非協力的だった人形によりも多くのおもちゃを分け与えたのです．つまり，3歳半の子は直接互恵性の原理に適った行動をとっていました．しかし，興味深いことに，2歳半の子は人形にいくつかのおもちゃを分け与えるものの，過去の履歴に応じて差をつける傾向はありませんでした．

　この研究からは，ヒトの幼児ではまず無差別な協力のモードが発達し，2歳半から3歳半の間にかけて直接互恵性の原理が身につき始めることが示唆されます．子どもは，私たちが思うよりも早い時期に，直接互恵性に基づいた行動がとれるようになるのです．

2 ｜•• 動物における直接互恵性

　ここまで，ヒトにおけるいくつかの直接互恵性の例を見てきました．では，ヒト以外の動物で直接互恵性は見られるのでしょうか．この問いに対して近年は否定的な見解が多いようです（Silk, 2013）．行動生態学の大家であるティム・クラットン＝ブロックは近年の総説の中で，ヒト以外の動物で直接互恵性のように見える例は，厳密な意味では直接互恵性の定義を満たしていないと指摘しています（Clutton-Brock, 2009）．しかしながら，それらが直接互恵性と共通の側面を持っていることは確かです．以下では二つ具体例を紹介します．

チスイコウモリによる血の吐き戻し

　直接互恵性の例としてよく挙げられてきたものの一つが，チスイコウモリの研究です（Wilkinson, 1984）．チスイコウモリはその名の通り動物の血を吸うこ

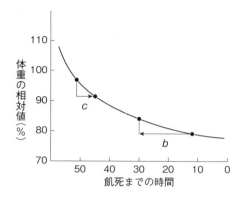

■図 9.2　チスイコウモリの血の吐き戻しの利益とコスト
（Wilkinson, 1984 を改変）

とで腹を満たしますが，中には吸血に失敗する個体もいます．そのような個体
が仲間から血を口移しで吐き戻してもらう行動が観察されました．また，この
吐き戻し行動のコストと利益を餓死までの待ち時間の単位で測定し，満腹の個
体にとっては，他者に血を与えることはそれほどのコストにはならないものの，
空腹で今にも死にそうな個体にとっては，同量の血が餓死回避に劇的な効果を
もたらすこと，つまり $b>c$ が成り立っていることが示されました（図 9.2）．

　しかしその後，この研究の限界も指摘されるようになりました．実際，観察
に用いられた個体間にはある程度の血縁関係があったので，血の吐き戻し行動
が血縁淘汰によって進化した可能性は否定できません．また，血の吐き戻し行
動を，以前自分に血を分け与えてくれた「恩人」に対して選択的に行っている
かどうかに関しても，明確なデータはありませんでした．

精子を作るか卵を作るか

　魚類は比較的フレキシブルな性表現を持っており，速やかに性転換できる種
や，卵巣と精巣を同時に持つ雌雄同体種が存在します．ブラックハムレット
（*Hypoplectrus nigricans*）は熱帯に生息する雌雄同体の魚で，卵と精子を同時に
生産できますが，卵は精子に比べ大きく，養分も含むため，その生産コストは
精子の生産コストより大きいと考えられます．ブラックハムレットはペアを作

り，産卵前になると寄り添って泳ぐのですが，興味深い雌雄の役割分担が見られます（Fischer, 1980）．雌役の個体は自分の持つ卵をすべて一度に産むことはせず，小分けにして少しだけ産みます．すると，もう一方の個体はその卵に放精し，雄としての役割を果たします．おもしろいのはここからで，次に同じペア内で雌雄の役割を入れ替えて産卵と放精を行うのです．この役割の交代は彼らの繁殖時間である夕方中繰り返され，2時間の観察で，各個体あたり5回程度の産卵を行います．前述のように卵の生産コストは精子のそれを上回りますから，どちらにとっても楽なのは精子の生産です．しかし，卵を小分けにして産み，そして役割を交代することで，卵生産のコストを互いに負担し合っていると言えるでしょう．このような行動は「卵のとりひき」（egg trading）と呼ばれています．

卵のとりひきは同一のペア内で時間遅れを伴いながら行われ，しかも相手に繁殖という利益を与えるので，直接互恵性の多くの性質を満たしています．一つ問題になるのは，卵の生産が個体にとって「コスト」になっているかという点です．たしかに精子を生産するより卵を生産するほうがコストが高いのは事実なのですが，何もしない時に比べると，卵を生産することで適応度は上昇しており低下はしていないので，トリヴァースが言った意味でのコストにはなっていません．その意味では，卵のとりひきは第8章の分類によれば相互扶助行動であることになりますが，直接互恵性に近いと言うことはできるでしょう．

3 ┼•● 直接互恵性の成立条件

ここでは直接互恵性が成立するための条件について詳しく見ていきましょう．

まず，前述の利他行動の利益bとコストcの関係性についてです．互いが一度ずつ協力の与え手および受け手になった場合を考えると，両者それぞれの適応度は$b-c$だけ上昇します．そして正であるためには$b>c$が満たされなければなりません．余裕のある側が小さなコストcを支払って，困っている側に大きな利益bを与えられるような利他行動だけがこの条件を満たします．また，実際には二者間で厳密に順繰りに利他行動が受け渡されることはまれなので，二者間で利他行動の与え手と受け手になる回数がほぼ等しくなる必要がありま

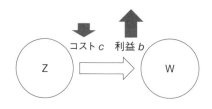

■図9.3　直接互恵性におけるフリーライダー

す．自分が30回相手を助けたのに，逆に助けてもらったのは5回しかなかった，というように非対称性が生じてしまっては，コストと利益のバランスのつじつまが合いません．

すると，自然に，この二者間の関係は長く続くものでなければならない，という制約が出てきます．たとえば寿命が長いとか，現在住んでいる場所からあまり分散しないなどです．これは，たとえば群れを作って生活する動物や，私たちヒトのように絆（bond）を作って長期間相互依存するような関係を作ることのできる種に当てはまる条件だと言えるでしょう．

また，ある程度の認知能力の水準も要求されます．助けてくれた相手にお返しするためには，その前提としてまず個体認識の能力が必要です．それに加えて，過去の出来事を各個体にひもづけて覚えている記憶能力も必要でしょう．ですから，このようなことができる生物種はおのずと限られてきます．

そして最も重要なのが，フリーライダー排除のしくみです．フリーライダー（free-rider）とは協力の利益だけを得て，自らは協力のコストを支払わない個体をさし，文脈によっては裏切り者（defector），社会的寄生者（social parasite）と呼ばれることもあります．なぜフリーライダーを集団から排除することが大切なのかを，図9.3を使って模式的に理解してみましょう．

図9.3には人物ZとWが登場しますが，Wは実はフリーライダーです．Zが困っているWに対して利他的に振る舞うと，Zはコストcを支払いWは利益bを得ます．次にZが困ったとしましょう．しかし，Wはフリーライダーですから，Zを助けるようなことはしません．何もしないのです．したがって，ZとWの適応度の増分はそれぞれ$-c$，$+b$と計算できます．

フリーライダーが存在している社会では誰が一番得をしているでしょうか．図9.1のように互いに協力し合う個体Xや個体Yの適応度の増分は，1回の相互作用のやりとりあたり$b-c$です．したがって，適応度の増分の高い順に並べると，①フリーライダーW（適応度の増分はb），②利他行動を交わし合ったXやY（適応度の増分は$b-c$），③フリーライダーに出会ってしまったZ（適応

度の増分は $-c$) となり，この社会で一番得をしているのはフリーライダーであることがわかります．当然のことながら，この状況に自然淘汰が働くと，フリーライダー的な行動を規定する遺伝子は集団中に広まり，直接互恵性はこの集団からなくなってしまうでしょう．したがって，フリーライダーを排除する何らかのメカニズムがない限り，直接互恵性は絵に描いた餅になってしまうのです．ではそのメカニズムとは何でしょうか．

繰り返し囚人のジレンマゲーム

ここで第8章にも出てきたウィリアム・D・ハミルトンが登場します．ハミルトンと，ミシガン大学の政治学者，ロバート・アクセルロッドは直接互恵性の数理モデルを研究しました（Axelrod & Hamilton, 1981）．利他行動をモデル化するために使われたのが，有名な「囚人のジレンマゲーム」（prisoner's dilemma game）です．囚人のジレンマのもともとのストーリーはこうです．2人の囚人が別室で，ある嫌疑に関して取り調べを受けています．囚人どうしは違う部屋にいるので，コミュニケーションをとったり口裏合わせをしたりすることはできません．取調官は主たる嫌疑に関して十分な証拠が揃っていないので，囚人に自白を持ちかけます．2人の囚人は黙秘するか自白するかを独立に選べるとします．すると，（自分，相手）の選択としては（黙秘，黙秘），（黙秘，自白），（自白，黙秘），（自白，自白）の計4通りの組み合わせが可能になります（表9.1）．それらの組み合わせによって，自分の刑期は以下のように決まるとします．

① （自分，相手）が（黙秘，黙秘）の組み合わせの時

両者黙秘のため十分な証拠が揃わず，2人はより重要性の低い別の嫌疑で裁かれ，結果として両者の刑期は1年になるとします．

② （自分，相手）が（黙秘，自白）の組み合わせの時

相手が自白してすべてをしゃべっているのに，自分は黙秘しているため，反省の色がないということで最も重い刑期である10年の刑に処されてしまいます．

③ （自分，相手）が（自白，黙秘）の組み合わせの時

先ほどと逆の例です．自白による赦免が成立し，刑期0年，つまり釈放に

自分　＼　相手	黙秘 （協力）	自白 （裏切り）
黙秘（協力）	−1	−10
自白（裏切り）	0	−5

自分　＼　相手	協力	裏切り
協力	R	S
裏切り	T	P

なるとします.

④　（自分，相手）が（自白，自白）の組み合わせの時

両者が自白したため主たる嫌疑で両者は裁かれ，結果として両者の刑期は 5 年になるとします.

これらを利得表の形にまとめたのが表 9.1 です. 利得表ではプラス側を自分の利得とするように書くので，刑期の長さにはマイナスの符号がつきます.

この利得表には面白い特徴があります. 利得表を縦に眺めて比較すると，0 は−1 より大きく，−5 は−10 より大きいので，相手が黙秘，自白のどちらを選んでいるかにかかわらず，自分は常に自白を選ぶほうが有利なのです. 囚人 2 人にとっては，両者が黙秘することは取調官にしっぽをつかまれないための「協力」です. 刑を軽くするという取調官からの甘い誘いに乗って自白してしまうことは，囚人間では「裏切り」に当たります. このように囚人のジレンマゲームは「裏切り」の魅力にあふれているのです. しかし，両者が自己利益に沿って裏切りを選ぶと，両者の利得は−5 となり，これは両者が協力した時の利益−1 を下回ります. ここにジレンマと呼ばれるゆえんがあります. つまり，両者が自分にとって最適な行動をとると，2 人にとっては悪い結果がもたらされることがあるのです. これが囚人のジレンマゲームの特徴です.

囚人のジレンマゲームは必ずしも刑期の年数で記述される必要はありません. 前述の利得の大小関係を満たしてさえいれば，表 9.2 のように抽象化された利得でもかまいません. ここで利得 R, S, T, P はそれぞれ Reward（報酬），Sucker（お人好し），Temptation（誘惑），Punishment（懲罰）の頭文字で，$R < T$（相手が協力なら自分は裏切りのほうが得），$S < P$（相手が裏切りなら自分は裏切りのほうが得），$R > P$（相互協力は相互裏切りより望ましい）を満たしています.

アクセルロッドはこの囚人のジレンマゲームを用いて，協力を達成するための仕組みを調べました．囚人のジレンマゲームを一度だけプレイするならば，戦略は協力か裏切りの2通りしかなく，非常に単純です．しかし，このゲームが繰り返しプレイされたらどうでしょうか．これを「繰り返し囚人のジレンマゲーム」（iterated prisoner's dilemma game）と呼びます．そこでは同じ二者間で複数のラウンドの囚人のジレンマゲームがプレイされ，ある決まった規則に従ってどこかで最終ラウンドを迎え，ゲームが終わります．繰り返し囚人のジレンマゲームにおけるプレイヤーの成功度は，各ラウンドの利得の総和によって決定されます．繰り返し囚人のジレンマゲームでは様々な戦略が可能です．たとえば，自己利益最大化の誘惑に抗って過去にずっと協力してきてくれた相手に対しては，自分も協力で報いたいと思うかもしれません．しかしそのように感傷的にはならず，もっと冷静に相手の過去の傾向を分析し，自分の利得を最大化しようとする戦略が優位になるかもしれません．

　そこでアクセルロッドは，2回にわたり，繰り返し囚人のジレンマゲームで成功を収めると考えられる戦略をコードしたコンピュータプログラムの総当たり戦を開催したのです．ここで言うプログラムとは，第tラウンドにおいて協力するか裏切るかを，第1ラウンドから第$t-1$ラウンドの自分および相手の行動の履歴に応じて選択するような規則全体のことです．結果は意外なもので，2回ともしっぺ返し戦略（tit-for-tat（TFT）strategy）と呼ばれる単純な戦略規則がチャンピオンに輝きました．

　しっぺ返し戦略の規定する行動規則はごく単純なもので，次の二つの原則のみに従います．第1ラウンドでは協力を選びます．第2ラウンド以降はその直前のラウンドで相手が行った行動をまねします．つまり，直前に相手が協力してきたなら今ラウンドでは自分も協力を，逆に直前に相手が裏切ってきたなら自分も裏切りを選択します．

　しっぺ返し戦略の利点を理解するため，その振る舞いについて考えてみましょう．繰り返し囚人のジレンマゲームでの典型的なフリーライダーは，すべてのラウンドで裏切りを選ぶプレイヤーです．その戦略を裏切り（Defection）の頭文字を取って ALLD 戦略と呼びましょう．逆に，すべてのラウンドで協力を選ぶプレイヤーの戦略を協力（Cooperation）の頭文字を取って ALLC 戦略と

■表 9.3　ALLC 戦略と ALLD 戦略の対戦

戦略＼ラウンド	1	2	3	...	n	総利得
ALLC	協力	協力	協力		協力	nS
ALLD	裏切り	裏切り	裏切り		裏切り	nT

■表 9.4　しっぺ返し（TFT）戦略と ALLD 戦略の対戦

戦略＼ラウンド	1	2	3	...	n	総利得
TFT	協力	裏切り	裏切り		裏切り	$S+(n-1)P$
ALLD	裏切り	裏切り	裏切り		裏切り	$T+(n-1)P$

■表 9.5　しっぺ返し（TFT）戦略同士の対戦

戦略＼ラウンド	1	2	3	...	n	総利得
TFT	協力	協力	協力		協力	nR
TFT	協力	協力	協力		協力	nR

呼びましょう.

　ALLC 戦略は非常に協力的である反面, もろい側面を持っています. 表 9.3 を見るとわかるように, ALLC 戦略は ALLD 戦略に出会うと常に裏切られてしまいます. ALLC はお人好しすぎるからです.

　一方で, しっぺ返し（TFT）戦略が ALLD 戦略に出会ったらどうでしょう. TFT は第 1 ラウンドこそ裏切られてしまいますが, 第 2 ラウンド以降は協力を拒否して被害を最小限に抑えることができます（表 9.4）. たとえば, $n=100$ 回繰り返しの囚人のジレンマゲームで $(T, R, P, S) = (5, 3, 1, 0)$ という利得を使ったとしたら, ALLC と ALLD の対戦では互いの利得はそれぞれ 0 と 500 となり, ALLC が ALLD に一方的に搾取されてしまうことがわかります. それに対して, TFT と ALLD の対戦では両者の利得はそれぞれ 99 と 104 となり, フリーライダーの成功を最小限に抑えることができます.

　また, しっぺ返し戦略どうしは互いに長期間の協力を達成できるという長所

も持っています（表9.5）．アクセルロッドとハミルトンはこの発見を定式化してまとめ，繰り返し囚人のジレンマゲームにおいて繰り返されるラウンドの数が十分に多ければ，しっぺ返し戦略を採用した人々から成る集団において，ALLD 戦略，つまりフリーライダーは成功することができないことを数学的に証明してみせました（Axelrod & Hamilton, 1981）．つまり長期間のつき合いと，しっぺ返しのような振る舞いこそが直接互恵性の鍵であることを示したのです．

直接互恵性から進化した心理メカニズム

　しっぺ返し戦略の成功の秘訣とは何でしょう（Axelrod, 1984）．まず，第一ラウンドで協力をするようなよい（nice）性質を持つこと．これは要らぬトラブルに巻き込まれることを防ぎます．次に，相手の裏切りの直後にこちらも裏切り返すような報復的（retaliatory）な性質を持つこと．これは相手につけ込まれることを防ぎます．第三に，相手が協力に転じたらこちらもすぐに協力で応じるような寛大さ（forgiving）を持つこと．これで協力関係を再構築できます．そしてこれらの明確な（clear）ルールに従って行動していれば，他者から見て理解しやすい人物になることができ，長期的な協力関係を築くのに有利でしょう．

　こうやって考えてみると，前述の nice, retaliatory, forgiving, clear というしっぺ返し戦略の持つ四つの特徴は，繰り返し囚人のジレンマゲームという数学的な対象において有効であるだけではなく，私たちの日々の生活で周囲の人々とうまくつき合っていくための秘訣にもなっていることがわかります．実際，直接互恵性のメカニズムを提唱したトリヴァースは，ヒトが持つ多くの社会的感情には直接互恵性への適応が潜んでいるのではないかと予想しました（Trivers, 1971）．たとえば，友情や好き・嫌いといった感情は，すでに存在している互恵的な関係を強化するのに役立ちます．また，道義的な憤りや報復の感情は，フリーライダーを更生して互恵的関係を築いたり，フリーライダーを排除して自己の利益を守ったりすることに役立ちます．罪や償いの意識は，崩れかけた互恵的関係を修復するのに大いに役立つでしょう．

4 ┣•━ 裏切り者検知から進化した心理メカニズム

　繰り返し囚人のジレンマゲームの例で見たように，互恵性による利益は無条件で人々にもたらされるのではありません．私たちは常に裏切り行為がないかを監視し，そして発見することに神経を使わねばなりません．レダ・コスミデスとジョン・トゥービーはハーバード大学出身の心理学者で，進化心理学（evolutionary psychology）という学問の名づけ親でもあります．彼らはトリヴァースの考え方に影響を受け，直接互恵性が強い淘汰圧となった結果，ヒトの心は裏切り者検知がとても得意なように進化したはずだと考えました．「裏切り」という行為をより一般化して考えると，対価となるコストを支払っていないにもかかわらず，利益だけを得る行為と考えることができます．対価を払う相手は必ずしも個人とは限りません．たとえば，自治体や国に税金という対価を払うことで，人々は様々な市民サービスの恩恵を受けています．脱税はこの対価を支払わないという「裏切り」です．私たちの社会には，制度として定まっているものから慣習で行われているものまで，様々なところに「利益を受ける者は必ずその対価を支払っていなければならない」というルールが横たわっています．コスミデスらは，このルールこそが，社会的に生きる私たちが自らが所属する社会と結んだ契約，つまり社会契約の基本であると考え，ヒトの心理は，社会契約の文脈における裏切り者に対して，特別に敏感に反応する性質を有しているだろうと考えました．

　この仮説を検証するため，コスミデスはウェイソン選択課題と呼ばれる心理学の実験方法を用いました（Cosmides, 1989）．これは 4 枚カード問題とも呼ばれます．実験では参加者に 4 枚のカードを渡します．これらのカードには片面にはアルファベットが，もう片面には数字が書かれていて，参加者はテーブルに置かれた 4 枚のカードそれぞれの表面だけを見ることができています．裏面は，カードを裏返さない限り知ることはできません．

　たとえば，テーブルの上に「D」「F」「3」「7」と書かれているカードが並んでいたとします．そこで実験者が問題を出します．「『カードの片面に D が書かれているならば，もう片面には 3 が書かれている』という法則が成立してい

	P	not P	Q	not Q
a	D	F	3	7
b	ビール	コーラ	25 歳	16 歳
c	キャッサバ	モロの実	入れ墨あり	入れ墨なし
d	年金を もらっている	年金を もらっていない	勤続年数 10 年	勤続年数 8 年

■図9.4　様々な4枚カード問題

るか否かを調べるためには，あなたはどのカードを裏返してみる必要がありますか」と（図 9.4a）．

　論理学の言葉に直せば，この問題は，「『P ならば Q』が成り立っているかどうかを調べるにはどのカードを調べればよいですか」という問題と同値です．ここで P とは「カードの片面に D が書かれている」であり，Q とは「もう片面には 3 が書かれている」に対応します．そして「D」「F」「3」「7」はそれぞれ「P」「not P」「Q」「not Q」なる事例に対応します．

　「P ならば Q」が成り立っているかを調べるには，この規則に従っていない例，つまり反例がないかを探す必要があります．反例とは「P であるにもかかわらず not Q である」例なので，「P の裏に not Q が書かれていないか」と「not Q の表側に P が書かれていないか」を調査する必要があります．したがって，裏返して調べるべきカードは P と not Q であり，前述の問題の場合，「D」と「7」です．しかし，このような抽象的問題の正解率は一般に低く，コスミデスの実験では約 4 分の 1 にとどまりました．P を裏返せばよいことには気づきやすいものの，not Q を裏返す必要があることにも気づくことはなかな

か難しいのです.

　ところが, この課題の論理構造を保ったまま, 問題文に社会契約の文脈をつけ加えたらどうでしょう. たとえば, 1枚のカードはある人物を表しているとして, カードの片面に「飲んでいる飲み物」, もう一方の側に「その人の年齢」を書いた4枚カードを用意します. 今, 表に「ビール」「コーラ」「25歳」「16歳」が見えているとしましょう (図9.4b). ここで『ビールを飲んでいるならば, その人物は20歳以上である』という法則が成立しているかを調べるためには, どのカードを裏返せばよいでしょうか.

　答えは簡単です.「ビールを飲んでいる人」および「16歳の人」をチェックしたくなるはずです. 実際このような問題では裏返すべきカードを正しく答えられる人は約7割にも及びました (Griggs & Cox, 1982). カードの内容を飲み物と年齢に変えただけで正答率が上昇したのは, 最初の抽象的な問題には社会契約の文脈がなかったのに,「飲み物問題」には社会契約の文脈, つまり「アルコールを飲むという快楽を享受するためには, その結果起きることに対して自ら責任をとるという対価を払わねばならない」が存在しているためと考えることができます. しかし, 別の解釈も存在します. たとえば, 飲み物と年齢の関係は私たちの日常生活に存在する事柄で, DやFといった抽象的な話よりも身近なものです. ですから正答率の上昇は, 社会契約の文脈が加わったからではなく, 話題が馴染みのあるものになったからだ, という説明も可能でしょう.

　そこで, コスミデスは私たちには馴染みのない話題が出現する4枚カード問題を作りました. カード1枚1枚はカルアメ族という架空の部族の男に対応し, 片面にはその男が食べているもの, もう片面には顔に入れ墨があるかないかが書かれています. 4枚のカードの表面にはそれぞれ「キャッサバ」「モロの実」「入れ墨あり」「入れ墨なし」と書かれており (図9.4c), 実験者は参加者に「『男がキャッサバを食べているならば, その男の顔には入れ墨がある』という法則が成立しているかどうかを確認するためには, どのカードを裏返す必要がありますか」とたずねるのです.

　コスミデスはここに社会契約の文脈を導入します. 具体的には,「この村では結婚すると顔に入れ墨を入れる習慣がある. モロの実と違ってキャッサバには性欲を高める効果があるので, 既婚者しか食べてはいけないことになってお

り，未婚者にはご法度である」という内容のリード文を読ませたのです．すると，驚くべきことに，正答である「キャッサバ」と「入れ墨なし」を選んだ参加者は 75% に上昇したのでした．しかし，「成人して顔に入れ墨をした男性は島の南部に移り住み，島の南部ではキャッサバが取れる」という非社会契約の文脈を与えても，正答率は何ら上昇しませんでした．この分析により，参加者が話に馴染みがあるかどうかではなく，その話に社会契約の文脈が存在するかどうかが，4 枚カード問題の正答率を上げる鍵であることが示されました（Cosmides, 1989; Cosmides & Tooby, 1992）．

　ゲルト・ギゲレンツァーらは，次のような 4 枚カード問題を作りました（Gigerenzer & Hug, 1992）．カード 1 枚 1 枚は労働者に対応しており，片面には年金受給の有無，もう片面には勤務年数が書かれています．そして 4 枚のカードの表面にはそれぞれ，「年金をもらっている」「年金をもらっていない」「勤務年数 10 年」「勤務年数 8 年」（それぞれ P, not P, Q, not Q に対応）と書かれています（図 9.4d）．課題は，「『ある人物が年金をもらっているならば，その人物は少なくとも 10 年は勤務した』（P ならば Q）という法則が成り立っているかを調べるためには，どのカードをめくればよいか」というものです．

　この問題の正答は「年金をもらっている」と「勤務年数 8 年」（P と not Q）のカードをめくることです．実際，自分が経営者であるというリード文を読んだ参加者のうちの 70% はこの正答に達することができました．経営者としては，10 年未満しか勤務していないのにもかかわらず年金をもらっている人物は，会社の資産を不正に持ち出している裏切り者です．ですから，会社に対しての裏切り者検知能力が発揮されたのです．

　しかし，自分は労働者であるというリード文を読んだ後に同一の課題に取り組んだ参加者の 64% は「年金をもらっていない」と「勤務年数 10 年」（not P と Q）の 2 枚のカードを選んだのです．これは論理的には明らかに誤答です．しかし，裏切り者検知の視点で見たらどうなるでしょう．労働者にとっては，10 年以上勤務したのにもかかわらず年金を支払わない会社は，不正を犯して労働者を欺いている裏切り者と映ります．ですから，もともとの命題の逆，すなわち『ある人物が少なくとも 10 年は勤務したならば，その人物は年金をもらっている』（Q ならば P）が成り立っているかを調べようとしてしまったので

す．これは論理学と裏切り者検知能力が対立した時には，正しい論理を押しの
けてでも裏切り者検知能力が発揮されてしまうことがあることを示す好例と言
えるでしょう．それほどまでに私たちは裏切り者検知が得意なのです．

5 ｜•• 間接互恵性とモラル

　直接互恵性は，恩を受けた側が恩を与えてくれた当事者に後でお返しをする
という二者間の仕組みです．対して，世の中には与え手と受け手の二者間に限
られない協力のやりとりも存在します．たとえば，親切の受け渡しを考えてみ
ましょう．ある人物 X は困っている Y に手を差し伸べて助けたとします．こ
の X の善行を評判（reputation）などを通じて知っている第三者 Z が，今度は X
が困っている場面に遭遇したとしましょう．すると Z はよい評判を持つ X を
助けてあげようと思うでしょう（図 9.5）．

　この例が直接互恵性と異なるのは，直接互恵性ならば X に助けてもらった
Y 自身が後日 X に対して恩返しをするのに対し，この例では X を助けるのは
Y ではなく第三者の Z であるという点です．つまり，協力をしてもらった個
体と協力のお返しをする個体が違うのです．では，Z はただ協力のコストを支
払うだけでしょうか．いいえ，Z は X を助けることで Z 自身もよい評判を手
に入れることができるので，Z が困った時には Z のよい評判を知る第三者 W
が現れて，Z を助けることでしょう（図 9.5）．そして今度はこの W が誰かに協
力をしてもらえる……という具合に，協力の輪がグループ全体，社会全体に広
がっていくことが考えられます．このように協力の受け手以外の第三者が協力
者にお返しをすることで行われる協力の受け渡しのしくみを，直接互恵性との
対比から，間接互恵性（indirect reciprocity）と呼びます．

　間接互恵性において協力を提供した人物は，社会からよい評判を得て，また
その評判によって自分が困った時に社会の誰かから助けてもらうことができま
す．アメリカの進化生物学者，リチャード・アレグザンダーは，著書 “The Bi-
ology of Moral Systems”（Alexander, 1987）の中で，間接互恵性こそ私たちの道徳
システムの起源であろうと述べています．間接互恵性が成立している社会では，
他者を援助する行為はやがては自らの身を助けることになります．したがって，

「困っている人を助けなさい」という
ルールに従うことは進化的に有利とな
るでしょう．そしてこのルールは，親
から子へと文化的に受け継がれるよう
になり，私たちの道徳感情の一部にな
ったと考えられます．

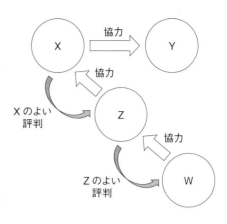

■図9.5　間接互恵性のしくみ

　道徳観の成立に間接互恵性が寄与し
たからといって，道徳感情に突き動か
されて行われる行為の裏には常に見返
りの期待がある，と解釈するのは誤り
です．見返りの存在は，道徳感情の究
極要因（なぜそれが進化したか）であ
るだけで，至近要因（なぜ今それを行うか）ではありません．無償のボランテ
ィア活動や匿名の募金などは，見返りを求めない協力行動の好例と言えるでし
ょう．

間接互恵性の実証研究

　間接互恵性が大きな効果を発揮するのは，人々が「他人」と接する機会が多
くなった農耕牧畜の成立後と考えられます．農耕牧畜が成立することで，人々
の生活形態は遊動から定住へと徐々に変化しました．たとえば，農業を行うに
あたっては土壌が肥沃で水を得やすい場所が必要ですが，そのような場所は自
ずと限られてきます．人々が1カ所に集中するとともに農耕牧畜によって食糧
生産が安定化すると，人口も増大しました．すると，人々は必然的に多くの他
人と接するようになったのです．「人と人」のつき合いから「人と社会」のつ
き合いが増えるに従って，間接互恵性はより重要性を増していったでしょう．

　間接互恵性の仕組みの中でうまく人づき合いをしていくためには，常日頃か
らつき合いのある人物だけでなく，あまりつき合いのない人物に関しても，そ
の人物の評判に関する情報を絶えず最新のものに更新し，誰が協力に値して誰
が値しないかを見定める必要があります．たとえば，私たちの日常会話のおよ
そ3分の2は他人の話であるという研究もあります（Emler, 1994）．

同様に私たちは自らの評判をとても気にかけ，そのコントロールには細心の注意を払うでしょう．なぜなら，間接互恵性で回っている社会の中で自らの評判を落とすことは，協力の輪に加われなくなることを意味するからです．実際，間接互恵性の状況を模した実験室内での実験研究では，自分が過去に協力したか否かの行動履歴が他者に知られない場合よりも，その履歴が他者に暴露される場合のほうが，参加者がより協力的になることが知られています（Engelmann & Fischbacher, 2009）．人は他者から評価される機会の有無に敏感で，他者から評価を受けることがわかっている場合には，自分の評判を落とさぬように努めるのです．

　幼児の行動観察に基づく研究では，5～6歳児は他者に親切にしている相手に対してより親切に，そして親密に振る舞うことが知られています（Kato-Shimizu *et al.*, 2013）．これは間接互恵性の原理に適う行動傾向が幼少期にすでに見られることを示しており，ヒトの一生における間接互恵性の重要性を物語っているとも言えるでしょう．

6 ┼• 実験室で明らかにされるヒトの社会性

　ヒトが持つ社会性には様々な側面が存在します．ここまで見てきた協力行動の他に，公平や信頼の感情，懲罰の感情なども他者との互恵的な関係の中で進化的に育まれてきたものだと考えられます．ヒトの社会性についてより深く調べる方法の一つとして，実験室に参加者を呼び，様々な変数を統制した状態で人々がどのような行動をするかを調べる実験研究が挙げられます．このような行動実験は，たとえば社会心理学（social psychology）の分野で多く用いられてきました．また，経済学においても実験経済学（experimental economics）の名で，人々の行動や社会選好を解き明かすために用いられてきました．

　典型的な実験デザインでは，参加者に動機づけを与えるために現金もしくはそれに代わるもの（以下，「トークン」と呼ぶ）を与え，実験で用意されたシナリオに応じて，参加者はトークンを他者に受け渡したりするか否かを決定します．もちろん，実験のシナリオ中で「成功した」行動をとった参加者は，それだけ多くの報酬を実際に持って帰れるというしくみです．

本節ではいくつかの主要な実験について解説したいと思います.

囚人のジレンマゲーム

第3節で説明した囚人のジレンマゲームを,実際に人間の参加者間で行ってみます.実験では10ラウンドの囚人のジレンマをラウンドごとに別な匿名の相手と行った場合(同一人物との繰り返しなし条件)と,10ラウンドを同じ匿名の相手と繰り返し行った場合(同一人物との繰り返しあり条件)とを比較しました.すると,前者よりも後者で協力率が高いことがわかりました (Cooper *et al.*, 1996).これは,繰り返し囚人のジレンマゲームモデルの予測の通りです.ただ,同一人物との繰り返しなし条件においても,5割以上のラウンドで協力を選ぶような参加者が,全体の1割程度存在していました.これは,1回きりの囚人のジレンマでは協力は起きないというゲーム理論の予測とは異なるものでした.

公共財ゲーム

公共財ゲーム (public goods game: PGG) は,しばしば囚人のジレンマの多人数版として見なされるパラダイムです.このゲームには n 人(n は2以上)の参加者が参加します.各参加者には予め決まった額のトークンが渡されます.ゲームは以下のように進行します.まず,各参加者は,他の参加者と相談なしに,自分が持つトークンのうちのいくらを公共財 (public goods) に投資するかを決定します.公共財とは人々が自由に使える財のことを指し,現実社会ではたとえば道路,橋,公園,消防,市民サービスのようなものに対応します.公共財への投資額は,いわば税金のようなもので,このゲームでは各参加者がその額を決定できるとします.そして n 人の参加者は投資額を同時に表明します.

公共財へ投資された総額が計算されると,実験者はトークンを積み増すことでその総額を $r(>1)$ 倍に増やします.これは,支払った税金の総額以上に利益のある公共財が生み出される過程を模倣したものです.たとえば,村に大きな川が流れているとします.もし村人が少しずつ税金を支払ってこの川に橋をかけたら,交通の便がよくなり,支払った税金以上の価値が生み出されるでし

ょう．倍率の r はこの効果の大きさを表すパラメータです．

公共財ゲームでは，このようにして r 倍にされた公共財への投資が，各参加者の投資額の多寡にかかわらず，参加者 n 人に均等配分される形で戻されます．最も重要なのは，再配分額が「各参加者の投資額」と関係なく定まるという点です．先ほどの橋の例に戻ると，いったん橋ができてしまえば，支払った税金に関係なく誰もが橋を通行できるようになります．均等再配分の仮定はこのような公共財の性質から来ています．

公共財ゲームではどのような行動が予測されるでしょうか．他者がどんな額を投資したかは差し置いて，自分の投資額によって自分が受け取る再配分額がどのように変化するかを考えてみましょう．自分が公共財への投資額を 1 増やしたとすると，このことによって公共財への総投資額も 1 増加し，r 倍された後の額は r だけ増加します．したがって，この n 分の 1 である r/n だけ自分への再配分額は増加するでしょう．

まとめると，投資額を 1 増やすと自分への再配分額は r/n だけ増えるのですから，

$r/n > 1$ ならば投資額を増やすとそれだけ得をする

$r/n < 1$ ならば投資額を増やすとそれだけ損をする

ことがわかります．言い換えれば，$r > n$ ならば各人はできるだけ公共財への投資額を多くし，$r < n$ ならば各人はできるだけ公共財への投資額を少なくする（0 にする）ことが予測されます．

ほとんどすべての公共財ゲームでは，倍率 r は条件 $r < n$ を満たすように設定されます．つまり参加者各人は公共財に投資する動機を持ちません．しかしながら，もし参加者全員がそれぞれ全額 C を公共財に投資すれば，各人が受け取る再配分額は $r(nC)/n = rC$ となりこれはもともとの投資額 C を上回るので，より社会的に望ましい状態が実現されます．このように，個体にとっての最適と社会にとっての最適が異なる状況を一般に，社会的ジレンマ（social dilemma）と呼びます．ゲーム理論によれば，個人は自らの利益を最適化しようとするので，社会的ジレンマでは協力は達成されないはずだという予測が成立します．これは生物学でも同じで，社会的ジレンマ状況では，協力を促進する何か別のメカニズム（血縁淘汰や互恵性など）がない限り，協力は進化しない

ことが予測されます．このように，皆が使える資源や財を守ろうとすると，非協力的な個体によってその資源を搾取されてしまうために結局資源や財を守ることができなくなってしまう現象を，共有地の悲劇（tragedy of the commons）と呼びます．実際に，匿名下[1]で公共財ゲームを人間の参加者間で行うと，参加者がこのゲームの構造を徐々に理解するにつれて，公共財への投資額が低下してしまうことが知られています（Fehr & Gächter, 2002）．

罰あり公共財ゲーム

　罰（punishment）とは，狭義には非協力的な相手に損害を与えて相手から協力を引き出すことを図る行動をさします．エルンスト・フェールらはこの罰を公共財ゲームに組み込んだ実験を行いました（Fehr & Gächter, 2002）．実験ではまず前述の公共財ゲームが匿名で行われ，各参加者の投資額が開示されます．匿名と言っても実験室世界でのタグは付与されるので，投資額の多い人と少ない人は見分けられるしくみです．次に罰ステージが始まります．このステージで参加者は，同じグループの参加者に対して好みの量の罰を与えることができます．誰かに罰を1ポイント与えるためには，自分は1トークンを実験者に支払わないといけません．しかし，実験者は罰のターゲットとなった人物から罰1ポイントあたり3トークンを没収してくれます．没収されたトークンは罰を与えた人に還元されることはなく，実験者が没収するだけです．

　こうやって公共財ゲームに罰のオプションがつけ加えられたことを参加者に知らせただけで，公共財ゲームでの投資額は劇的に上昇しました（Fehr & Gächter, 2002）．すなわち，投資額を少なくすると罰を受けるだろうと参加者は予期したのです．そして，実際に，平均よりも投資額が少ない参加者が，同じグループのメンバーから罰を受けやすいことが明らかになりました．罰の力は偉大だったのです．

　この実験は罰が協力を引き出すことを示した点に意味がありますが，一つ腑

---

1) 匿名性が重要なのは，もし記名で実験を行うと，参加者が実験後の日常生活における対人関係への影響を意識してしまい，評判による効果を無視できなくなってしまうからです．

に落ちない点があります．それは，参加者がなぜトークンを支払ってまで罰を与えたかという点です．実は，この実験はラウンドごとに公共財ゲームに参加する人をシャッフルして行い，参加者にもそのことを理解させていました．つまり，現在公共財ゲームをプレイしている相手とは，次のラウンド以降で公共財ゲームをプレイする機会はないのです．さらには，「あの人は前回他者に対して罰を与えた人だ」といったような評判情報が成立する可能性も排除した実験デザインでした．こういった実験デザインでは，コストを支払ってまで相手を罰することに利益を見出すことができません．X が投資量の少なかった Y を罰したとします．Y は改心して次回以降投資量を増やすかもしれません．しかし，Y はもう二度と X と公共財ゲームをプレイすることはないのです．言い方を変えれば，Y が改心したことによって得をするのは X ではなく，Y が次回以降に公共財ゲームをプレイする相手である Z です．行為の結果，自らを利する要素がなく，もっぱら第三者を利する可能性のみ存在するこのような罰を，利他的罰（altruistic punishment）と呼びます．

　ヒトがなぜ利他的罰を行うのか，その理由はまだはっきりとはわかっていません．「大きな間違い仮説」（big-mistake hypothesis）もしくは「ミスマッチ仮説」（mismatch hypothesis）と呼ばれる仮説では，ヒトの祖先における社会的相互作用はしばしば同じ人と繰り返し行われたり，他者から観察される可能性が高く評判に影響することが多かったりしたので，実験室で人工的に作られた，出会いが一度限りで評判情報も使えない環境には私たちは馴染みがなく，繰り返しや評判を意識した行動がついデフォルトで出てしまうのだと説明します（Hagen & Hammerstein, 2006; West *et al*., 2011; Raihani & Bshary, 2015）．同じ人と繰り返し相互作用するのであれば，今回罰を与えて相手を威嚇しておき，次回以降その相手が協力的になってくれることで自らの利益を引き出せることでしょう．評判も同様で，罰を与えることで「非協力を決して許さない人だ」という評判を獲得できれば，自分に初めて出会う人からも協力を引き出せて有利になります．前述の実験で，参加者は繰り返しも評判成立の可能性もないことを認知的には知っていたはずです．しかし，だからと言ってそれが行動に反映されるかどうかは別の話です．

最後通牒ゲーム

最後通牒ゲーム（ultimatum game: UG）は，公平への選好を測るために用いられてきた実験パラダイムです（Güth *et al.*, 1982）．このゲームは提案者と応答者の2人で行われ，提案者にはある一定額（たとえば1000円としましょう）が実験者から渡されます．提案者はこの1000円をどのように2人で分けるかを応答者と相談なしに決定します．たとえば，2人で500円ずつ分けるという提案も，自分が1000円をとって相手に何も分配しないという提案も可能です．提案者からの分配案を受けて，応答者はそれを受諾するか拒否するかを決定します．もし応答者が受諾すれば，提案者の分配通りにお金が分配されてゲームは終わります．反対に，もし応答者が拒否すれば，交渉は決裂ということになり，両者ともお金を1円たりとも持って帰ることができずにゲームは終わります．提案が決裂したらもうその後はない点が，このゲームが最後通牒ゲームと呼ばれているゆえんです．

個体は常に自らの利益を最大化するはずだ，という前提に立ってこのゲームの帰結をゲーム理論の立場から考えてみましょう．利益最大化で動く応答者は，1円以上を持って帰れるほうが1円も持って帰れないよりは望ましいと考えるはずなので，どんな正のオファーも受諾するはずです．このように考えた提案者は自らの利益を最大にするために，提案者が999円をとり応答者が1円をとる分配案を提示し，そして応答者は利益最大化の原理に基づきこれを受諾するだろう，という予測が立ちます．

しかし，このゲームを人間の参加者間で行うと，このような行動は見られません．応答者は，自分の取り分が少ない提案ほど拒否する傾向が増し（Fehr & Schmidt, 1999），たとえば，応答者が総額の25%未満しか受け取れないような提案に対する拒否率は80%にも及びます（Camerer, 2003）．このような応答者の対応を見越してか，提案者が相手に提案する額の平均的割合は40～50%程度になります（Oosterbeek *et al.*, 2004; 小林，2021）．

不公平な分配に対し，受諾すれば得られる利益を捨ててまで拒否するこのような応答者の行動をどう解釈すればよいのでしょうか．一つは評判の効果です．自分にとって不利な分配を拒否し続ける応答者は，一時的には損をします．しかし，妥協をしない応答者であるという評判を獲得できれば，拒否を恐れた提

案者からより有利な分配案を引き出せることでしょう．実際，評判形成を許した条件下では，そうでない条件下よりも応答者が受諾する最低配分額の水準が上がったという実験結果があります（Fehr & Fischbacher, 2003）．ただ，これは評判形成が不可能な時になぜ応答者が分配を拒否するかについての説明にはなりえません．

究極要因の一つとしては，やはり「大きな間違い仮説」が候補です．不公平に対して報復で対応することは短期的には損かもしれませんが，タフな個体という評判を通じて他者から公平な分配を引き出せれば，結果として長期的には自己にとって利益となる行動でしょう．このようなデフォルトの行動が人工的な実験室環境でも発揮されたのかもしれません．

では至近要因はどうでしょう．不公平忌避の心理が応答者に強く働いた可能性があります．実際，fMRI（核磁気共鳴画像法）で最後通牒ゲームをプレイ中の参加者の脳活動を調べた研究では，不公平な提案に対して脳の前島皮質（anterior insula）が活性化することが示されました（Sanfey et al., 2003）．前島皮質は情動の生起にかかわる部分で，特に負の情動との関連が示唆されています．前島皮質の活動が高いほど不公平な提案は拒否される傾向にあり，これは不公平に対する負の情動が拒否を促したと解釈できます．

しかしながら，最後通牒ゲームにおける拒否が，本当にその人物の不公平忌避を表しているかどうかは議論の余地があります．男性ホルモンであるテストステロン値が高い男性のほうが低分配額を拒否しやすい（Burnham, 2007）ことから，低分配額の提案を自らへの「挑戦」と受け止め，そのような挑戦には屈しないことを提案の拒否によって示しているという解釈も存在します．事実，最後通牒ゲームで低分配額を拒否することと，他のゲーム実験で向社会的な行動をとることの間には相関がないことが報告されています（Yamagishi et al., 2012）．

ヒトは元来協力的か

実験室でのゲーム実験は，ヒトが元来備えている行動傾向やくせ（偏向）の一端を明らかにできると期待できます．たとえばヒトは元来協力的なのでしょうか．1回きりの囚人のジレンマゲームを用いた実験で，参加者は相手が協力

を選んだという情報を得てから行動を選択すると，相手の選択がわからない状態で同時に行動を選択する時よりも，相手に対し協力を選ぶようになるという傾向が明らかになりました（Kiyonari *et al.*, 2000）．1回きり囚人のジレンマゲームでは，相手が協力を選んでも，相変わらず自分は非協力を選ぶほうが有利であるにもかかわらずです．このようなヒトの行動傾向は，社会的交換ヒューリスティック（social exchange heuristic）と呼ばれます．ヒューリスティックというのは，論理的思考を用いることなく，経験則に従って問題を解決する方法のことです．1回きりのゲームでも「相手の協力には協力でお返しする」というヒューリスティックが発揮されるのは，ヒトの進化において直接互恵性に基づく社会関係が重要であったためと考えられます．

　本章では血縁によらないヒトの協力について見てきました．特に互恵性という仕組みはヒトの協力の基盤を成していると言えます．この分野は実験研究も盛んで，近い将来には行動レベルのみならず内分泌や遺伝子といったレベルでもその実体が明らかにされていくことが期待されています．

[さらに学びたい人のための参考文献]

小田亮（2011）．利他学　新潮社
　進化的視点から，利他行動のしくみ，維持機構，チンパンジーとの比較など，ヒトの利他性について網羅的に解説した書．

亀田達也（2017）．モラルの起源——実験社会科学からの問い　岩波書店
　実験で得られた知見をもとに，利他性，共感，正義といった私たちの向社会的な心の起源を解き明かす文理横断的な試みを紹介．

小林佳世子（2021）．最後通牒ゲームの謎——進化心理学からみた行動ゲーム理論入門　日本評論社
　最後通牒ゲームに関する成果を網羅的に集約し，かつ平易にまとめた書．後半では理論的予測と実際の人間行動のギャップについて，進化の観点から説明している．

第 10 章

雄と雌：性淘汰の理論

　ここまでの各章では，ヒトであれば誰もが備えているはずの基本的な心の設計について調べてきました．これらの心の基本設計は，およそ 20 万年前にホモ・サピエンス（*Homo sapiens*）が出現して以来，すべての個人が備えていると考えられる基本構造です．しかし，ヒトの中には二つの異なるタイプがあります．ヒトだけでなく，すべての有性生殖する生物には，同種の中に二つの異なるタイプがあるのです．それは，雄と雌です．この章では，雄と雌がある有性性について進化生物学が明らかにしてきたことを説明していきます．

1 ╟─• 生物における性差

「男と女」と「雄と雌」

　ヒトという生物を観察し，ヒトが営んでいる社会を見ると，男と女の間にはいろいろな違いが見られます．それらは，体格や脂肪のつき方などのからだの作りの違いから，行動の違い，好みの違い，社会参加の度合いの違いなどまで，実に様々です．これらの違いの中には，生まれつきの違いと考えられるものも，子どもが育てられていく過程で教え込まれるもの，つまり，文化によって作られていくものもあります．

　そのような事実に加えて，日本を含む多くの社会の文化では，長い間，女性が様々な点で差別されてきました．その差別の中には，現在でも続いているものもあります．それらを是正したいと，多くの人が願っていることでしょう．

では，どうやって差別をなくすのか．それを考える時の一つのスタンスは，男女の間の生物学的な性差は，本来はとるに足らないものであり，現在見られる行動や態度，好みなど，男女間に見られる様々な違いのほとんどは，文化が作り上げてきたものだ，とするものです．

　文化とは，ある集団がたまたま持つに至った考えの集合に過ぎず，文化が作り出した「男らしさ」や「女らしさ」に関する概念がただの虚構に過ぎないのだとしたら，その虚構を取り除けば，差別を解消することはできるでしょう．しかし，本当にそうなのでしょうか．

　本章では，そもそもなぜ雄と雌があるのか，ヒト以外の生物における性差はなぜできるのか，生物における性差について見ていきます．その上で，ヒトという生物における性差と性差別と文化について，それらをどのように解きほぐしていけばよいのか，次章で考えたいと思います．

無性生殖と有性生殖

　性を持たずに増えていくことを無性生殖と呼びます．無性生殖する生物は，大腸菌や酵母，ヒドラやイソギンチャク，ある種の両生類の仲間，多くの植物など，たくさん存在します．これらの生物には雄と雌という区別はなく，繁殖は，分裂や出芽など，性を介さないやり方によって行われています[1]．一方，雄と雌という二つの性を持ち，雄と雌によって繁殖が行われることを有性生殖と呼びます．生物界全体を見ると，有性生殖は多くの分類群に広く見られます．

　では，そもそも，雄とは何で，雌とは何でしょうか．それは，生産する配偶子の大きさの違いです．有性生殖する生物は，個体が，自分の遺伝子のつまったパックであるところの配偶子を放出し，他個体の放出した配偶子と合体させることによって繁殖します．この配偶子には，親個体の持つ遺伝子の半分のセットが入っており，2個体からきた半セットずつの遺伝子が合わさり，1セッ

1）このような無性生物であっても，複製することとは別に，時々他個体との間で遺伝子の交換を行うことがあります．有性生殖がなぜ進化したのかは，繁殖上の有利さというよりも，子どもが遺伝的に多様になることにあったようです．ここでは，有性生殖そのものの進化についてはとりあげないことにします．

■図 10.1　卵子と精子（ハムスター）（撮影：D. M. Philips: Alcock, 1998）

トになることによって子どもとなります.

　このことだけから考えれば，配偶子は，半セットずつの遺伝子がつまってさえいれば，どれもみんな同じ大きさであってよいはずです. ところが，ほとんどすべての有性生殖する生物の配偶子には，大きさが異なる 2 種類があります. より小さいほうの配偶子を精子と呼び，精子を生産する個体を雄と呼びます. そして，より大きいほうの配偶子を卵子と呼び，卵子を生産する個体を雌と呼ぶのです. 雌雄の決定的な違いは，からだの大きさの違いでも，生殖器官の形の違いでもなく，生産する配偶子が大きいか小さいかということにあるのです.

　なぜ二つの配偶子の間に大きさの違いがあるのかと言えば，それは，栄養をつけているかいないかの違いです. 精子も卵子も半セットずつの遺伝子を持っているのは同じですが，卵子には栄養がついているので大きいのです（図 10.1）. 一方の精子には栄養はなく，自己推進するエネルギーだけを持っています. ですから，精子と卵子が合体（受精）した後の当座の栄養はすべて，卵子が提供することになります.

性差の存在

　さて，雄と雌の違いが，精子を生産するか卵子を生産するかの違いであるの

ならば，雄と雌とは，そのことにおいてのみ異なっているだけでよいはずです．また，哺乳類のように雌が子に授乳するのならば，雌の乳腺は発達するけれども，雄の乳腺は発達しないというのも，当然と考えられます．ところが，いろいろな動物を見ればわかる通り，雄と雌の間には，それ以外の部分にも様々な性差が見られます．

　多くの哺乳類のからだの大きさは，雄のほうが雌よりも大きく，たとえばゴリラの雄の体重は 160kg もありますが，雌は 90kg ぐらいしかありません．小さい精子を生産するだけなら，雄などずっと小さくてかまわないはずではないでしょうか（実際，チョウチンアンコウの雄などは体長で雌の十分の一くらいの大きさしかありません）．

　雄と雌とでからだの色が違う動物もたくさんいます．特に鳥類ではその傾向が著しく，日本の山林に住むオオルリやジョウビタキのような小鳥から，ニューギニアに生息する派手なフウチョウ類まで，華麗な色彩をしているもののほとんどは雄です．雄が美しい色をしている種類の雌は，たいてい地味な色をしています．シカやカブトムシの角，クジャクの美しい飾り羽などといった「武器」や「装飾」は，雄だけが持っていることがほとんどです．

　ここに挙げたような色彩やからだの構造は，精子を生産することや卵子を生産することとは，直接の関係がありません．このような，生殖器の活動と直接に関係のないところで表れる，性に付随した特徴を，二次性徴と呼びます．

　性差は形態以外の形質にも表れます．多くの昆虫では，サナギから成虫になる時期を見ると，雄のほうがひと足早く出現して雌が出てくるのを待っています．渡りをする鳥の多くは，雄のほうが先に目的地に到着してなわばりを構えます．なわばりと言えば，多くの動物は，片方の性だけがなわばりを持つことがあり，イトヨやトゲウオなどの魚や，ヨシキリやウグイスなどの鳥は，雄が繁殖のためのなわばりを獲得して，そこに雌を呼び込みます．一方，ニホンザルなどの旧世界ザルでは，雌の集団がなわばりを持っていて，そこに雄が加入してきます．

　カエル，オケラ，シジュウカラ，アカシカなどは，繁殖期に雄だけが特有の声を出して鳴きますが，雌は同じようには鳴きません．多くの哺乳類は，どの年齢をとっても雌の死亡率のほうが雄の死亡率よりも低く，雌のほうが長生き

するのが一般的です．からだの大きさ，色彩，形態，行動，生活史のパラメータなど，およそあらゆる形質に性差は見られます．

これらの形態や行動パターンの性差に関して面白いのは，どちらの性が何を持っているか，何をするかについて，一貫した傾向が見られることです．つまり，どちらかの性がどのような性質を見せるのかはランダムではなく，様々な種を越えて一貫した傾向が見られるのです．「武器」や「装飾」などの派手なものを持っているのは雄，同性どうしで闘争を繰り広げるのは雄，鳴いたり踊ったりして求愛行動を積極的に行うのは雄，そして，早死にするのも雄，といった具合です．そして，少数の動物ですが，それが雄と雌とで逆転している種もあります．

それでは，これらの形態や行動パターンにおける性差はなぜ生じるのかを見ていくことにしましょう．

2 ｜•• 性淘汰の理論

ダーウィンの性淘汰の理論

このような二次性徴の存在について，それを科学的に説明するべき問題であると最初に考えたのは，自然淘汰の理論を構築したチャールズ・ダーウィンでした．彼は，自然環境が相手の「一般的な」闘いにおいて有利な形質は，雄だろうが雌だろうがすべての個体が身につけるようになるはずだと考えました．それが，彼の考えていた自然淘汰の結果でした．そこで彼は，雄だけしか持っていない形態や行動は，雌はそれなしでも十分に適応してやっていけるのであるから，自然淘汰の観点からすれば関係ないもの，無駄なものだと考えました．そうだとすると，そのような形質を片方の性の個体だけに発達させるような，別の淘汰が働いているということになります．彼は，それを性淘汰（sexual selection）と名づけました．

ダーウィンは，自然淘汰は，自然環境を相手とした一般的な生存に関する闘いの結果として生じると考え，性淘汰は，繁殖の機会をめぐる同種個体間の競争から生じると考えました．雄は精子を生産する個体，雌は卵子を生産する個

体ですが，配偶のためには，互いに相手を見つけるための競争があるはずです．雄か雌かによって，その競争の様相に違いがあるならば，その結果として，雄と雌とは同種であっても異なる形質を獲得するようになり，さらに，直接の配偶子生産とは関係のないところにまでも，違いが出てくるかもしれません．

　先に述べたように，自然界を見渡すと，配偶者を獲得するためにさかんに求愛行動をしたり，互いに闘ったりしているのは，たいてい雄です．一方，それと同じように，雌が雄に対してさかんに求愛したり，雌どうしで闘ったりしているところは，あまり見られません．そこでダーウィンは，雄は配偶者の獲得をめぐって雄どうしで闘わねばならないが，雌にはそのような競争はほとんどないのだと結論しました．

　もしもその通りで，雄どうしが競争せねばならないのだとしたら，雄には，闘いに有利になる武器のような形質が発達するでしょう．一方，雌どうしの間ではそのような闘争が少ないならば，雌はそのような武器的形質を発達させる必要がないはずです．シカの角やイノシシの牙，カブトムシの角などは，そのようにして発達してきたのだと考えられます．実際，彼らが，いつ，どのような時に角や牙を使っているのかを見れば，それは，求愛の時期に，雄どうしの闘いに使っていることがわかります．

　では，クジャクの雄の美しい羽や，カナリアの雄の美しいさえずり声などはどうでしょうか．これらの形質が使われている状況を見ると，それは，雄どうしの闘いに使うものというよりは，雌に見せたり聞かせたりして，雌を引きつけるために用いられています．雄どうしの間には，配偶者の獲得をめぐる強い競争があり，雌どうしの間にはそれほどの競争がなく，雄がそのような形質を求愛誇示として見せるならば，雌はそれらを指標にして配偶者を選んでいるのかもしれません．そこで，雌が，より美しい羽，より美しいさえずり声などを選んできた結果，雄はそのような形質を身につけたと考えられると，ダーウィンは指摘したのです．

　前者の過程を同性間競争（それはたいていの場合，雄間競争），後者の過程を配偶者の選り好み（たいていの場合，雌による選り好み）と呼びます．このような性淘汰の過程が働いて，雄と雌とは，基本的な配偶子生産以外のところでも異なるようになったのだとダーウィンは説明しました（Darwin, 1871）．

しかし，大きな角や派手な羽飾りを作るためには，余分なエネルギーが必要です．そのような余分なものにエネルギーを使うと，生存率はいくらか下がることになるでしょう．たとえば，クジャクの雄の派手な飾り羽も，アカシカの大きな角も，毎年生え変わるので，そのために相当のエネルギーを必要とします．また，クジャクの雄の飾り羽は，雄自身の普段の行動にやっかいになるほど大きいので，自然状態では，雄のほうがより多く捕食者に狙われることになります（実際，著者のうち両長谷川はそのような現場を目撃しました）．また，あの大きな羽を広げて求愛している雄は，ちょっとした風が吹くだけでもあおられて倒れそうになることもあります．にもかかわらず，大きな角や派手な羽を持つことは，雌を獲得する競争において有利であり，繁殖の成功につながる重要な形質なのです．

　つまり，大きな角や飾り羽を持つことは，自然環境との関係でうまく節約的に生きていくという淘汰の点では不利である一方，配偶者の獲得という点では有利になります．そこで，生存上の有利さに働く淘汰と配偶上の有利さに働く淘汰とは，しばしば反対方向の圧力を及ぼすことになります．したがって，いくら雄の角が大きいほうが有利だとしても，無制限に大きくなることはできません．性淘汰上はどんどん大きくなるはずなのですが，生存上の不利益になるところでブレーキがかかるのです．その結果，雄の角の発達は，ほどほどの大きさのところで止まることになります．性淘汰は，環境に対する生存上の利益という点だけから見ればとても適応的とは思えない，奇妙で派手な形質を生み出す原動力となっているのです．

性淘汰の強さを決めるもの ──「親の投資」と「潜在的繁殖速度」

　では，配偶者の獲得をめぐって闘うのは，なぜ，たいていの場合で雄であって雌ではないのでしょうか．もっとも，雌どうしにはそのような闘いが存在しないということではありません．時には，配偶者の獲得をめぐって闘うのが雌のほうである種もあります．しかし，そのような種は比較的少数しか存在しません．ダーウィンは，雌どうしの闘いについては説明を与えず，自然界を見渡すと，雄どうしが闘うのがほとんどであると描写しただけでした．

　この問題に理論的検討がなされるようになったのは，ダーウィンの理論から

1世紀を経てからのことでした．本書にたびたび登場したロバート・トリヴァースは，性淘汰に「親の投資」という概念を導入しました（第8章参照）．親の投資とは，「親が，以後の繁殖の機会を犠牲にして，今いる子どもの生存率を上げるようにする世話行動のすべて」です（Trivers, 1972）．具体的には，卵の保護や抱卵，育雛，授乳，子守りなどが含まれます．親はそのような世話をすることによって，その子の生存を助けますが，その分，他の繁殖の機会を犠牲にしています．言い換えれば，そのような世話をしないで次の繁殖にとりかかることもできるかもしれないのに，そうはせずに，現在の子の世話をしているということです．

　雄と雌の間には，親の投資の仕方にアンバランスがあります．雌は，栄養をつけた大きな卵子を生産するので，そもそも初期投資が雄よりも大きくなっています．そこで，多くの場合，受精後も雌のほうが大きな投資をする傾向があります．それは，子が死んだ時に失うコストが，雌のほうが大きいからです．しかし，受精後の世話は，必ずしも雌に限られたことではありません（魚類の多くは，雄だけが子の世話をします）．

　トリヴァースは，性淘汰の強度は両性間の親の投資量の差が大きいほど強く，親の投資が少ないほうの性が，多いほうの性との配偶機会をめぐって争うと論じました．一般に，雄よりも雌のほうが親の投資が大きいので，雄間競争が激しくなるのです（それは，ダーウィンの描写した通りです）．ただし，雄が子の世話をするような性役割の逆転した種では，雌が雄の獲得をめぐって争います（ヒレアシシギやレンカクといった鳥類がその例です）．

　トリヴァースの説はダーウィンの考えを大きく拡張しましたが，生物界には，雄だけが子の世話を受け持つのに，なおかつ雄どうしが雌の獲得をめぐって争う種もあります．たとえば，アマガエルの一種（*Hyla rosenbergii*）などがそうです．そこで，親の投資理論をさらに拡張する必要が出てきました．

　ここで登場したのが，実効性比と潜在的繁殖速度（Potential Reproductive Rate: PRR）という考えです．結論から言えば，性淘汰の強さは，ある時点での，次の繁殖の準備のできている雄の数と雌の数の比に依存しているというのが，この考えの骨子です（Clutton-Brock & Vincent, 1991）．たとえば，繁殖集団の中でのおとなの雄と雌の頭数が同じであったとしても，ある時点で繁殖にとりかか

ることのできる雄の数と雌の数とを比べたら，それは1対1ではないかもしれません．この比を実効性比と呼びます．そもそも精子は栄養を持たず，サイズが小さいので，大量に作ることができます．それに対して栄養をつけた卵子はそれほどたくさんは生産できません．それでも，配偶のために必要なのは，一つの精子と一つの卵子なのですから，精子は大量に余っていることになります．

そうだとすると，雄はどんどん精子を生産し，次々に繁殖に参加することができますが，雌は，大きな卵を作るために時間を要し，それほど頻繁に繁殖に参加することができないかもしれません．もしも，実効性比がどちらかの性に偏っていれば，多いほうの性の個体どうしが，少ないほうの性の個体の獲得をめぐって争わねばならなくなるでしょう．

では，実効性比は何によって決まるのでしょうか．配偶子のサイズと生産量の話からすると，雄のほうが，必然的に潜在的繁殖速度が早くなって実効性比が雄に偏るように見えます．しかし，ことはそれほど単純ではありません．潜在的繁殖速度とは，両性が，1回の繁殖から次の繁殖にとりかかるまでに要する潜在的な速度です．それは，「配偶子を準備するまでに要する時間」＋「配偶に要する時間」＋「子育てに要する時間」です．

今，両性ともに子育てをしない，産みっぱなしの動物を考えてみましょう．すると，この式の最後の項は，両性ともにゼロとなります．また，2番目の「配偶に要する時間」の項は，両性で結局は同じになると考えられます．すると，小さな精子を作る雄のほうが，大きな卵子を作る雌よりもずっと時間もエネルギーも少なくてすむので，この場合は，雄の潜在的繁殖速度のほうが，雌のそれよりも速くなります．そうであれば，実効性比は雄に偏ります．

次に，雌が子育てをするけれども，雄は子育てに全くかかわらない場合を考えてみましょう．この場合，最後の項は，雌のほうが大きくなります．それに加えて，大きな卵子を作るために要する時間は，小さな精子を作るために要する時間よりも長いので，2番目の項が両性で同じだとすると，必ずや，雌の潜在的繁殖速度のほうが遅くなります．すると，実効性比は雄に偏ります．

それでは，雄のみが子育てをし，雌は卵を産むだけで何もしない場合を考えてみましょう．今度は，式の最後の項は雄のほうが大きくなります．しかし，最初の項の値は相変わらず，大きな卵子を作る雌のほうが雄よりも大きいので

■表10.1　雄のみが子育てをする種における雌雄の潜在的繁殖速度と配属者をめぐる競争

	種	潜在的繁殖速度	
		雄	雌
雄どうしが雌を めぐって争う種	サンバガエル	2〜3週間	4週間
	アマガエルの仲間 (*Hyla rosenbergii*)	4日	23日
	ヤウオの仲間 (*Etheosloma olmstedi*)	4日	5〜16日
雌どうしが雄を めぐって争う種	アカエリヒレアシシギ	33日	10日
	チドリ	61日	5〜11日
	ナンベイタマシギ	62日	1シーズン4回産卵

す．結果的には，全体として見た時に，雄の繁殖速度のほうが遅くなる場合
（例：ヒレアシシギ）と，雌のほうが遅くなる場合（ヒラ属のアマガエル）とに分
かれます．雄のみが子育てをするにもかかわらず，雄が1回目の子育てを終わ
って次の子育てにとりかかれるようになる時間よりも，雌が次の卵を準備する
のに要する時間のほうが長い場合には，やはり雄余りの状態が生じるので，雄
どうしが雌の獲得をめぐって競争することになるのです．しかし，雄が1回目
の子育てを終わるよりも早く，雌が次の卵を産卵できる場合には，雌余りの状
態が生じ，雌のほうが雄の獲得をめぐって争うことになります．

　表10.1は，雄のみが子育てをする動物について，雄と雌で潜在的繁殖速度
はどちらが速いかと，配偶者の獲得をめぐって闘うのはどちらの性であるかを
示したものです．先に述べたように，雌が次の卵を準備するのに要する時間と，
雄がその回の子育てを終わるまでの時間との差異によって，雄間競争になるか
雌間競争になるかが決まることが，如実に示されています．

　それでは，雄も雌も両方が子育てにかかわる場合はどうなるでしょう．この
場合，1匹の雄と1匹の雌がペアになるので，最後の項は，雄と雌で同じにな
ります．2番目の項も両性で同じ．それでも，卵子を作るコストは精子を作る
コストよりも大きい．では，やはり最終的に雄間の競争のほうが激しくなるの
でしょうか．ところで，子育てを両性で同時に行わなければならないとなると，
雄は，配偶者の雌が卵を作るまで待っていなければならないことになります．

そうすると，この時間も結果的には両性で等しくなるのでしょうが，ここで雄には「浮気」のチャンスが生まれます．そのことに関しては，また後で考えてみましょう．

3 ├•─ 配偶者の獲得をめぐる競争と配偶者の選り好み

量と質の問題

　以上では，実効性比を決める潜在的繁殖速度の観点から，どのような状態の時に配偶のチャンスをめぐる同性間の競争が起こるかを分析しました．この数の問題は，配偶者の獲得をめぐる競争のあり方に非常に大きな影響を及ぼしている要因です．ここに大きなアンバランスがある時には，余っているほうの性の個体にとって最も重要なのは，ともかくも配偶者を確保することです．

　しかし，配偶者の獲得をめぐる競争には，もう一つ別の側面があります．それは，配偶者としての資質に個体差がある場合に生じる，よりよい資質の配偶者を求めての，質をめぐる競争です．前述のように配偶のチャンスそのものをめぐって強い競争がある場合，競争せねばならないほうの性にとっては，相手の質までうんぬんしている余裕はありません．しかし，同性間競争が強くないほうの性にとっては，より質の高い相手を選んだほうがよいし，実際に選ぶことはできます．相手の選り好みとは，配偶者の質に対する選り好みなのです．

　実効性比が雄に偏っており，配偶者の獲得をめぐる競争が雄間にある場合には，雌にはそのような競争はないので，雌による選り好みが働きます．しかし，どのような雄がよいかに関して，雌どうしの選択が一致している場合には，そのような質の高い雄の獲得をめぐって雌間に競争が生じることがあります．雄が無制限に一夫多妻的に配偶する場合には，すべての雌が同じ1頭の雄を選択しても，すべての雌がその雄と配偶できるかもしれません．しかし，雄自身の配偶行動に制限がある場合には，すべての雌が，自分の選択したい雄と配偶できるとは限らず，雌間に競争が生じます．

　また，一夫一妻の場合，配偶のチャンスそのものとしては，どの雄も雌も，最終的には均等に機会を得ることができるかもしれませんが，雌雄それぞれに

配偶者の質において個体差があれば，雄も雌も，よりよい相手をめぐって競争することになります．したがって，数の上では競争関係が生じない場合でも，質をめぐる競争は存在します．一夫一妻で実効性比が1対1になった時には競争がなくなるかというと，そんなことはないのです．

同性間競争

以上より，実効性比にアンバランスがある場合，余っているほうの性の個体間に，配偶のチャンスをめぐる競争が生じることがわかりました．このような競争がある場合には，しばしば，競争のある性の個体どうしが肉体的な闘争を繰り広げ，勝った個体が異性への接近を果たし，負けた個体を排除します．そのような場合には，競争する性の個体に，角や牙などの武器的形質が発達したり，からだの大きさが非常に大きくなったりします．たとえば，ゾウアザラシの雄間には非常に強いこのような競争があり，雄は雌の獲得をめぐって互いに咬み合い，押し合いの闘争を繰り広げます．この闘争では，体重の重い雄のほうが有利なので，雄の体重は最大で雌の7倍近くにもなることがあります．

では，実効性比が雌に偏っており，配偶のチャンスをめぐる競争が雌間で強い時には，雌の体重が雄よりも大きくなったり，雌に武器のような形質が発達したりするのでしょうか．ヒレアシシギやレンカクなど，雌どうしが闘う鳥では，たしかに雌のほうが雄よりも体重が重くなっています．ただし，通常は雄が生やしている角のような武器を雌だけが持っており，雄は持っていないという動物は知られていません．実効性比が雌に偏っている動物と雄に偏っている動物とで比べると，雌に偏っている動物では，その偏りの度合いはそれほど大きくはないからです．そのような状況で，そもそも大きな卵子を生産しているので，さらにコストのかかる角などを生やすほどの意味はないのでしょう．

精子間競争

繁殖のチャンスをめぐる雄間の競争には，個体どうしの肉体的闘争の他に，もう一つのレベルの闘争があります．それは，どの精子が卵子に授精するかという精子間競争です（Parker, 1984）．精子は小さいので，雄はたくさんの精子を生産することができます．受精のためには精子も卵子も1個ずつで十分なの

ですから，ただでさえ精子は余っています．その上，雌が卵子に受精可能な時期に複数の雄と配偶するならば，どの雄由来の精子で受精が起こるのか，大変な競争が生じることになります．したがって，雌が産卵・出産までに1回しか交尾しない動物や，雌が1匹の雄とだけに独占的な配偶関係を持つような配偶システムでは，精子間競争は存在しないか，あっても非常に弱いものでしかありません．ではヒトではどうなのか，それは第11章で考えてみましょう．

　精子間競争があると，どんなことが進化するのでしょうか．それは，精子がどのようにして雌の生殖管の中に入っていくか，精子の寿命はどのくらいか，交尾の順序によって授精の可能性が異なるかどうか，つまり，最初に入った精子が有利なのか最後に入ったほうが有利なのか，などの多くの要因に影響を受けます．

　昆虫では，雄の精子は精包というパッケージになって雌に渡され，雌の貯精囊の中に貯められます．そこでは，最後に入ってきた精包が有利になることが多いと報告されています．そこで，多くの種類の昆虫の雄は，自分が交尾する前に，雌の貯精囊の中にすでに入っている他の雄由来の精包を掻き出して捨ててしまうための，鉤のような構造を持っています．

　哺乳類の精子は，パッケージではなくて液体中に混じって送り込まれるため，昆虫のような掻き出しによる精子の置換は不可能です．そこで，ヒトを含む哺乳類における精子間競争は，雌の生殖管の中で複数の雄由来の精子が混合してしまった状況で起こることになります．このような状況では，どの精子が授精を果たせるのかは大いに確率の問題となります．そうなると，その場に存在する精子の中で自分の精子が相対的に多くを占めるほうが授精の確率が上がることになるので，なるべく多くの精子を放出した雄が有利になります．その結果，哺乳類では，精子間競争が強い種ほど，雄の精子生産能力が高くなっています．

　精子生産能力を測定する方法はいくつもありますが，その一つは，体重に対する相対的な精巣の大きさを計算することです．精巣は精子を生産する器官であり，それが体重に比べてどれほど大きいかを近縁種間で比較すると，精子間競争の強い種ほど，この値が大きいことがわかります（図10.2）．

　精子間競争の可能性がある時に雄がとりうるもう一つの戦略は，配偶者防衛です．これは，雄が雌を捕まえておいたり，常に近くにいたりするなどの手段

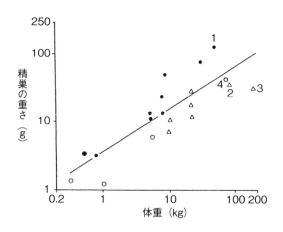

■図 10.2　霊長類におけるオスの体重と精巣重量（Harvey & Harcourt, 1984 から改変）
各点は属のレベルでまとめられている．●は複雄型，△は単雄型，○はペア型の繁殖システムを表す．1 はチンパンジー属，2 はオランウータン属，3 はゴリラ属，4 はヒト属を示す．

によって，他の雄の接近を許さないようにする行動です．配偶者防衛については，また別の節を設けて後述します．

配偶者の選り好み

　前述の通り，繁殖のチャンス自体をめぐる競争がそれほど激しくない場合には，配偶者をその質によって選ぶことができます．多くの場合，雌では配偶者をめぐる競争が雄ほど激しくないので，雌が配偶者を選り好みすることが進化します．

　ダーウィンは，彼の理論から，雌による配偶者の選り好みがあることを予測しましたが，それを実証することはできませんでした．そのためもあって，雌による選り好みの議論は長い間，懐疑的に考えられてきました．雌による選り好みが初めて立証されたのは，1981 年のマルテ・アンデルソンによる実験でした．彼は，アフリカの草原に住むコクホウジャクという鳥の尾羽の長さを人工的に調節することにより，雌による配偶者の選り好みを立証したのです（Andersson, 1982）．

　コクホウジャクは，雄がなわばりを構えて雌を呼ぶと，雌がそこにやってき

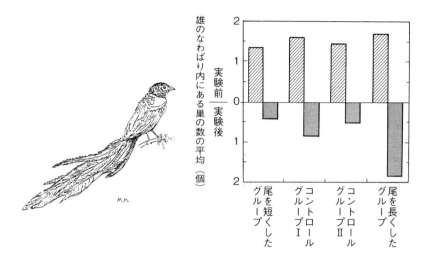

■図 10.3　コクホウジャクの雌の配偶者選択についての操作実験（Andersson, 1982 より作成）

て配偶し，巣を作って産卵します．繁殖期になると雄の尾羽はどんどん長く発達します．アンデルソンは，まず繁殖期の前半に観察を行い，同じような質のなわばりを持ち，繁殖期の前半でなわばりの中に巣を作っている雌の数がほぼ同じであるような雄を選んでたくさん捕獲し，四つのグループに分けました．そして，一つのグループの雄の尾を真ん中で半分に切り，切り取った尾を別のグループの雄の尾に接着剤で貼りつけました．こうして，自然状態では存在しないような，極端に短い尾の雄と，極端に長い尾の雄とを作り出したのです．

　あとの二つのグループは，このような実験そのものが鳥の行動に影響を与えていないかどうかを確認するためのコントロールです．コントロールグループ Iの雄は，尾を真ん中で切りましたが，すぐにまた接着剤で貼り直しました．コントロールグループ II の雄は，捕まえただけで，尾には何の操作も加えませんでした．こうして，この四つのグループの雄たちを，またそれぞれのなわばりの中に放し，繁殖期の後半にどれだけ雌を引きつけることができるかを調べました．結果は，図 10.3 に示した通り，尾を極端に長くされた雄たちだけが，有意に多くの雌を引きつけることができました．この実験は，雌が雄の尾の長さに着目し，それを目安に配偶者の選り好みを行っていることをはっきりと示

しています．

　この研究が発表されて以来，多くの鳥類や魚類で，雌による選り好みの存在が，実験によって検証されています．したがって，雌による選り好みが存在することに疑いはありません．問題は，そのような選り好みは，雄のどのような性質に対して行われているのか，それは進化するのか，ということです．

優良遺伝子とハンディキャップの原理

　一つの可能性は，雄の長い尾羽や美しい色など，雌が選んでいる形質は，その持ち主の雄の遺伝的な生存力の強さを表しているという説です．これは，優良遺伝子（good gene）仮説と呼ばれるものです．この考えのもとは，1975 年にイスラエルの行動生態学者，アモツ・ザハヴィが提出した「ハンディキャップの原理」に端を発しています（Zahavi, 1975）．長い尾羽や派手な色彩は，そのような形質を産出するために余分なエネルギーを必要とするし，そのような形質を持っていると，捕食者に見つかりやすくなるなど，他の危険要因も増すでしょう．それにもかかわらず，そのような形質を発達させることのできる雄は，いわば，ハンディを背負ってもまだ速く走れるウマのように，本当に生存力が強いことを示しているのだろう，とザハヴィは考えました．

　雄が持っている遺伝子の適応度に個体差があり，その差異が子どもに遺伝するならば，雌は，どのような雄と配偶するかによって自分の子の生存率に差が出ることになります．そうだとすると，それを見分けた方が有利です．しかし，遺伝子を直接に見ることはできません．そこで，尾の長さや羽の色などが，雄の遺伝的適応度を示す間接的な指標になっているのであれば，それを手がかりにして配偶者選びをすれば，雌にとって有利であり，その生存力の高さが子に伝えられるので，これは進化する，というアイデアです．

　この場合，雄の適応度の差異をもたらす原因は何であり，ハンディキャップとは正確にどんなものなのかについて，長らく議論が続いてきました．その中で有力な説の一つは，免疫などの寄生者抵抗性の強さです（Hamilton & Zuk, 1982）．細菌，ウイルス，寄生虫などの寄生者に対する抵抗性の強さは，生存力を左右する大きな要因です．また，寄生者にやられると，雄のからだの諸形質の中でも，特に二次性徴の質が下がることが確かめられています．たとえば，

寄生虫や病原体にやられたニワトリの雄は，体重や体長が変化するよりもずっと大きな割合で，とさかの色と張りが悪くなります．実験的な証拠や野外での観察の多くは，この可能性を支持しています．

フィッシャーのランナウェイ

　もう一つの仮説は，1930年代に集団遺伝学の元祖の一人であるロナルド・フィッシャーが提出した，ランナウェイ仮説です（Fisher, 1930）．これは，雄のある形質に対する雌の好みが，ある程度以上の頻度で集団内に広まると，そのような形質が本当に適応度上有利であるのかどうかとは関係なく，その形質を表す雄しか配偶者として選ばれなくなる．だから，雄の持つその形質とそれに対する雌の選り好みの双方が集団中で維持されていく，というプロセスです．

　ことの起こりでは，たとえば，平均よりも少しだけ尾の長い雄は，他の雄よりも適応度が少しだけ高かったとしましょう．そうであれば，そのような雄を選んで配偶した雌の子どもは，父親の高い適応度を受け継ぐでしょう．そこで，息子は父親の長い尾を受け継ぎ，娘は，「長い尾を好む」という母親の好みを受け継ぐとします．すると，平均よりも尾の長い雄は適応度が高く，そのような雄を選んだ雌の子どもも適応度が高くなるので，尾の長い雄と「尾の長い雄を好む」雌の数が，集団中に増えていきます．

　そこで，この両方の形質が，集団中にある程度の割合で存在するようになった時のことを考えてみましょう．集団中のかなりの割合の雌は，もはや，平均よりも尾の長い雄としか配偶しません．そこでわざわざ尾の短い雄を選んだ雌の息子は，父親の短い尾を受け継ぐことになります．その息子は，雌から選ばれないので適応度が下がります．短い尾の雄を選んだ雌の娘も，母親の好みを受け継いで短い尾の雄を選びますが，その息子は適応度が低くなります．

　このように，初めは，雄の尾が長いということに対して適応度上の意味があって始まったことだとしても，「長い尾」という雄の形質と，「尾の長い雄を選ぶ」という雌の好みとが，ある程度以上集団に広まってしまうと，あとは，雄の尾が長いことに真の意味で適応度上の有利さがあるかないかにかかわらず，「尾が長くなければ雌に選ばれない」という状況が生じて，尾が長いことが有利となります．まるで流行のようなものです．そして，毎世代，「平均よりも

少しだけ尾の長い雄」を選ぶということが続けば，雄の尾は意味もなくどんどん長くなっていくことでしょう．これが，ランナウェイのプロセスです．

ランナウェイを止めるのは，雄がこれ以上長い尾を持つと生きていけなくなるといったような，自然淘汰上の限界です．自然界でランナウェイが働いているかどうかを検証するのはかなり難しいことですが，多くの研究がそれを示唆しています．

4 ｜•• 雄と雌の葛藤と対立

配偶者防衛

先に少し触れた，配偶者防衛に話を戻しましょう．トンボがタンデム飛行をしているところを見たことがありますか．タンデムとは，雄と雌がつながって飛んでいる状態をさします．よく見ると，この状態の雄は，生殖器の部分で雌と交接しているのみならず，雌の首を，自分の尾の把握器で捕まえていることがわかります（図 10.4a）．こうして，2匹はどこへ行くにも一緒に飛んでいくのです．このように雄が実際に雌を捕まえてはいなくても，雄が雌のすぐ上を飛び，どこまでも一緒についていくこともあります．また，ヤドカリの雄は，雌が入っている殻をはさみでつかんで，いつも雌を一緒に運んで歩きます（図 10.4b）．

これらの行動は，雌が他の雄と配偶しないように阻止する行動であり，配偶者防衛と呼ばれています．配偶者防衛は非常に多くの種類の動物で見られ，具体的には様々なタイプの行動があります．シカなどの有蹄類や霊長類など多くの哺乳類では，雄どうしの闘争に勝った雄が，数頭の雌の集団に追随し，彼女らと配偶しますが，雌が少しでもその雄から離れようとすると追いかけて阻止します．このような行動は，ハーディング（herding）と呼ばれます．

霊長類の一種のマントヒヒは，東アフリカの高原に住んでおり，一夫多妻のハーレムを形成します．オトナの雄は，雌がまだごく幼い時に親もとから誘拐することによって，ハーレムの雌の数を増やしていきます．雄は，雌が離れようとするとすぐに首に嚙みつくことにより，自分のハーレムに追随することを

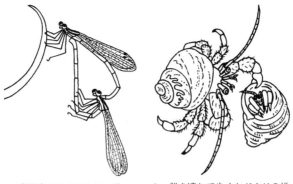

a　交尾中のモノサシトンボ　　　　b　雌を連れて歩くヤドカリの雄

■図 10.4　動物における配偶者防衛

　雌に強います．時には，あまりにも何度も首に嚙みつかれたために死んでしま
う雌もあるということです．配偶者防衛は，一夫一妻でも多夫多妻でも，配偶
システムにかかわらず見られます．

　雄による配偶者防衛が完全に成功している場合には，雌による選り好みがた
とえあったとしても（つまり，雌が選り好みをしたいとしても），それが実行でき
なくなってしまいます．雄による配偶者防衛がある種というのは，すなわち，
配偶機会をめぐる雄どうしの競争が非常に強いので，雄の体重が雌よりもずっ
と大きかったり，雄に武器のような形質が備わっていたりすることが多いので，
雄は雌よりも力が強くなります．そこで，雄が力によって雌の行動を制限する
ことが可能になるのです．

　そもそも配偶者防衛行動がなぜ出現するかと言えば，雌が他の雄と配偶する
可能性があるからです．つまりは，雄のやりたいことと雌のやりたいこととの
間には葛藤があるということを示しています．

一夫一妻の鳥類における「つがい外交尾」

　鳥類の約 81％ の種は一夫一妻の配偶システムを持ち，両親がともに子育て
にかかわります．鳥がペアで子育てをすることは古くから知られており，進化
学の祖チャールズ・ダーウィンも，1871 年に著した『人間の由来』でこの事

実をかけらも疑ってはいませんでした.

前述のように,両親がそろって子育てをする種では基本的に両性の繁殖速度が同じになるのですが,それでも卵の生産と比べると精子生産のほうが速いので,雄にはペア以外の雌と交尾する可能性が生じます.理論的にはそうなのですが,その行動的証拠は長らく示されませんでした.

ところが,1980年代半ばから遺伝子の解析の技術が格段に進み,巣の中で育てられているヒナとその「両親」の遺伝子解析をしたところ,なんと一夫一妻で両親が子育てをすると考えられている鳥において,ペアの雄の子ではないヒナがかなりいることがわかりました.ペア以外の個体と交尾することを「つがい外交尾」(extra pair copulation:EPC),その結果としてペア以外の個体との間にできたヒナがいることを「つがい外父性」(Extra Pair Paternity:EPP)と呼びます.

最近の研究を概観した総説(Brouwer & Griffith, 2019)によると,一夫一妻で両親による子育てが一般的な255種では,一つの巣にいるヒナの平均19%はペアの雄の子ではありませんでした.ある一つの種が生息する地域のたくさんの巣を調べたところ,父親違いのヒナが1羽でも含まれる(EPPがある)巣の割合は平均して33%でした.調べた巣のうちEPPがあるのが5%以下でEPPはまれだという種は全体の30%でした.一方,50%以上の巣にEPPがある,EPPがごく当たり前に起こっている種は13%でした.つまり,社会的に一夫一妻である鳥たちに,EPCやEPPはかなり多く存在するということでしょう.

鳥類のおよそ9%の種は,一夫一妻ではなく,複数の成鳥が一緒にヒナを育てる共同繁殖です.このような種では,EPPの割合は一夫一妻の種よりも高くなるようです.一番高いのはオーストラリアカササギで,一つの巣のヒナの81.4%がEPPの子でした.次がルリオーストラリアムシクイで71.8%です.

では,なぜ社会的なペア以外の個体との交尾が起こるのでしょうか.一夫一妻で両親が子育てするという状況で,すでにペアになっている雄が,こっそりよその巣の雌に近づいて交尾をすることはありえます.もしそれが成功すれば,自分自身は養育のコストを払わずによその巣で自分の子を育ててもらうことができ,その雄の繁殖成功度は上昇するかもしれません.

しかし,どの雄もそのような潜在性を持っているなら,自分がよその雌に交

尾をしかけている留守の間に，自分のペアの雌が誰か他の雄に交尾をしかけられるかもしれません．それを防ごうとするなら，自分もよその雌に目を向けるより，ペアの雌と長く一緒にいたほうがよいはずです．すると，結局は一夫一妻のペアが保たれ，EPC の頻度は低く抑えられることになるのではないでしょうか．それにしては，鳥類における EPC の頻度はかなり高いように見えます．

　ここまではすべて，雄側から見た時の EPC のメリットの分析です．では，雌が EPC をすることにどんな進化的利益があるのでしょうか．一夫一妻の鳥たちに EPC があるという発見から 30 年以上もたった現在もよくわかっていません．利益が明らかなのはペアの雄が近親者であった場合で，雌は非血縁の求愛者を受け入れます．これは近親婚の回避なのでしょう．EPC 相手の雄のほうが現在のパートナーよりも遺伝的に優れているのかもしれないという「優良遺伝子仮説」も考えられます．しかし，この仮説を検証したところ，EPP の子がペアの間でできた子よりも生存率が高い，性的形質が顕著である，体サイズが大きいなど，様々な形質で優れているということは見られなかったのです．

　また，EPC が起こりやすいかどうかの直接的要因として，生息地の植生や巣が隠されているか，繁殖期間が長いか短いか，すべての雌の繁殖周期が一致するか否か，などの条件が関係しているかもしれません．それらを詳細に分析したところ，はっきりした因果関係は見出されませんでした．ここに挙げたような要因は互いに関連していますし，そのような直接的な条件が整えば EPC が起こるというわけでもないようです．

　社会的一夫一妻と両親による子育てが通常である生態条件において，EPC や EPP とは何なのでしょうか．これは，雄と雌の進化的利益の対立という背景で語られることが多いですが，誰と誰の利益がどのように対立して，誰がどのような利益を得るのかが，まだよくわかっていないのが現状です．

子殺し

　第 4 章で，ハヌマンラングールなどの動物における子殺しについて説明しました．そこでは，この現象が群淘汰ではなく個体淘汰で説明されるという文脈でとりあげましたが，これは雄と雌の対立の結果生じる現象でもあります．

ハヌマンラングールの雄にとって，繁殖の唯一のチャンスはハーレムを持つことです．しかし，ハーレムを持つことに関して，雄どうしの間に激しい競争があるので，ハーレムを乗っ取ることに成功した雄も，すぐにまた自分が新しい雄によって追い出されることになります．実際，雄がハーレムを持ち続けていられる期間は平均2年しかありません．

　そこで雄は，その間にできるだけ急いで繁殖をしなければ自分の遺伝子が残りません．一方，雌は，子どもを授乳している間は発情が抑えられているので，新しい雄がやってきても，前の雄との間にできた子どもに授乳している間は発情しません．つまり，新しい雄との交尾はないことになります．子どもが離乳するまでには約1年かかります．自然に離乳が終わって雌が発情を再開するのを待っていたのでは，雄は，自分自身の繁殖を開始するのに最長1年待たねばならないことになります．しかし，子どもが死ねば雌の授乳は中断され，すぐに発情が再開されます．そこで，このような状況では，新しくハーレムを乗っ取った雄による子殺しが進化しえます．

　したがって，子殺しは雄にとって有利な戦略ですが，雌にとっては，自分の子を殺されることは明らかに適応度上の損失です．では，雌はなぜ抵抗しないのでしょうか．いや，雌はたしかにいろいろな方法で抵抗しています．どの雌も赤ん坊を必死で守ろうとしますし，しばらく群れから離れて暮らすこともあります．しかし，それらはなかなか功を奏しません．一つの理由は，雄と雌の体力の差です．配偶者防衛の場合と同様，子殺しが起きるような種類では，雄間競争は激しいので，雄のほうが雌よりも力が強く，犬歯その他の武器的形質も格段に大きいので，雌は雄に太刀打ちできないのです．

　そうなっている根本的な理由は，進化的にかかっている淘汰圧の強さの違いにあります．雌にとっては，たとえ現在の赤ん坊を殺されても，次の繁殖のチャンスがありますが，雄にとっては，ハーレムを持っている時だけしか繁殖のチャンスはありません．そして，一生の間にハーレムを持つことは，おそらく一度きりしかありません．そこで，雄にとっては，子殺しをしてでもその雌と交尾することによって得られる適応度の上昇はかなり大きいのですが，雌にとっては，その子殺しを阻止することによって得られる適応度の上昇は，それほど大きくはないことになるでしょう．結局，雄が子殺しをすることと，雌が子

殺しを阻止することの二つの戦略の間で，相対的な進化的利益は雄のほうが大きくなるので，子殺しは進化してしまうことになります．

　しかし，子殺しが雌自身にとって大きなダメージであることに変わりはありません．子殺しは，雌がそれまでにその子に対して行ってきた育児投資をすべて水の泡にしてしまい，雌の繁殖スケジュールを大幅に変えてしまいます．また，特定の雄に対する雌の選り好みがあったとしても，雄による乗っ取りと子殺しは，そのような雌による選り好みの可能性もすべて消してしまいます．

雌による対抗戦略

　雄による実際の子殺しという現象は，見られない種のほうが多いのですが，雄と雌の繁殖競争の強さに差異があれば，雄と雌の間には葛藤が生じます．雌どうしが連合を組んで雄に対抗したり，雌が極端な乱婚的配偶を行ったりすることがいくつかの種で見られていますが，それらは，雄の潜在的な子殺し傾向に対する雌の対抗戦略だと考えられます．

　雌どうしが連合を組んで雄に対抗するのは，1対1では負けてしまうことに対する戦略でしょう．ニホンザルのように，雌の血縁集団がなわばりを持っているところに雄がやってくる場合には，雌たちが結束して，気に入らない雄を受け入れないようにすることもできます．雄は，雌たちに受け入れてもらえなければ，群れを去るしかありません．

　雌が，排卵期に数多くの雄と配偶するシステムは，「乱婚（promiscuity）」と呼ばれています．雌が配偶者の選り好みをすることとは正反対に，どんな雄も受け入れて交尾することは，いくつかの種で見られています．そんな行動はなぜ進化するのでしょうか．それは，雄どうしの競争に勝った雄を受け入れるのではなく，どんな雄の精子も受け入れ，どの精子が卵子に授精するかの精子間競争に持ち込んでいるのだとも解釈できます．

　しかし，もう一つ別の可能性もあります．乱婚になると，雄としては，生まれてきた子どものうちのどの子が自分の子であるのかがわかりません．ハヌマンラングールのような一夫多妻のハーレムであれば，そこに生まれた子どもはすべてハーレムにいた雄の子どもであることが明確です．そこで，新しくハーレムを乗っ取った雄は，そこにいる赤ん坊たちが自分の子どもではないことが

明らかなので，子殺しが進化しえます．しかし，雌が乱婚であれば，雄にとって子どもの父親が誰かは不明になるので，子殺しは進化しないでしょう．これを「父性のかく乱」（paternity confusion）と呼びます．

　チンパンジーでは，雌が非常に乱婚傾向が強いにもかかわらず，子殺しが見られます．これは，一見，父性のかく乱が子殺しの対抗戦略であるという仮説を否定する観察のように見えますが，そうではないと思われます．チンパンジーの群れは，基本的に血縁関係にある雄どうしがなわばりを共有することで作られています．雄は生まれたところにずっととどまるのですが，雌はおとなになると自分の群れを離れ，よその群れに加入します．その時，たまたま授乳中の赤ん坊を連れていると，その赤ん坊が殺されてしまうのです．つまり，群れの中では乱婚なので，誰が父親なのかはわからず，そのような交尾関係にある雌の子どもは殺されません．しかし，誰も一度も交尾した経験がない，新しい雌が赤ん坊をつれていると，その子が殺されるのです．この例は，チンパンジーの群れ内での雌の乱婚が，たしかに子殺し防止の戦略として有効に働いていることを示しているものと考えられます．

雌雄の対立と軍拡競争

　かつては，雄と雌は一致協力して子どもを作り，一緒に仲よく子育てをしていくものだと考えられていました．しかし，雄と雌とは遺伝的近縁関係にはない個体どうしであり，自分たちの適応度の産物である子どもに対しても，全く同様に親の投資をしているわけではありません．配偶のチャンスをめぐる同性どうしの競争の強さに差異があり，子どもに対する親の投資量にも差異があるのであれば，配偶する雌雄の間にも様々な葛藤が生じることは明らかです．

　これまで，配偶者防衛や子殺しなど，雌雄の対立が行動面で見られることは，よく知られていました．しかし，その対立はもっとミクロのレベルでも様々に生じているようです．

　ショウジョウバエでは，交尾の時に，雄が雌に対して精子を渡すだけではなく，他の雄由来の精子を殺す毒をも一緒に雌に注入します．それは毒なので，それを受け取る雌自身の生存率も下げます．雄にとっては，自分の交尾相手の雌の寿命が少しばかり縮まっても，自分自身の子が増えたほうが適応度が上が

るのです．しかし，雌の適応度は，雌自身が生涯に産める子の総数で決まるので，雌自身の生存率が低くなることは不利です．そこで雌は，このような雄の毒に対抗する解毒剤を作るように進化しました．

そうなると，その解毒剤に抗してさらに強い毒を注入する雄が有利になり，雌は，さらに強い解毒剤を進化させることになります．これは，雄と雌の間の軍拡競争です．こうして，強い毒を生産する雄と，強い解毒剤を生産する雌とが拮抗しているのが，現在のショウジョウバエのようです．

そこで，進化生物学者のウィリアム・ライスは，この軍拡競争を人工的に止める実験をしてみました（Rice, 1996）．何世代にもわたって，雌を1匹の雄としか交尾させず，そこで生まれた子どもから，また交尾カップルを作り，そのカップルにも雄間の競争が存在しないという状況で育てたのです．こうして30世代を経たところ，雄は他の雄由来の精子を殺す毒をほとんど生産しなくなり，雌もその毒に対する解毒剤を生産しなくなったのでした．こうなった状態の雌を，通常の雄間競争の強い状態にある系統の雄と交尾させたところ，雄からもらった毒が強過ぎて，自分は全く解毒剤を持っていないため，その雌はすぐに死んでしまったのです！　このことは，今現在，一見したところ普通に交尾が行われているように見えるカップルの間にも相当な雌雄の対立があり，それぞれの対抗戦略が拮抗しているのだということを示しています．

また，第8章でとりあげた，母親と胎児の対立やゲノムの刷り込みといった現象も，雄と雌の対立の結果もたらされる現象だと考えられます．

繁殖をめぐる雌雄の対立と葛藤は，相当に根が深いものなのでしょう．ダーウィンが考えた性淘汰の理論は，繁殖のチャンスをめぐる個体間の競争に初めて着目したものでした．しかし，その考察の対象は，主に角や牙などの武器的形質や，派手な羽飾りなどの求愛の形質にとどまっていました．ダーウィンも，遺伝子のレベルまでにわたって雌雄の葛藤があり，そこで対抗する戦略どうしの間に軍拡競争が起こっているとは，思いもつかなかったかもしれません．現在の理解では，性淘汰は，図10.5のような構図になっていると考えられます．

実効性比が偏っていれば，配偶のチャンスをめぐる競争が生じます．たいていの場合，それは雄に偏ります．すると，雄どうしの間に資源をめぐる競争や社会的地位をめぐる競争が生じ，格差が生じます．一方で，雌は配偶者選択が

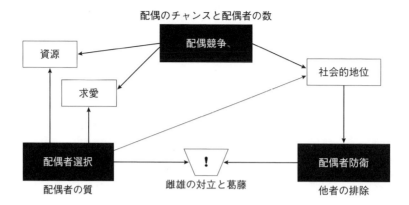

配偶のチャンスと配偶者の数

配偶競争

資源

求愛

社会的地位

配偶者選択

配偶者の質

！

雌雄の対立と葛藤

配偶者防衛

他者の排除

■図10.5　性淘汰の新しい枠組み

できるのですが，選択の基準は，なわばりなど雄が提供する資源の質であったり，求愛行動のやり方が潜在的に示している雄の遺伝的性質であったりなど，様々です．社会的地位の高い雄を雌が好むこともあります．ところが，社会的地位の高い雄は，他の雄を排除し，雌の行動を制限することもできるので，そうなると雌の好みは無にされてしまいます．このように，雌雄の間には様々な対立と葛藤が生じるのです．

　それでは，このような知識を背景に，ヒトにおける性淘汰はどのように働いているのか，次章で検討することにしましょう．

[さらに学びたい人のための参考文献]

長谷川眞理子（2005）．クジャクの雄はなぜ美しい？（増補改訂版）　紀伊国屋書店
　　雌による配偶者の選り好みの進化の考えと，その実証例の解説．
ズック，M.／佐藤恵子（訳）（2008）．性淘汰──ヒトは動物の性から何を学べるのか　白揚社
　　性淘汰の理論にもとづく様々な動物の観察を紹介するとともに，これまでの研究に潜在しているジェンダー・バイアスや誤った推論などを指摘した好著（性淘汰とはほど遠い地味な装幀）．

第11章

ヒトにおける性淘汰

前章では，動物一般に雄と雌があるのはなぜかから始まって，雄と雌という二つの性の間に性差が生じるしくみについて解説しました．配偶者の獲得をめぐる競争と配偶者選択，そして，雄が採用すると適応的な行動と，雌が採用すると適応的な行動との間に葛藤が生じる，雌雄の対立についても見てきました．

本章では，このような知識をもとに，ヒトにおける性淘汰について考察してみましょう．

1 ・ ヒトの生物学的特徴と配偶システム

ヒトの性決定のメカニズム

前章では，雄と雌という二つの性がどのように異なる淘汰圧を受けているか，それによってどのように性淘汰が働くかについて述べました．雄と雌という二つの性がかかわる有性生殖が進化したのは20億年ほど前と考えられています．この地球上における生命の進化がおよそ38億年前ですから，有性生殖は生命のあり方としてかなり長い進化的歴史を持っていると言えます．

では，ある一つの個体が雄になるのか雌になるのかを決める性決定の機構はどのようになっているのでしょう？　爬虫類では，卵が孵化する時の温度によって雄か雌かが決まる，というのは有名な話です．哺乳類や鳥類では，性染色体があり，その組み合わせによって性が決まります．哺乳類では，X と Y の性染色体があり，XX なら雌，XY なら雄になります．鳥類ではそれが Z と W

で，ZZ なら雄，ZW なら雌になります．

　ヒトを含む哺乳類では，すべての胚はもともと，どんな性染色体を持っていようとも基本的に雌になるようにできています．しかし，Y 染色体があると，その上に乗っている SRY という遺伝子の働きで，雌の基本構造が雄に作り変えられていきます（鳥類ではこの逆で，胚はすべて雄になるようにできていて，それが W 遺伝子の存在によって雌に作り変えられていきます）．

　ヒトでは，まずは内部生殖器である卵巣が精巣に作り変えられ，ついで外部生殖器が作られます．その後，脳の中で自分をどちらの性だと思うか（性自認）が決まり，どちらの性に対して魅力を感じるか（性的指向）も決まります（BOX 11.1）．

| BOX 11.1 | LGBTQ について |

　ヒトの性決定の過程には，男性ホルモンの一つであるテストステロンが大きな役割を演じています．SRY 遺伝子がテストステロンの分泌を促し，それによって雌の胚が作り変えられる，内部生殖器，外部生殖器，性自認，性的指向の雄化の過程が生じますが，これらのどの時点においても，本来の道筋通りに行かないことは起こりえます．また，雌になる予定の胚であっても，テストステロンの照射が多かった場合には，部分的に雄化が生じます．

　このように，性決定のメカニズムは複雑なので，一定程度の割合でシナリオ通りには雄と雌が作られない事態が生じます．それが LGBTQ の生じる原因です．それは自然のプロセスであり，私たちはそのようなヒトの個体が，ヒトの社会で差別を受けず，自由に暮らしていく権利を持つべきだと思っています．

　一方で，有性生殖の生物には，一般に雄と雌の二つの性が存在することは事実です．そして，この二つの性には異なる性淘汰が働くので，そこから様々な性差や戦略の違いが生まれます．それを知ることも重要です．

身体から推測される配偶システム

　ヒトは哺乳類に属する動物ですから，女性（雌）が妊娠し，出産し，子ども
に授乳して育てます．一方で，男性（雄）は，アカシカやアザラシの雄のよう
に，育児には一切かかわらないでいられるかというと，そんなことはありませ
ん．第7章で見たように，ヒトの子育ては大変な労力のかかる仕事であり，父
親の助力も必要なだけでなく，コミュニティのメンバーがかかわらねば子ども
が育たないような大仕事です．

　それを反映してか，ヒトにはペア・ボンドがあります．1人の男性と1人の
女性の間の，強い性愛関係です．特定の男女間のペア・ボンドが一生続くとは
限りませんが，そして，一生の間に1人の男性が複数の妻を持つこともありま
すが，ともかくも，ある一時期に強いペア・ボンドが存在するのは事実です．

　第10章で見たように，卵子のほうが精子よりも生産コストがかかります．
そして，ヒトは雌が妊娠・出産・授乳するのですから，潜在的繁殖速度は女性
（雌）のほうが遅くなります．しかし，ヒトでは，母親だけではなく父親によ
る子育ての貢献も大きく，ペア・ボンドが存在するとなると，動物で言うとこ
ろの一夫一妻の配偶形態に近いものが出現するでしょう．そうなると，潜在的
繁殖速度と実効性比は，かなり両性で同じに近くなると考えられます．

　では，まず，からだの大きさの性差を見てみましょう．図11.1aは，霊長類
の配偶システムと，からだの大きさの雌雄差を比べたものです．一夫一妻の霊
長類では，からだの大きさの性差は小さく，一夫多妻ではとても大きくなりま
す．一夫多妻では，雄どうしの競争に勝ち残った雄が複数の雌を独占するので，
その競争に勝つために雄のからだは大きくなります．雌が複数の雄と乱婚的に
配偶する複雄複雌のシステムでは，からだの大きさの性差は先の二つのシステ
ムの中間くらいになります．

　ヒトのからだの大きさの性差は，全世界で平均すると女性100に対して男性
が108〜112ぐらいです．この数値は，強度な一夫多妻を予測させるものでは
全くありませんが，典型的な一夫一妻の種よりは大きいと言えます．

　次に，全く別の尺度をとりあげてみましょう．雄のからだの大きさに対する
精巣の相対的な大きさです（図11.1b）．これは，第10章で述べた精子間競争
の強度を表しています．一夫一妻，または一夫多妻の配偶システムでは，雌が

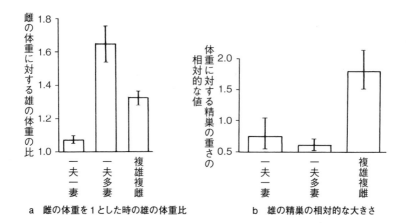

a　雌の体重を1とした時の雄の体重比　　　b　雄の精巣の相対的な大きさ

■図11.1　霊長類の配偶システムと形態的特徴の関係（Harcourt *et al*., 1981）
a　一夫一妻の社会ではからだの大きさの性差が小さい．一方，一夫多妻の社会では雌雄差が大きくなる．
b　雄の相対的な精巣の大きさは，雌が複数の雄と交尾する複雄複雌社会（乱婚型社会）で大きくなる．

配偶相手以外の雄とは交尾しないので，配偶相手の雄由来の精子のみが雌の卵に授精することになります．つまり，精子間競争が低いか存在しない状態です．そうだとすると，雌と配偶できた雄は，少しの精子だけでも雌への授精が確実になるので，精子生産力は，それほど高くなくても大丈夫です．

　一方，雌が複数の雄と交尾するような乱婚的な社会では，精子間競争が強度に働くので，雄は，なるべく多くの精子を渡したほうが有利になります．そのため，精子を生産する精巣が相対的に大きくなります．それを反映して，複雄複雌の配偶システムを持つ霊長類では精巣の相対的大きさが非常に大きくなっていますが，一夫一妻や一夫多妻の霊長類ではそんなことはありません．

　さて，アレクサンダー・ハーコートら（Harcourt *et al*., 1981）が行った研究を見てみましょう．ヒトの男性の平均体重を 65.7 kg とすると，精巣の平均重量は 40.5 g で，体重に対する精巣の相対的な大きさは 0.79 です．すると図 11.1b から，ヒトの精子間競争は，複雄複雌の乱婚型社会とはほど遠い状態ではありますが，典型的な一夫一妻や一夫多妻のシステムとしては高いほうだ，と言えるでしょう．つまり，ある程度の精子間競争は存在していたと結論できます．

以上の二つの事実から，ヒトという生物では，①配偶者の獲得をめぐる雄どうしの肉体的闘争はそれほど強くはないこと，そして，②雌が1頭の雄としか配偶しないシステムに近いが，ある程度の精子間競争は存在する，ということが推測されます．

　それでは，人類は，その進化史においていつでもこのような状態だったのでしょうか．テナガザルは一夫一妻のペア型，オランウータンは雌雄ともに単独性で一夫多妻，ゴリラはハーレム型の一夫多妻，チンパンジーは複雄複雌の乱婚と，現存する大型類人猿の配偶システムはみな違います．その中で，共通祖先から分かれた人類の系統は，どんな配偶システムを持っていたのでしょうか．これを化石から復元するのは大変に難しいことで，まだ定説はありません．しかし，440万年前にさかのぼる人類の祖先であったアルディピテクスにおいて，雄の犬歯が小さく，体格の性差もあまりなかったという報告がなされているので（Suwa *et al.*, 2009），人類は，初めからからだの性差がそれほど大きくない動物として進化したのだと推測されます．

歴史的・民族史的に見たヒトの配偶システム

　図 11.2 は，Human Relations Area File（HRAF）をもとに，文化人類学者のジョージ・P・マードックが，世界中の 849 の様々な文化の社会における配偶システムをまとめたものです．これによると，このサンプルの 83% にあたる708 の社会が一夫多妻の制度を持っていました．一夫一妻が原則であるのは全体の 16% ほどで，一妻多夫はわずか四つの社会にしか見られませんでした（Murdock, 1967）．

　つまり，少なくとも 20 世紀前半までの世界を見渡した時，からだの形態から予測されることとは異なり，一夫多妻の社会が大部分だということになります．これは，一体どういうことでしょう？　ところが，もっと細かく見てみると，一夫多妻というのは，それが認められている制度を持っているということであり，たとえそうであっても，その社会の中で実際に一夫多妻を実現している男性の割合は低く，多くの男性は一夫一妻でした．

　これは重要なことです．子殺しがしばしば見られるハヌマンラングール（第4・10章参照）のような社会は，厳密に一夫多妻の配偶システムなので，配偶

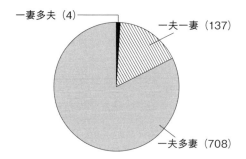

一妻多夫（4）

一夫一妻（137）

一夫多妻（708）

■図 11.2　世界の 849 の人間社会の配偶システムの分類（Murdock, 1967）
一夫多妻が多いが，この中で男性の 20% 以上が一夫多妻を実現している社会は約 3 分の 1 にすぎない．

できている雄はすべて一夫多妻です．それ以外の雄には配偶のチャンスがありません．ゴリラもそうです．しかし，ヒトにおける一夫多妻というのは，そういう状態ではなく，基本的には一夫一妻なのだけれども，少数の男性は一夫多妻を実現している，ということなのです．

　実際，鳥類や哺乳類全体を見渡すと，雄が実質的に子の世話をする種類で，なおかつ一夫多妻のものはほとんどありません．何らかの形で父親が子に多大な投資をするにもかかわらず，雄が一夫多妻になるというのは，動物として見れば不可能に近いことです．ヒトでは，何らかの形で父親が子に対して投資を行っています．また，ヒトの一夫多妻社会のほとんどは父系で父方居住であり，父親が子に対して多大な投資を行います．この一見不可能なことをヒトにおいて可能にしているのは，富の蓄積であり，男性間の不平等なのです（後述）．

　だとすると，極端な形の一夫多妻は，人類の歴史の中では，農業や牧畜の発明以後，富の蓄積と分配の不平等ができた後に生じたものであり，ここ 1 万年ほどの現象だと考えられます．なぜなら，人類のもともとの生業形態は狩猟採集社会であり，そこでは，誰かが富の蓄積をすることもなければ，金で他人を雇うこともありえないからです．そして，人権と民主主義と工業化社会の発展の後は，このような不平等は，また是正されるようになりました．そうすると，からだの形態から予測されるおおよその一夫一妻的傾向と，人類が歴史的に採用してきた婚姻の実態とはそれほどずれておらず，ずれている時には，それなりの説明ができるということになると考えられます．

ヒトの配偶に関する多層的な構造

　ヒトがどんな配偶システムを採用するにせよ，重要なことがあります．それ

は，ヒトが一夫一妻であっても，テナガザルのようにそれぞれの夫婦が孤立して暮らしているのではなく，一夫多妻であっても，ゴリラのようにそれぞれのハーレムのユニットが独立して暮らしているのではない，ということです．ヒトは，男性も女性も血縁者も非血縁者も含む集団で暮らし，みんなで共同作業をしながら生計を立てています．その集団の中で，「夫婦」「家族」というユニットがあるのですが，それらの異なる夫婦や家族がみな一緒に協力して生きていかねばなりません．そこに，ヒトの集団の多層構造があります．

　第7章で述べたように，ヒトの子どもは成長にとても時間がかかり，長い間世話をしてあげなければ一人前になりません．そのために，多くの人々がかかわる共同繁殖です．繁殖だけでなく，ヒトのおとなたちが食べていくにも，みんなが協力しなければなりません．その中で，ある特定の男性と女性がペア・ボンドを形成して子どもを生産するのです．その男性と女性の間には，性愛に基づく絆が形成されねばなりませんが，そこで生産された子どもがうまく育つためには，社会全体の承認と協力が必要なのです．こんな多層構造を持つ社会は，ヒト以外にはないと言えるでしょう（図11.3）．

2 ┆• ヒトにおける配偶者獲得競争と配偶者選択

ヒトの配偶を考える時の枠組み

　それでは，このような社会生活と配偶システムを持つヒトでは，配偶者獲得競争と配偶者選択はどのように行われているのかを見てみましょう．そこで重要なのは，先に述べた多層構造です．ペア・ボンドはたしかにあります．しかし，ヒトでは，結婚する当の若い人たちどうしが，勝手に自分たちの好みと競争によって相手を決めるのではありません．現代社会は，限りなくそのような方向に傾いていますが，過去の多くの社会において，結婚相手を決めるのは当人たちではなく，その親や親族でした．

　文化人類学者のクロード・レヴィ＝ストロースは，人類における結婚とは，「男性親族どうしが互いに女性を交換する取り決めである」と言いました．これは父系社会の典型で，人類の多くの伝統社会は父系でした．それがすべてで

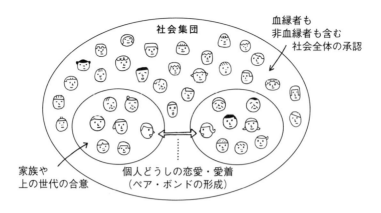

■図 11.3　ヒトにおける配偶者選択の三重構造

はないにしても，また，男性親族のみとは限らないとしても，結婚が「家」の問題であり，当人たちの愛情や恋愛の問題ではないという状況は，広く世界中に認められます．少なくとも過去においてはそうでした．

　西欧世界でも，長い間，結婚と愛情は全く別の問題でした．結婚は家と家との連合であり，結婚相手の選択には，親をはじめとして，結婚する当人たちよりも上の世代の人間の発言権が多大な影響を及ぼしていました．日本でも，戦前までは親どうしが結婚相手を決め，子どもたちには何も知らされていないことも普通だったものです．

　図 11.3 に示したように，家族を作るには 1 人の男性と 1 人の女性のペア・ボンドが必要で，そのカップルが子どもを作ります．しかし，誰と誰が夫婦になるかには，彼らの親をはじめとする家族の中の上の世代の意見が重要になります．また，その家族レベルでの決定には，家族を取り巻く社会全体の承認が必要で，それにさからうわけにはいきません．そこで，社会全体が認める夫婦のあり方がまずあり，そこで許容される範囲の中で家族が決める結婚があり，そう割り当てられた当人たちが何とかペア・ボンドを形成してカップルになる，という三重構造になるのです．

　そうなると，配偶者獲得競争も配偶者選択も，他の動物のようにはいかないということが明らかになりますね．

■表 11.1　生涯繁殖成功度の分布

集　　団		平均値	分散	最大値	0 の人の割合	文　　献
シャバンテ	男	3.6	12.1	23	4/62	Salzano *et al.*（1967）
	女	3.6	3.9	8	1/44	
クン・サン	男	5.14	8.6	12	3/35	Howell（1979）
	女	4.69	4.87	9	0/62	
アカ	男	6.34	8.61	14	1/29	Hewlett（1988）
	女	6.23	5.20	11	0/34	
アチェ	男	4.00	3.16	10	6/29	Hill & Hultardo（1996）
	女	5.04	1.95	9	1/25	

シャバンテはブラジル，クン・サンは南アフリカのナミビア，アカはコンゴ，アチェはパラグアイに住む.

狩猟採集民における配偶

　狩猟採集民は，人類の生業形態の原点です．そして，彼らには富の蓄積がありません．みんなで一緒に共同で暮らさねば生きていけませんが，みんな平等で，富の集中も権力の集中もありません．彼らの社会の多くでは，一夫多妻は認められていますが，実際にそれを実現している男性は少なく，ほとんどは一夫一妻です．

　南アフリカのナミビアに住むクン・サンの人々では，男性と女性の繁殖成功度の分布にそれほどの違いはありませんが，男性のばらつきのほうが女性よりも大きくなっています．コンゴの森林に住むアカの人々でも状況は同じです．クン・サンの人々の生涯の結婚回数を見てみると，男女ともに 1 回だけという人が多いですが，2 回，3 回の人もたくさんいます．最初の結婚が一生続くことも多いが，離婚と再婚を繰り返すケースもかなりあるということでしょう．

　しかし，富の蓄積がなく，それほど複雑な決めごとも多くない生活とは言え，彼らの社会にも誰と誰は結婚してはいけないなどの決めごとがあります．近親相姦はいけない，同じ名前の人どうしはきょうだいと見なすなど，いろいろな慣習があるので恋愛は完全に自由ではありません．そこには，一つの家族が強大にならないようにするなど，社会全体のバランスを保つ意図がありそうです．

　表 11.1 は，狩猟採集や粗放農耕など，伝統的な生業形態を持つ人々の中か

ら，これまでに詳しい研究が行われてきた集団を選んで，男性と女性の生涯繁殖成功度（一生の間に残した子どもの数．適応度の一つの指標）の分布を比較したものです．ここから，生涯繁殖成功度の最大数は，女性よりも男性のほうが大きいこと，男性のほうがばらつきが大きいこと，生涯に1人も子を持たない確率は男性のほうが高いこと，などがわかります．

伝統的父系社会における配偶競争

　繁殖成功度の分布の性差は，その社会がどのような配偶システムを持っているかによって影響を受けます．そして，農耕と牧畜の発明によって富の蓄積が可能になり，男性間で貧富の格差が生じた後は，富を蓄積した男性が多くの女性を獲得する一夫多妻のシステムが多く生じました．それは，伝統的な父系社会，家父長制の社会です．そのような社会での配偶がどのようになっているのかを見てみましょう．

　典型的な一夫多妻の社会であるケニアの牧畜民キプシギスの社会を見てみます（Borgerhoff Mulder, 1988a）．彼らは，ウシやヤギを飼って，それを利用したり取引に使ったりして生計を立てている牧畜民です．ここでは家畜の所有と土地の所有が重要な資源となっており，これらを蓄積することが富となります．これらの財産は男性の所有であり，父系を通して受け継がれ，妻は夫の家に嫁いでそこに住むという，父系，父方居住の社会です．

　男性は，ウシやヤギなどの婚資を払って妻を購入せねばなりません．キプシギスたちを調査しているモニーク・ボルガホフ＝マルダーが1980年代初めに調べた時には，妻を得るには，普通はウシ6頭とヤギ4頭を払わねばなりませんでした．それは，普通の男性が持っている家畜のおよそ3分の1に当たります．したがって，婚資を払えない男性は結婚することができませんが，富の蓄積がある男性は，どんどん妻を増やすことができます．

　図11.4は，キプシギスの男性が所有している土地の面積と妻の数との関係を示しています．男性が所有している土地面積が大きいほど，つまり，持っている家畜の数が多いほど，妻の数が多くなることは明らかです．妻の数が増えるほど，男性が持つことのできる子の数も増え，繁殖成功度が上がることになります．伝統社会では，生業形態が原始的な農耕か牧畜かにかかわらず，一夫

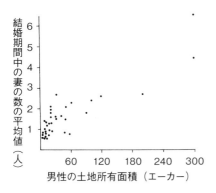

■図 11.4　キプシギス社会における男性の土地所有面積と妻の数の関係（Borgerhoff Mulder, 1988b）

大土地所有者ほど多くの妻がいることがわかる.

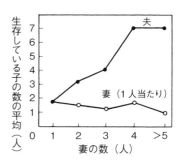

■図 11.5　一夫多妻と男女の繁殖成功度（Dorjahn, 1958）

シェラレオーネのテムネの人々における, 夫が持つ妻の数と, 夫および妻1人当たりが持つ生存している子の数の平均.

多妻の程度が強くなるほどに, 男性の繁殖成功度の偏りが大きくなっていくことが知られています.

　しかし, 個々の女性の繁殖成功度は, 自分自身が産む子どもの数で決まるので, 夫の数が増えたからといって増えません. シェラレオーネのテムネという人々の 1950 年代の調査を見ると, 女性では, 一夫多妻の妻の数が増えるほど, 1 人当たりの繁殖成功度は下がっていきます（図 11.5）. それは, 夫の持つ資源を多くの妻で分けねばならなくなるほど, 1 人当たりの資源量が少なくなるからだと考えられます. テムネの人々では, 男性の 54% が複数の妻を持っていました. 前述のキプシギスの人々の調査（Borgerhoff Mulder, 1988b）でも, 男性の持つ妻の数が増えるにつれ, 妻 1 人当たりの繁殖成功度は, 変化しないか, むしろ下がる傾向が見て取れます.

伝統的父系社会における配偶者選択

　では, 伝統的父系社会, 男性の持っている資源の量に格差があるような社会では, 配偶者選択はどのように行われているのでしょうか. 先ほど紹介したキプシギスで見てみます. キプシギスに限らず, 父系で父方居住の部族はたいていどこでもそうですが, 結婚は, 婚期にある娘を持った父親（または親権者）

が，結婚させたい男性の父親に対して求婚し，両者の間で長々と交渉が続けられた末に決まります．

このような社会では，娘の親たちは，娘をなるべく財産を多く持っている男性と結婚させようとします．しかし，そのような男性はそれほど多くいるわけではありません．また，裕福な男性であっても，専制君主でもない限り，何十人もの女性をすべて妻にして養うことは不可能です．そこで，そのような裕福な男性は，多くの女性の花婿候補となるので，逆に，男性側から女性を選り好みできるようになります．このことから，多くの人間の社会においては，配偶者の選り好みは，女性側からも男性側からも双方向に働くことになります．

では，このような伝統社会では，女性の親族はどんな男性を好ましい相手として選んできたのでしょうか．ボルガホフ＝マルダーは，全部で94人のキプシギスの親をインタビューし，次のような結果を得ました（Borgerhoff Mulder, 1988c）．娘の夫として重要な要素は，所有する富（54％），集落の成員からの尊敬（61％），教育程度（41％）であり（複数回答可），勤勉であるかどうか（9％）や性格のよさ（17％）は，あまり重要とは見なされていませんでした．

しかし，この結果を，当時の50歳以上の世代の親と，それよりも若い世代の親とに分けて比較すると，いくつかの違いが見られました．古い世代の親では，皆からの尊敬は非常に高く評価されていましたが，新しい世代になると，それほどではなくなります．一方，新しい世代の親は，所有する富や教育程度を重視していました．これらの違いは，キプシギスが近年になって経験している社会の変化を表していると思われます．彼らの社会にも貨幣経済が押し寄せ，高等教育が浸透してきています．それに対応するには，古い価値観からの転換が必要であり，たしかにそれが起こっているのでしょう．

では，男性および男性の親族は，どのような女性を妻として好ましいと考えているのでしょうか．このことは，結婚に当たって男性の親族が女性の親族に対して払う婚資の額に明確に現われています．つまり，婚資は妻の価値を表す基準であり，価値の高い妻ほど，高い婚資が払われているのです．キプシギスの妻の価値は，若くて繁殖力が高いことと，処女であることです．図11.6は，女性の初潮年齢と婚資の額の関係を示したものですが，初潮年齢の低い女性ほど，婚資が高いことが読み取れます（Borgerhoff Mulder, 1988c）．初潮年齢が低

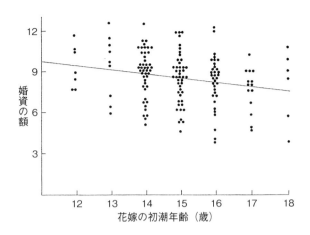

■図11.6　キプシギスにおける婚資と花嫁の初潮年齢の関係
（Borgerhoff Mulder, 1988c）

いほど，早くに繁殖を開始し，生涯に産む子どもの数が多くなるという証拠が
あるので，このことは女性の繁殖力を表していると考えられます．

　処女が高く評価されることには，父性の確実性が強く関係しています．財産
の所有があり，財産が父親から息子へと受け継がれるような社会では，結婚す
る男性にとって，確実に自分自身の子が生まれることは，自分の適応度上，非
常に重要です．そうでなければ，自分の子ではない子どもに財産が行ってしま
うからです．処女は，これまでにどんな男性とも性交渉を持っていないので，
現在，他人の子どもを妊娠している可能性はありません．また，これまで家族
の言いつけに従って，どんな男性とも性交渉を持たなかった女性は，結婚して
からも，夫に従って夫以外の男性と性交渉を持つ可能性は低いと考えられます．
それは，男性にとって，自分の子どもだけを産んでくれる女性ということにな
り，婚資が高くなるのです．

　キプシギスでは，娘が結婚前に妊娠してしまっていると，相手の男性と結婚
するに当たっての婚資は非常に安くなります．繁殖力があるかどうかが唯一の
問題であるならば，妊娠したということは，繁殖力があることの証明であり，
その子の父親とこれから結婚するのであれば，そこに不都合はないように思わ
れます．しかし，実際には，娘の婚資は非常に安くなってしまいます．それは，

そのような娘はもう，他の男性と結婚する可能性はゼロなので，子の父親である男性に引き取ってもらうしかなく，娘の父親は，相手の男性に対して婚資の交渉能力を失ってしまうからなのです．

キプシギスを例にとりましたが，これらの話は，多くの伝統社会に共通して見られることです．近代以前の伝統文化では，「家」「出自集団」「クラン」などといった，個体よりも上のレベルの集団が生業の単位となっており，それらの集団間には，協力関係とともに競争・対立関係もあります．そのような複雑な集団間ネットワークの中で集団が生きのびていくためには，集団間の連合関係を有利に維持していくことが重要になります．結婚は，そのような連合関係の形成と維持のために使われる手段であり，女性は，集団の力を強めるために多くの子を産んでくれる資源ということになります．そのような状況下では，女性の繁殖力の高さと，確実に夫の子しか産まないという父性の確実性とが高く評価されることには，不思議はありません．このことは，近代以前の西欧社会でも，日本を含めたアジア諸国でも，基本的には同じでした．

社会の就業構造が変わり，人権の考えが浸透し，少子化が全世界で起こっている現在，このような伝統的な配偶者選択も大きく変わりつつあります．

狩猟採集社会における恋愛と結婚

本人たち以外の上の世代が結婚に深く関与し，集団どうしの利害関係を視野に入れて決められる，このような伝統社会の配偶者選びが，人類における配偶者選択のすべてではありません．現代では状況はずいぶん異なります．また，家族と出自集団の維持と繁栄を目的とした家どうしの取り決めのようなことが，進化的に人間の心理を形作るまでに強く長く働いてきたとも考えられません．何と言っても，農耕・牧畜と富の蓄積，そして男性間の格差が生じたのは，たった1万年前からなのですから．

それにしても，伝統文化における，親など上の世代が決める配偶者選びは，結婚する当人たちの好みと合致しているのでしょうか．あまたの文学作品，小説，詩，戯曲などは，親が決めた結婚が本人たちの好みとは合致せず，不倫や浮気，悲恋が起こることを劇的に描いています．それらの作品の人気が高いということは，人間はみな，そのような状況を理解し，それに共感を抱いている

ということでしょう．

　では，そのような富の蓄積のない社会である，狩猟採集民の社会では，配偶者選択はどのように行われているのでしょうか．クン・サンとアチェの例を見てみましょう．

　クン・サン　クン・サンでは，女性が性成熟するとともに結婚生活に入りますが，以前はもっとずっと若いうちから結婚したこともありました．しかし，性的に成熟したことが明らかになるまで，性関係は始まりません．最初の結婚は，たいてい両親が決めます．結婚した男性は，初めは花嫁の家族と一緒に暮らし，その家族のために働く，ブライド・サービスを行います．花嫁の両親は，どんな花婿がよいかについて強い意見を持っており，それに従って最初の婿を選びます．

　花嫁の両親は，年齢があまり上であり過ぎないような男性で，妻をまだ持っていない男性を好みます（つまり，自分の娘を第二夫人にはさせたくない）．次に大事なのは，狩猟が上手なこと，家族に対する責任を快く引き受けてくれるタイプの男性です．協力的で，優しくて，暴力的ではないことも重要です．先に紹介したキプシギスとは，ずいぶん異なりますね．

　一方，男性が花嫁として迎えたい女性は，若くてたくさん子どもを産むと思われる女性であることは重要ですが（これはどこでも同じ），働き者で，好ましい性格であることも大事です．男女ともに，性格のよさがずいぶんと大きな意味を持っています．このようにして親どうしの間で結婚が決まると，花婿が花嫁のところに加わって一緒に暮らし始めます．しかし，最初の結婚はたいていうまく行きません．それは，花嫁自身が，親の決めた相手を気に入らないことが多いからです．自分よりも年長で，あまり知らない男性と一緒になることが多いのですから，それも無理はないでしょう．それでも，一緒に暮らしているうちに仲よくなることもないわけではありません．

　さて，自分の結婚相手を気に入らない時には，クン・サンの女性は，それを周囲にはっきりと知らせます．花嫁が本当にこの相手とは暮らしたくない，少しも愛情が湧いてこないと感じると，彼女は四方に手を回して親族を説得し，結婚を破棄させます．または夫にとって生活が非常におもしろくないように仕

向け，夫を出ていかせます．または，毒矢の毒を少しばかり飲んで自殺未遂を
してみせたり，ブッシュの中に「家出」したりすることもあるとのことです．

　親の選択によるのではない，恋愛で自然に生じた関係から「試しの同棲」が
始まることもあります．こちらのほうは，両者の年齢が近く，近所で育った，
よく知り合った仲です．そのうちに子どもができると正式に結婚することもあ
ります．また，最初の結婚ではない，女性がもうすっかり大人になった後の結
婚では，彼女自身の好みで最初から縁組みが決まることが多くなります．

　1970 年代に青春時代を送ったクン・サンの女性，ニサの語る人生の記録
（Shostak, 1990）には，彼らの社会における恋愛，異性の魅力，結婚の実態が生
きいきと描かれています．そこからは，彼らの恋愛感情が，現代の私たちとほ
とんど変わらないものであることが浮かび上がってきます．

　アチェ　南米のパラグアイに住んでいる狩猟採集民であるアチェでは，若い
人たちがかなり自由な性関係を持っており，クン・サンよりもずっと親の思惑
が入り込まないようです．彼らは，本当の結婚に踏み込む前に「試しの同棲」
を何度もしますが，そのきっかけは，私たち先進国の社会でと同様に，好きに
なったから，惚れたから，ということのようです．本当の結婚に当たっても，
親その他の影響は最小限度であり，自分たちが好き合っているかどうかで決め
ます．そして，女性は，かなり若い時から相当な選り好みを行うようです．

　次の会話は，長期にわたってアチェの人々とともに暮らして研究を行ってき
た，アメリカの人類学者のキム・ヒルが，アチェの若い男性であるアチプラジ
に，女性はどんな男性を好むのかと聞いた時の様子です（Hill & Hultardo, 1996）．

　　ヒル（H）：どんな男性が女性をたくさん手に入れられるの？　女性はど
　　　　　　　んな男性が好きなの？　妻が簡単に見つかるのはどんな男性？

　　アチプラジ（A）：狩りがうまくなくちゃだめだよ．

　　H：狩りがうまければ，簡単に妻が見つかるの？

　　A：狩りがうまいだけじゃだめだ．狩りがうまいと妻を見つけるのは簡単
　　　　だけど，男は強くなくちゃいけない．

　　H：強いっていうのは，棒を振り回してやるけんかで勝つということか？

　　A：違う，違う．女はそういう男は好きじゃない．女は，他人に暴力を振

るう男は嫌いなんだ．男は強くなくちゃいけない．狩りをするのにう
　　んと遠くまで歩いていけるような男，すごく重い荷物を担げるような
　　男だ．みんなが疲れている時にもうんと働けるようなやつ，雨が降っ
　　てる寒い日に小屋を建てられるようなやつだ．夜中に子どもを担いで
　　薪をとりに行けるような男だ．つまり，強い男だ．何でも耐えられて，
　　疲れないやつだ．

　H：じゃ，女性は身体の大きな男が好きなの？

　A：そういうことじゃない．小さい男も大きい男も好きだろうが，強くな
　　くっちゃいけない．

　H：それ以外にはどんな男がモテるの？

　A：いい男さ．

　H：いい男って，どういう意味だい？

　A：いい男っていうのは，魅力的なハンサムな男だ．女好きのする男．親
　　切でにこにこして，冗談を言うやつさ．それで顔がいい奴．そういう
　　「いい男」が女は好きなのさ．

　生計活動も生活習慣も私たちとは非常に異なる人々ですが，このアチプラジ
の言うことは，実に納得できると思いませんか．

　狩猟採集民においても，原始農耕民においても，「出自集団」や「クラン」
は結婚を決めるに当たって無視できるものではありません．また，親族の中に
は，結婚可能な親族とそうではない親族があります．誰もが，結婚可能な集団
の中の，結婚可能な人間としか結婚できないという制限はあります．

　しかし，その中では，相手の選択はかなりの部分まで本人たちの意志に任さ
れており，たとえ親たちが決めた相手がいたとしても，最終的には本人たちの
希望が通るようです．そのような狩猟採集民の恋愛について調べた研究による
と，本人どうしが相手を選ぶ基準は，年齢が近いこと，性格が合うこと，過去
の生活経験が似ていて話が合うこと，とのことです．これらのことは，現代の
先進国での基準とほとんど変わらないのではないでしょうか．

　キプシギスのように親族どうしが結婚を決める時には，男性の所有している
財産が重要な要件になるので，おのずと花婿は花嫁よりもかなり年上になりま
す．しかし，結婚する当人どうしの間で選択が許されるようになると，私たち

と同じように，年齢の差はずっと縮まっていったのでした．

恋愛と現代の結婚

　では，現代社会における配偶者選択を見てみましょう．進化心理学者のデイヴィッド・バスは，配偶相手に好ましい性質として，男性と女性がそれぞれ相手にどのようなことを期待するかを，世界の37の社会で調査しました（Buss, 1989）．対象とした国は，アジア，アフリカ，南北アメリカ，東ヨーロッパ，西ヨーロッパにまたがっており，調査は，共通の調査票を使って行いました．調査対象となった男性と女性の平均年齢はおよそ23歳です．

　その結果，どの社会の若者たちも，両性ともに，性格が合うこと，話が合うこと，誠実で明るい人柄であることが重要だと回答しました．これは，とても重要なことです．

　しかし，どの社会においても，男性は女性よりも，相手の若さと身体的魅力を重要視し，女性は男性よりも，相手の経済力と社会的競争力を重要視していました．これは何を意味しているのでしょう？

　調査が行われたのは1987年．まだ東西冷戦が終わる前で，世界経済のバブルがはじける前の経済成長の時代でした．主に男性が職場で働き，女性は主婦として生きることが多かった時代です．このような時代背景であれば，男性は女性に繁殖力と美しさを求め，女性は男性に経済力を求める，という点に性差が現われるのは当然ではないかと思われます．その後，東西冷戦が終結し，世界経済のバブルがはじけて，世界の秩序は激変しました．男女共同参画社会が目指され，女性の地位の向上も，それ以後どんどん達成されてきています．今，これと同じ調査をすれば，先の2点について，それほどの性差は出てこないのではないでしょうか．

　それよりも，ここで問題にしたいのは，男女で共通の項目についてです．バスの調査でも，日本の調査でも，狩猟採集民の調査でも，いつも出てくるのは，男女がともに，年齢が近くて，性格が合い，話が合う人を好むということです．人類の結婚は，似たものどうしが結婚するという，「同類交配」がどこでも行われています．宗教が同じであること，知能が類似していること，興味を持つこと，おもしろいと思うこと，趣味にしたいと思うこと，などが同じであるこ

とがとても重要なのです.

　逆に，現代社会における離婚の原因を調べてみると，浮気や経済的困窮よりもずっと多く見られるのが，性格の不一致です．つまり，結婚する当人が比較的自由に相手を選べる現代社会の結婚においては，結婚相手を選び，結婚生活を継続していくには，性格や考え方や趣味の一致が非常に重要だということを示しています．結婚というものが，1人の男性と1人の女性の間の共同作業だということを考えれば，このことに不思議はないと思われます.

社会的に共有される性的魅力と文化のランナウェイ

　結婚するかどうかは別として，私たちは，あるタイプの人たちを性的に魅力があると感じることがあるのはたしかです．そして，そのような「魅力」のタイプは，ある程度集団内で共有されています．冒頭に「結婚するかどうかは別として」と書いたことには，大きな意味があります．それは，そのような社会で共有されている性的魅力の信号が，必ずしも個人の配偶相手を選ぶ時の基準となってはいないからです．ここは，他の動物たちとかなり異なるのだと思います.

　たとえば，女性のウエストがくびれて細いことを取り上げてみましょう．たしかに，世界中のどこのヒト集団においても，小さな女の子のウエストが特にくびれていることはありませんが，思春期頃から女性のウエストは細くなり，ヒップが大きくなるので，女性のウエストのくびれは目立つようになります.

　人類学者のボビィ・ロウらは，これは不思議な現象だと考え，なぜそうなっているのかという疑問を提出しました（Low *et al.*, 1987）．これは，考えるに値する疑問です．こんな動物は他にありません．では，これは，ヒトという生物に起きた，普遍的な配偶者選択の進化の結果なのでしょうか．ロウらは，若い女性のウエストがくびれているのは，繁殖力の高さを示す指標であり，それが男性一般に性的魅力として映るのだと考えました．ヒップの大きさ（骨盤の広さ）は一般に，女性が性的に成熟していることと，繁殖力の高さとを表していると考えられます．しかし，女性の身体の線を眺めた時に，ただ単に全体的に大柄で太っているということと，本当に骨盤が広くて繁殖力が高いということとを区別するために，ウエストがくびれてその差を強調し，これを繁殖力のシ

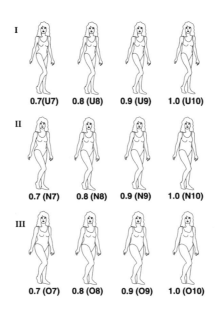

I
0.7(U7) 0.8 (U8) 0.9 (U9) 1.0 (U10)

II
0.7 (N7) 0.8 (N8) 0.9 (N9) 1.0 (N10)

III
0.7 (O7) 0.8 (O8) 0.9 (O9) 1.0 (O10)

■図 11.7　ウエスト／ヒップ比の魅力度を評定させるのに用いた線画（Singh, 1993, p. 56）
やせ（Ⅰ），標準（Ⅱ），肥満（Ⅲ）のどの体重クラスでもウエスト／ヒップ比 0.7 の線画
が男子大学生から最も魅力的と評定された.

グナルとしているのだと，ロウらは考えました.

　進化心理学者のデヴェンドラ・シンは，この考えを検証するために様々な実験と計測を行いました．彼は，水着姿の同じ女性の絵を何枚も作り，ウエストとヒップの比だけを変えてみました（図 11.7）．そして，これらの絵を多数の男性に見せ，それぞれの絵の女性の魅力度を判定してもらったところ，ヒップに対するウエストの比が 0.7 の女性の絵が最も魅力的であったと報告しています（Singh, 1993）.

　また，シンは，新石器時代の石像から，エジプトやインドの古代文明，ルネサンス以後の西欧など，様々な芸術に現われた女性像のウエストとヒップの比を計測した結果，どれもほぼ 0.7 だったと報告しています．これらの結果から，彼は，ウエストがくびれていることは，人類の女性の性的魅力の要素として，通文化的に見られるものだと主張しました.

　シンはロウらの議論を引き継ぎ，ウエストがくびれていることは，若さと繁

殖力の高さを示す正直なシグナルであるとしています．さらに，彼は，様々な病気が女性のウエストに及ぼす影響を調べ，ウエストとヒップの比が0.7であることは，そのような病気ではないことも示していると主張しました．

　さて，本当にそうでしょうか．シンが実験対象にした男性集団のほとんどは，西欧文化の社会，または，西欧文化の影響を強く受けている社会に属していました．西欧文化が，女性のウエストのくびれに性的魅力を見出していたことは事実で，その歴史はかなり古くまでさかのぼりますが，特に19世紀はそうでした．オーストリア＝ハンガリー帝国の皇妃であったエルジェーベト（1837〜98）は，身長172 cm，体重50 kgで，ウエストは50 cmだったそうです．彼女は，この体型を保つために毎日長い散歩を欠かさず，食事制限もして，時には気絶したこともあったと言われています．ビクトリア朝時代のイギリスでは，極端にくびれたウエストが性的魅力とされ，第8肋骨を切除する女性もいたことは有名です．でも，これは西欧文化だけに起こった，ランナウェイ進化だった可能性もあります．

　ダグラス・W・ユーとグレン・H・シェパード（Yu & Shepard, 1998）は，南米のペルーに住み，西欧文明との接触がそれほどでもない，マツィゲンガという人々の間で同じ実験を行ったところ，女性のウエストがくびれていることが魅力的だとは思われていないという報告を出しました．また，アダム・ウェッツマンとフランク・マーロウ（Wetsman & Marlowe, 1999）も，タンザニアの狩猟採集民であるハッザの人々は，ウエストのくびれた女性ではなくて，全般に太った女性を好むと報告しています．

　筆者のうち両長谷川にも東アフリカで似たような経験があります．1980年代の初めにタンザニアで仕事をしていた頃，たくさんのアフリカ人たちと話す機会がありました．彼らも，ウエストがくびれたというよりは，明らかに太った女性を好んでいました．マツィゲンガやハッザの人々をはじめとして，西欧文化にあまり影響されていない人々の多くにとっては，太っていることが魅力的だったようです．それは，飢饉が頻繁にあり，やせているのが普通であるような社会で，太っていることは健康で繁殖に余力のあることの証だったからでしょう．

　西欧の文化的影響力は非常に強いので，西欧文化が浸透していくと，西欧で

流行しているものがその地域でも急速に浸透していきます．南太平洋諸島では，もともと太った女性が魅力的だと思われていたところ，西欧文化の浸透とともにダイエットが急速に普及し，数十年のうちにみんながやせ指向になったという報道もあります．

　それにしても，ヒトの女性のウエストが思春期にわざわざ細くなるというのは生物学的事実です．それはなぜなのでしょう？　これは進化的な疑問ですが，解けてはいません．

　また，なぜ西欧でウエストのくびれがことさら女性の魅力になったのか，というのも疑問です．さらに，多くの社会でなぜ，西欧文化の影響がこれほど強いのか，というのも問題です．これらに関しては，初めは何らかの実質的な理由があったにせよ，ある程度以上の人々がそれを採用するようになると，実質的な理由はどうでもよくなり，みんながその方向に流れるという，ランナウェイ進化が働いているのではないかと考えられます．ここは，よりよく研究していかねばならないでしょう．

　ウエストとヒップの比以外の，そして，女性だけでなく男性の魅力も含め，様々な性的魅力については，これからより綿密な研究を進めていく必要があるでしょう．そして，最初に述べたように，社会一般に魅力的と思われていることが，個々の人々が自分の配偶相手を決める時の重要な要素であるとは限りません．そこが，他の動物での配偶者選択の指標との大きな違いではないかと思います．

3 ・ ヒトにおける配偶者防衛と家父長制

伝統社会における慣習

　配偶者防衛は，一方の性の個体が，自分の配偶相手を同性の他個体から防衛し，自分としか配偶しないようにさせる行動です．これは，ほとんどの場合，雄が雌に対して行いますが，それは，雌が複数の雄と交配すると精子間競争が起きることになり，子の父性が不確実になるので，それを防ぐための雄の戦略であると考えられます．それでは，ヒトにおいては，配偶者防衛はどのような

形で見られるのでしょうか.

　ヒトは, 女性が妊娠して出産する哺乳類の一員ですから, 精子間競争が起これば, 子の父性の不確実性は常に生じてきます. そこで, 男性（父）が子に対して大きな投資を行う場合ほど, 男性による配偶者防衛が強く働くと予測されます. 実際, 世界各地の伝統社会で行われていた風習を見ると, この予測は支持されると思われます.

　配偶者防衛が最も直接的に表れているのは, 北アフリカを中心に多くの父系社会で行われていた「女子割礼」ではないでしょうか. これは, 性的成熟とともに, 女性の生殖器の一部を切除したり縫合したりする風習です. こんなことをする理由は, 女性にとってセックスが楽しくないものにするためであり, この習慣を持つ人々の間では, そうしなければ女性はセックスが楽しくなり, 夫以外の男性とたくさん性交渉を持つようになるから, という説明がされています. つまり, これは配偶者防衛の一種です. 女子割礼が行われている社会では, 婚姻時の女性の処女性も重視されています.

　女性の行動を制限したり, 女性が家族や配偶者以外の男性と会わないようにさせたりする風習も, 多くの文化で見られます. インドのカースト社会では, 上位カーストになるほど, 女性の部屋の窓が小さく, 壁の高いところについています. 家の中でも, 女性の暮らす区域と男性の暮らす区域が分かれていることがあります. また, イスラム世界では, 夫のいる女性が一人で買い物に出かけたり, 一人で自動車を運転したりすることが禁止されている国もあります. これらの社会はすべて, 強い父系と父方居住の文化を持っており, 女性の生活は, 配偶者である男性に完全に依存しています. すなわち, 男性による子に対する投資が大きい社会なのであり, そのような社会で様々な形の配偶者防衛の措置がとられてきたことは, 不思議ではないでしょう.

　しかし, こんなことは女性に対する人権侵害でしょう. それゆえ, 昨今では, 女子割礼を廃止しようとする運動が, そのような社会の中からも起こっています. サウジアラビアは長らく, 女性が自動車を運転してはいけない国でしたが, 2018 年にそのような法律は廃止になりました. これらの慣習がなぜ存在したのか, 行動の進化を考えれば, その生物学的な理由は説明できます. それでも, 昨今の変化は, そのような文化的慣習に対し, ヒトは, いろいろなことを考え

た結果，それらをなくすこともできるということを示す，よい例だと思います．

　伝統社会で行われている様々な慣習を，配偶者防衛という視点で分析したのは，ミルドレッド・ディックマンが最初でした（Dickemann, 1981）．しかし，このような伝統社会における慣習に限らず，近代化されたはずの社会にも根強く残る「女らしさ」の概念があります．おとなしい女性，あまり自己主張しない女性がよいというような概念はみな，配偶者防衛に都合のよい女性，男性がコントロールしやすい女性をよしとする思想の表れだと考えられます．

家父長制の起源

　これまで，性淘汰の理論を軸に，ヒトにおける配偶者獲得をめぐる競争と配偶者選び，配偶者防衛，世代間の操作などについて検討してきました．ここで，フェミニズムでよくとりあげられる家父長制の起源について，少し考えてみましょう．家父長制という言葉の定義はいろいろありますし，世界の諸文化で見られる様々な男女の権力関係を家父長制という言葉でまとめられるかどうかには，意見の相違があります．しかし，ここでは，夫および父親を代表とする男性親族が女性の行動をコントロールし，そこから敷延される社会的権力が，女性を男性に従属させようとする価値観を持った文化ということにしましょう．

　進化生物学の視点から考えれば，男性と女性との間の葛藤と対立は，究極的には，繁殖戦略の違いに起因するものです．そして，ヒト以外の動物からも明らかな通り，配偶者防衛こそが，雄が雌の行動をコントロールしようとする源泉であり，雄と雌の利害対立が最も鮮明に現れるところです．

　そこで，ヒトにおける男性による女性の行動のコントロールと従属化も，究極的な原因はそこにあると考えられます．父性の確実性が進化的に見て非常に重要になるのは，雄が子に対して多大な投資を行う場合です．生存と繁殖にとって必要な資源を男性が握っているのであれば，女性の生存と繁殖は配偶者である男性の手中に握られることになり，配偶者の男性がすべてを供給することになります．こうなると，男性は，自分の資源が確実に自分の子のみに使われるように，配偶者防衛を厳しく行うようになるでしょう．

　家畜の飼育が生業である社会では，略奪などを含めて家畜を獲得し，家畜の群れを率いて市場に出すことが生業の根幹となります．この仕事には相当な体

力が必要で，たいていは男性の仕事です．すると，そのような社会では，生計の手段を男性が握ることになります．実際，アフリカの様々な部族社会を比較した研究によると，家畜の飼育を取り入れて生業形態を変えた社会では，それ以後，母系制ではなく父系制の社会へと転換することが示されています（Holden & Mace, 2003）.

　生存と繁殖にとって必要な資源を男性が独占するような状況では，一般に男性がそれを女性から独占するばかりでなく，一部の男性が他の男性から独占することができるようになります．つまり，資源の占有が可能なところでは，男性間に不平等が生じます．そこで，裕福な男性は一段と配偶者防衛を厳しく行うようになるでしょう．

　一般に，狩猟採集社会では，富の蓄積をすることはできず，人々は毎日食べる分だけをとって食べています．したがって，男性が資源管理をしているわけでもなく，一部の男性が他の男性よりも裕福であることもありません．このような社会では，人々はかなり平等であり，男性による女性の行動のコントロールも，あったとしてもわずかです．南アフリカのクン・サンやコンゴの森林のアカなどはその代表的な例です．

　それに対し，農業と牧畜が始まり，しかもかなり大規模に行われるようになると，富の蓄積が可能となり，一部の男性による生産手段の独占も生じてきます．それとともに，男性による女性の行動のコントロールが様々な形で見られるようになりました．女性の価値は，処女性と貞節と従順さで測られるようになり，結婚前の女性も，そのような価値観のもとで育てられることになります．

　また，このような社会では，先に述べたように資源管理の度合いに関して男性間の不平等が必然的に生じてくるので，社会は階層化します．そこで様々な配偶者防衛とコントロールを行うのは，資源を独占し，父性を確実にせねばならない上層階級の男性のみであり，同じ社会であっても，資源を持っていない貧困層ではそのような配偶者防衛はあまり見られません．これこそヒトの伝統社会の多くで起こっていることがらです．

　アジアでもヨーロッパでも，階層化した社会の上層の女性は，全く生産活動に携わらず，夫の支配下にあり，むやみに他人と会うこともできない「奥様」であり，貞淑さと従順さが求められます．一方，同じ社会の下層の女性は，男

性がすべてをまかなってくれるわけではなく，自分も働かねばなりませんが，自分たちの階層の中では性関係は比較的自由で，束縛やコントロールはあまりありません．

　現代社会では，女性の社会進出とともに，女性が自分で生活の糧を得られるようになりました．また，男性間に富の蓄積に関する不平等はありますが，少なくとも法的な婚姻関係は一夫一妻であるため，男性間に生物学的な繁殖に関する本質的な不平等はありません．このような社会の変化を考えれば，現代の社会でかつてのようなジェンダー・イデオロギーが消えていくのは，当然だと考えられます．

出生地からの分散の影響

　動物は，性成熟前に出生地から分散するのが普通ですが，どちらの性の子が分散するのか，それとも両性ともに分散するのかは種ごとに異なります．このことの究極要因は，近親交配の回避と考えられています．したがって，どちらか片方の性の子が分散すれば，もう一方の性の子は分散する必要がなく，出生地にとどまることになります．両性ともに分散する種類は非常に限られており，そのほとんどは，一夫一妻のカップルが独自のなわばりを私有するような種類です．

　哺乳類のほとんどでは，雄が出生地から分散し，雌は生まれた場所に残るのが普通です．霊長類の中の旧世界ザルもそのパターンです．しかし，ヒトに最も近縁なアフリカの大型類人猿は，チンパンジーもボノボもゴリラも，雌が出生地から分散します．出生地からの分散のパターンは系統ごとにかなりはっきりと決まっており，進化的には保守的だと思われるので，ヒトもその祖先においては，チンパンジーやボノボと同様，雌が出生地から分散し，雄が残るパターンだったのではないかと考えられます．人類の婚姻形態と結婚後の居住のパターンを見ると，女性が男性の家族のところに嫁入りし，男性の家族とともに居住する父方居住（588 例）が，その逆の母方居住（111 例）よりも 5 倍も多くなっています（Murdock, 1967）．

　その後，母方からのみ遺伝するミトコンドリアの遺伝子の変異と，父方からのみ遺伝する Y 染色体の遺伝子の変異を分析する研究が行われ，議論はあり

ますが，人類では父方居住と女性の分散が多いことが示されています（Seiel stad *et al.*, 1998）.

この婚姻と居住のパターンは，結婚生活において男性と女性それぞれがどのような連合関係を持てるのかに影響を与えます．女性が自分の両親をはじめとする家族のもとにとどまるのであれば，結婚後も，血縁者からの連合が期待できます．しかし，女性が家を離れて男性の家に嫁入りするならば，男性には家族の連合があるでしょうが，女性にはその可能性が少なくなります．したがって，女性の行動のコントロールと男性への従属は，父方居住の場合により強く現れると考えられます．先に例を示したクン・サンのように，花婿が花嫁の家に数年の間住み込んで「ブライド・サービス」を行うような社会では，娘の両親は，花婿の性格と働きを見極めることができ，娘を守ることができます．クン・サンでは，夫が妻に暴力を振るうことはほとんどありませんが，それは，このような力関係があるからなのでしょう.

経済力，暴力，権力

生存と繁殖のための手段を男性が独占すれば，その先は，女性の男性に対する従属が来るのは，進化生物学を持ち出さなくてもわかる話です．しかし，そもそもなぜ男性は，農耕と牧畜の開始以降，生計のために必要な資源を独占しようとするのでしょうか．男性は何を支配したがっており，なぜ女性に暴力を振るうことがあり，なぜ権力を持ちたがることが多いのでしょうか．社会科学的な分析では，それらは，経済力や権力そのものが，それ自体で男性にとって魅力的であるように論じられます.

しかし，進化生物学的な分析によれば，男性の経済力や権力の追求，女性に対する支配の根源は，男性の繁殖戦略と結びついているのではないかと考えられます．男性は，女性の性行動をコントロールすることによって，自らの適応度を上げる潜在的可能性がありますが，女性は，男性の性行動それ自体をコントロールしても，自らの適応度の上昇にはつながりません．そこで，男性には，女性の性行動をコントロールしようとする進化的動機がありますが，女性のそれは男性よりも少ないはずです.

女性にも，男性の行動一般をコントロールすることによって得られる利益は，

もちろんあります．しかし，生涯繁殖成功度という生物学的観点では，男性が女性をコントロールすることによって得られるもののほうが，女性が男性をコントロールすることによって得られるものよりもずっと大きいので，相対的に男性のコントロールのほうが顕著に現れるでしょう．

性淘汰の話をすると，時々，男性のほうが女性よりもからだが大きくて力が強いことが，男性が女性を支配しようとする生物学的な原因なのだろうかと言う人がいます．しかし，男性のからだが大きくて力が強くなった原因は，男性どうしの闘争に勝つためであり，女性を支配するためではありません．これは，男性間の競争が強いことの副産物なのです．

哺乳類のほとんどは，繁殖をめぐる雄間の競争が非常に激しく，雄のからだが雌のからだよりも大きくなっています．しかし，大きい雄たちは，たいていは彼らどうしで戦っているだけで，配偶者防衛が雄の重要な戦略として出てくる種類は限られています．先に論じたように，ヒトにおいても，配偶者防衛が男性の重要な繁殖戦略となりうる状況が生じた時に初めて出現し，時代を経て様々な家父長制的制度や慣習ができたのでしょう．そして，それは，農耕牧畜の開始による富の蓄積と不平等の始まりという，文化的環境の変化だったのではないでしょうか．

ヒトの社会における配偶戦略や性的魅力，そして男女の力関係とジェンダー・イデオロギー，その時代的変化を考えると，文化というものが，いかにヒトにとって重要な「環境」であるかを感じさせられます．第13章では，文化とそれがヒトの進化において持つ意味について考えます．

［さらに学びたい人のための参考文献］

ダイアモンド，J.／長谷川寿一（訳）（2013）．人間の性はなぜ奇妙に進化したのか　草思社
　『人間はどこまでチンパンジーか』『銃・病原菌・鉄』などで人類進化やヒト社会の特殊性を論じた著者が，ヒトの性に焦点を当て，他の動物種と比較しながらその特異な進化を論じる．

心と行動の進化

第 **12** 章

ヒトの心の進化へのアプローチ

　ヒトの心や行動は，化石に残るものではありません．道具や遺跡，絵画や文字など，手がかりとなる人工物として残される場合もありますが，さかのぼれる年代には限界があり（最古の石器でも約300万年前），証拠も断片的です．心や行動の進化を復元するのは，手がかりがほとんどない事件（死体のない殺人事件など）を捜査する作業にも似ています．では，心や行動の進化を解明する糸口が全くないかと言えばそうでもなく，いくつものアプローチが可能です．すでにこれまでの章で言及してきたことと重複しますが，本章では，進化心理学や人間行動進化学の方法論について，改めて述べてみたいと思います．

　代表的な方法論としては，①他の動物種との比較研究，②心の発達研究，③人類学・考古学との協働，④文化間比較，⑤進化理論にもとづく仮説検証研究が挙げられます．これらのアプローチは背反するものでなく相互に関連しますが，以下，順に説明します．

1 ┝•• 他の動物種との比較研究

　種間比較は，動物行動の進化を解明する上で最も基本的な方法の一つです（行動生態学における種間比較の意義や手法については，Davies *et al*., 2012 を参照してください）．動物行動学の創始者の1人であるコンラート・ローレンツは，比較解剖学と同様に遺伝的に近縁な種間で比較することにより，行動の進化を復元・推測できるとし，カモ類の求愛行動を対象として種間比較を行いました．本書では，第5章と第11章で霊長類の行動や生態，社会の種間比較を通して，

ヒトが有する行動形質の進化について論じました.

　行動の進化の種間比較には，遺伝的に近縁な種との比較と，遺伝的には近縁でない同じ特徴を備えた系統群間の比較の二つの方法があります．前者では，形質の類似性が共通祖先から生じたものである場合に，その類似性は相同（ホモロジー）と呼ばれます．後者の場合，共通祖先からの由来にもとづかない類似性は相似（ホモプラシー）と呼ばれます.

　相同について，ヒトとチンパンジーとゴリラを例にとって考えてみましょう.第5章で述べたように，ヒトはチンパンジーと最も遺伝的に近縁で，その次にゴリラと近縁です．すなわち，この三つの系統では，ゴリラの系統が最初に枝分かれし，最後にヒトとチンパンジーの系統が分岐しました．ここで，ヒトとチンパンジー（正確にはコモンチンパンジー）に共通に見られ，ゴリラに見られない行動形質があるとすれば，ヒトとチンパンジーの共通祖先に由来する相同であると考えられます．具体的には，まず狩猟行動と肉食が候補に挙げられます（ただし，コモンチンパンジーと同属のボノボは，めったに狩りをしません）．肉食は，チンパンジーとヒトの系統でそれぞれ独立に進化した可能性も排除できませんが，両者の共通祖先において生じた行動形質とも考えられます．ちなみにゴリラだけでなく，常習的に狩りをして肉食する霊長類はほとんどいません（ただしヒヒは，チンパンジーほど頻繁ではありませんが，ノウサギなどの小型哺乳類を捕食します）.

　ヒトとチンパンジー（ボノボも含む）はまた，繁殖集団の中に複数の雄（男性）が存在し，雄（男性）同士の絆が強いという特徴を有しています．そして隣接する集団の雄（男性）間には強い敵対関係が見られる点も，小規模伝統社会のヒトとチンパンジーで共通します（ただし，ボノボでは顕著ではありません）.一つのシナリオとしては，雄（男性）の連合と狩猟・肉食と攻撃性が，相互に関係しながらセットとして進化した可能性もあります．今後，ボノボとチンパンジーの生態環境も含めた種間比較が進むと，どのような淘汰圧が雄（男性）同士の絆，狩猟・肉食，そして男性集団間の攻撃性に影響したかをより深く考察できるでしょう.

　相似の例としては，鳥類とコウモリ類で共通する飛翔行動や，魚類とクジラ類の遊泳などが有名ですが，ここでは，ヒトの行動形質のうち，近縁の類人猿

では見られず，他の分類群で見られるいくつかの特徴を考えてみます．

　まず，雄による養育行動と一夫一妻制を考えてみます．チンパンジーもゴリラ，オランウータンも，雄は養育に積極的に参加せず（ただしゴリラは，時に子と遊んだり子を守ったりすることがあります）一夫一妻ではありません．小型類人猿のテナガザルは一夫一妻ですが，雄の養育行動は明確ではありません．他方，新世界ザルのマーモセット科のサルの大半では，雄が授乳以外のほとんどの養育行動に積極的にかかわり，配偶システムは概して一夫一妻制です．ヒトとマーモセットの育児の共通点としては，母親の育児負担が非常に大きいことが挙げられます．マーモセットの母親は，2頭で自分の体重の5分の1にも達する双子の赤ちゃんを出産します．ヒトでは，第7章で述べたように，母親が新生児を非常に未熟な状態で出産するので，養育を分担してくれる祖母（おばあちゃん）や父親の存在が重要になります．鳥類では，約9割の種が一夫一妻で，雄が子育てに大きな貢献をします．鳥類の雌は妊娠せず抱卵しますが，抱卵は雄でもできることです．また鳥類は授乳をせず雛に餌を運んで育雛しますが，これも雄ができることです．このように，分類群を超えて，雄の養育参加と一夫一妻が進化してきた背景には，雄が配偶努力（たくさんの配偶相手を獲得する努力）よりも相対的に養育努力に重きを置くほうが，自身の繁殖成功度の上昇につながる様々な制約条件があると考えられます．なお他の要因としては，配偶者防衛（第10・11章参照）もありますが，ここではふれません．

　次にヒトの言語の進化について考えてみたいと思います．ヒトの言語進化については様々なアプローチから近年急速に研究が進み，多くの論文や概説書が発表されています（概説書としては，Scott-Phillips, 2015）が，ここでは話し言葉の進化に絞って話を進めます．言うまでもなく，ヒトの言語は身振り言語ではなく音声言語として進化しましたが，ヒト以外の類人猿ではヒトのような話し言葉は進化しませんでした．チンパンジーに人間の言葉を発声させようという実験的な取り組みもことごとく失敗しました．テナガザルは非常に複雑で長い音声を発して個体間（主にペア間）コミュニケーションを行いますが，ヒトのように音節からなる単語や文，文法を持つわけではありません．話し言葉は，耳で聞いた音や音声を模倣し，それに類似した音声を生成する音声学習により可能になりますが，ヒト以外で音声学習できる霊長類はいません．哺乳類では，

クジラやコウモリ，ゾウなどで報告がありますが，ヒトのように複雑な音声学習ではありません．

　一方，鳥類では，オウムやインコ，ハチドリや鳴禽類などで音声学習が確認されています．特に，ハーバード大学のアイリーン・ペパーバーグが研究対象としたヨウムのアレックスはヒトの話し言葉を学習し，質問に答え，欲しいものを要求しました．アレックスの話す言葉は，いわゆる「オウム返し（反復模倣）」ではなく，たとえば足し算の回答のように，心的表象の操作を伴うものでした（Pepperberg, 2008）．近年の研究では，アレックスの後輩のグリフィンは，記憶テストで大学生並み（あるいはそれ以上）の成績を示し，言語運用能力に限らず一般的な知性の高さがうかがえます（テストの様子は YouTube で見られます――https://www.youtube.com/watch?v=z2hnvKGnz6I）．

　鳴禽類のさえずり学習では，ヒトの言語獲得と同様に強い年齢依存性（臨界期）があり，ヒトと同じく感覚（聴覚）学習期と感覚運動学習期の二つの段階があることが知られています．後者では，幼鳥ははじめヒトの喃語のようにあいまいで未発達な発声をしますが，発声練習を重ねることで手本と同様な構造を持つさえずりを発するようになります．それゆえ鳴禽類では，侵襲的な実験ができないヒトの音声系神経メカニズムのモデル動物として，神経生理学研究が数多く行われ，歌回路と呼ばれる神経回路が明らかにされています．

　ここまで述べてきたように，ヒトとは系統的に離れた動物であっても，ヒトの心の進化について多くの示唆を与えてくれます．最も近縁であるチンパンジーとの相同な関係を浮き彫りにすることも重要ですが，ヒトとチンパンジーと非相同な特徴を持つ動物種の3種の比較を通じて，ヒトとチンパンジーの差異（人間の固有性）を明らかにする作業もまた大切なのです．

2 ┠・• 心の発達と進化

　発達と進化の関係をめぐっては，「個体発生（発達）は系統発生（進化）を繰り返す」というエルンスト・ヘッケルの反復説が引き合いに出されることがしばしばあります．ヘッケルは「個体発生は系統発生の短縮された，かつ急速な反復である」と述べ，脊椎動物の発生を例にとり，哺乳類の胚の初期に形成さ

れ，すぐにふさがってしまう鰓裂を，哺乳類が魚類を経て進化してきた証拠としました．ヘッケルの反復説は，その後多くの批判を受け，今日の発生生物学では単純には受け入れられていませんが，問題は，この反復説が社会的に曲解され，誤った言説が広まり，「未開人」は進化途上であり下等であるといった人種差別主義にもつながったという点です．

スティーブン・グールドは大著『個体発生と系統発生（*Ontogeny and Phylogeny*）』（1977）の中で，発達心理学者のジャン・ピアジェと精神分析学者のジークムント・フロイトが，個体発生と系統発生の関係をどのように捉えていたかに言及しています．まずピアジェについては，ヘッケルの反復説とは距離を置くものの，「個体発生と系統発生の並行性については信じていた」と述べています．ピアジェの発生的認識論では，子どもが示す現実主義と主観的な執着という二面性が未開人の精神活動と類似していることや，子どもにおける論理的・数学的認識の獲得と西欧科学の成立に並行関係があることなどが記されています．グールドは，フロイトについて熱烈な反復論者であるとし，その例として，フロイトが有名な性欲論において，幼児の口唇性欲と肛門性欲を，嗅覚と味覚への依存が薄れ視覚優位となる以前の四足獣の性行動と結びつけていたこと，を挙げています．グールドによれば，フロイトは，ヘッケル流の祖先の形態の肉体的反復とフロイト流の精神的反復の間の本質的な違いを認識しつつも，肉体的反復は過渡的で消えていくが，精神的反復では乳幼児時代の痕跡は消えることはなく最終形態とともに保存されると考え，フロイトの神経症と精神分析の理論は精神の反復説に依っている，と論じています．

現代の行動学の知見に照らすと，ピアジェやフロイトの言説は時代遅れで受け入れ難いものですが，精神の反復説の誤りは心理学史の中でいまだにきちんと清算されていないように思われます．

反復説の誤りについての説明が少し長くなりましたが，では，発達と進化についてどのように対比することが，より生産的な議論につながるのでしょうか．前節でも述べた種間比較が，発達研究においても重要だと考えられます．

アドルフ・ポルトマン（ピアジェと同時代の同じスイス人）は，生後すぐに巣離れする鳥類（ニワトリなど）と生後しばらく巣に留まり親が育雛する鳥類（ツバメ，ハトなど）の比較を哺乳類にも当てはめ，離巣性の哺乳類（ウマやゾ

ウなど）は妊娠期間が長く，出産数が少ないこと，就巣性の哺乳類（ネズミな
ど）は妊娠期間が短く，出産数が多いことを指摘しました．そして，妊娠期間
が長く出産数が少ないヒトは，離巣性の特徴を有しつつも，乳児が自力で移動
できず長期にわたって親に依存するので，二次的就巣性であると論じました．
彼は，ヒトの妊娠期間は霊長類の標準からすれば短すぎ，本来であれば 21 カ
月であるとし，この現象を生理的早産（第 7 章参照）と呼びました（Portman,
1956　高木訳，1961）．

　グールドも生理的早産説を支持し，ヒトの成長の遅延に注目しました．霊長
類は他の哺乳類と比較して，性成熟までに要する年齢が長くゆっくりと成長し，
体重が十分に大きくなるまで性成熟しません．とりわけヒトは，乳歯や永久歯
の萌出が遅く，性成熟まで 10 数年を要し，寿命も長いという特徴を有します．
さらに，大人になっても頭部が丸く，顔面が平たく，いつまでも体毛が生えな
いなど，成体の形態が霊長類の幼体の特徴のままであることから，グールドは
ヒトが幼形成熟（ネオテニー）の種であると議論しました．なお，グールド以
前にも，1920 年にルイス・ボルクがチンパンジーの子どもと人類の類似を指
摘しネオテニー説を唱えています（Gould, 1977）．行動面で見ると，哺乳類の子
どもの特徴としては，活動性が高く，よく遊び，攻撃性が低いことが挙げられ
ます．ヒトの成人は，他の哺乳類と比べると，たしかにこれらの子ども的な特
徴を維持しています．

　種間比較により，ヒトの発達の特徴としては，発達スケジュール全般の遅延，
幼形成熟，成人における子どもらしさの維持などが浮かび上がりますが，近年，
これらを家畜化と関連づける議論がしばしばなされます（たとえば，Francis,
2015; Wrangham, 2019）．家畜化とは，野生動物が人間の生活圏近くで暮らすよ
うになると，ヒトとの共生により攻撃性が低下し，集団化が進む現象ですが，
しばしば，形態面では脱色，垂れ耳，巻いた尾，小さな歯，小さな頭蓋，性的
二型の縮小，発達遅滞を伴い，行動面では子どもっぽい行動や遊び行動が持続
します．当の人類もまた，このような特徴を備えていることから，ヒトは自分
で自分を家畜化した，自己家畜化の動物と言われることがあります．

　興味深いのは，ボノボとチンパンジーの関係で，ボノボはヒトとの共生とは
無関係に，自己家畜化的な性質，すなわちより攻撃性が低く，より集団性が強

く，より遊ぶといった特徴を示し，形態面でもチンパンジーより小さな頭蓋，平たい顔，小さな歯，ピンク色の唇といった幼形的な身体つきをしています（Hare, 2012）．ボノボ研究者のブライアン・ヘアは，ボノボの自己家畜化的特徴は，チンパンジーよりも集団内の採食競争が低く穏やかであることと関連すると述べています．

前述のヒトの発達上の諸特徴が，どのような淘汰圧のもとで進化したかはまだ十分に理解されていませんが，ボノボを鏡として考えると，攻撃性の抑制や社交性，集団性の促進，性的二型の縮小などの進化とリンクしていると思われます．また，ポルトマンが指摘したように，直立二足歩行に伴う難産化が早産を促し，発達スケジュールが大きく変わったことも重要です．これらの進化的因果関係については，今後の研究の進展を待ちたいと思います．

3 ╟•• 人類学・考古学との協働

心や行動の進化の研究は，人類学（特に自然人類学）や考古学の研究成果に負うところが大きく，第6章で述べたように，頭蓋骨や歯をはじめとする骨格標本，石器などの道具，貝塚などのごみ捨て場も含む住居址などから得られる情報は，心や行動の進化を復元する上で決定的な証拠となります．近年では，発掘で得られるこれらの遺物，遺跡だけでなく，先史人や現代人の遺伝情報も有用な研究材料です．かつての人類史では，旧人から新人への交代は一気に入れ替わったものとして描かれましたが，今日の古代DNA解析によって，旧人と新人の間には活発な遺伝的交流（交配）があったことが分かってきました（Pääbo, 2014; Reich, 2018）．

20世紀の人類学や考古学では，一般に，発掘物を正確に記載することに重点が置かれ，形として残らない心や行動の進化を論じることには大半の研究者が慎重でした．しかし，1990年代以降，人類学者や考古学者と進化心理学者との交流が一気に進みました．考古学者の代表が第6章で紹介したスティーヴン・ミズンで，著書『こころの先史時代（*Prehistory of Mind*）』では，豊富な考古学資料にもとづき，心の進化を大胆に論じています．日本でも認知考古学という領域が出現したのはこの頃でした．

人類学では，先史人類学だけでなく現存の小規模伝統社会をフィールドとする生態人類学が進化人類学と名乗り，重要な研究を次々と発表しました．本書でもしばしば引用されるカラハリのクン・サン，北タンザニアのハッザ，アマゾンのヤノマミ，パラグアイのアチェといった人々を対象とした研究では，進化的視点に立脚した問題設定に基づく現地調査が数多く行われるようになりました．

　ここで紹介するのは，すでに古典的な研究となりましたが，ジョセフ・ヘンリックらが行った小規模伝統社会における最後通牒ゲームのフィールド実験です（Henrich *et al.*, 2004）．最後通牒ゲームの目的やルールについては，協力行動の進化を扱った第9章ですでに説明しましたので，そちらを参考にしてください．先進国の大学生や成人を対象とした最後通牒ゲームでは，参加者は自己利益を最大化する「合理的な」選択，すなわち自分の取り分を最大にして相手には最小額を呈示する選択しかしないわけではなく，相手にも相応額を呈示したり，相手と50–50の平等の呈示をしたりすることが知られていました．ヘンリックらは，この傾向が小規模伝統社会においても追認できるか，分配額が生業形態によって影響を受けるかを人類学者たちと共同で調査しました．研究対象は，表12.1に示す15の地域の21の集団で，実験結果は，分配提案平均値の多い順に図12.1のようにまとめられます．なお集団の番号が図と表で対応しているので，表12.1の順番は分配提案平均値の順になっています．先進国で行われた先行研究では，分配提案の平均はおよそ40〜50%が一般的でしたが，小規模伝統社会でもその前後の割合での提案がなされていました．また，この研究では21集団のうち12集団で50–50の提案が最頻でした．これらの結果から，小規模伝統社会においても，相手に配慮した協力的な提案が確認できました．生業形態については，最も平等な提案をしたインドネシアのラマレラの社会は，クジラ漁という共同作業が不可欠な社会でした．ヘンリックらは，協力の必要性が高い社会ほど分配額が多く，生業形態が公正感情の形成に影響するのだろうと論じています．

■表 12.1　研究対象となった 15 の小規模伝統社会の地域と生業形態 (Henrich *et al.* 2004)

番号	名　　称	地　　域	生業形態	N
1	ラマレラ	インドネシア	クジラ漁	19
2	アチェ	ベネズエラ	焼き畑・狩猟採集	51
3	ショナ（定住）	ニジェール・コンゴ	農耕	86
4	ショナ（すべて）	ニジェール・コンゴ	農耕	117
5	オルマ	ケニア	遊牧	56
6	アウ	ニューギニア	狩猟採集・焼き畑	30
7	アシュア	エクアドル	焼き畑	14
8	サングー（牧畜）	タンザニア	牧畜	20
9	サングー（農耕）	タンザニア	農耕	20
10	サングー（すべて）	タンザニア	牧畜・農耕	40
11	ショナ（非定住）	ニジェール・コンゴ	農耕	31
12	ハッザ（大キャンプ）	タンザニア	狩猟採集	26
13	ナウ	ニューギニア	狩猟採集・焼き畑	25
14	ツィマネ	ボリビア	焼き畑	70
15	カザフ	トルコ	遊牧	10
16	トルグード	モンゴル	遊牧	10
17	マプーチェ	チリ	小規模農耕	31
18	ハッザ（すべて）	タンザニア	狩猟採集	55
19	ハッザ（小キャンプ）	タンザニア	狩猟採集	29
20	キチュア	エクアドル	焼き畑	15
21	マチゲンガ	ペルー	焼き畑	21

ショナ，サングー，ハッザについては，さらに二つのサブ集団に分けて分析された．
表の番号は図 12.1 の実験結果の番号と対応している．

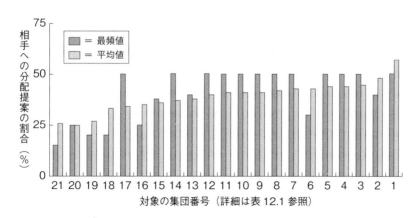

■図 12.1　最期通牒ゲームの実験結果 (Henrich *et al.*, 2004)
右から，分配提案の平均値が高い順に並べられている．

4 ├• 文化間の比較

　第1章でも述べましたが，20世紀の文化人類学では，マーガレット・ミードの研究に代表されるように，文化や社会規範が人間行動を強く規定するという文化相対主義が主流でした．さらに1980年代から90年代にかけて，社会構築主義やポストモダニズムと呼ばれる思想が社会科学全般を席巻しました．社会構築主義は，本質主義（個別の事物には変化しない本質があるという考え）に疑義を唱え，社会現象や意味は人間が作り上げたものに過ぎず，社会の中に本質的な実在は存在しないと主張しました．またポストモダニズムでは，客観的現実や道徳，人間性，理性，さらには科学などの普遍性が批判の対象となり，相対主義的，多元主義的な思想が支配的でした．極端な懐疑主義とも言えますが，すべてを相対化する見方は非建設的で破壊主義とも言えるでしょう．21世紀に入ると，過激な社会・文化相対主義は影を潜め，社会科学者と自然科学者の対話も復活しているように思えます．

　他方，進化心理学や人間行動進化学は，自然科学である進化学を論拠とする人間科学なので，黎明期の1990年代から人間には文化を超えた普遍性（ヒューマン・ユニヴァーサルズ），あるいは人間の本性（ヒューマン・ネイチャー）があるという立場に立ち，通文化性が強調されました．ドナルド・E・ブラウンの著書『ヒューマン・ユニヴァーサルズ（*Human Universals*）』（1991）はその代表です．1990年代の通文化性に関する代表的な研究としては，性的嫉妬の性差（Buss *et al.*, 1992）や殺人の性・年齢効果についての研究（Daly & Wilson, 1988：次節参照）などが挙げられます．ここでは著者のうち両長谷川も参加した性的嫉妬の性差について紹介しましょう．

　デイヴィッド・バスは，ヒトの哺乳類としての特徴を考慮し，父性の不確実性と配偶者防衛に着目するならば，嫉妬の感情は，男性と女性とで感じ方が異なるはずだと考えました．いま，自分の配偶者または恋人が，自分以外の他人と関係を持ったと考えてみましょう．しかも，状況Aでは，あなたのパートナーは，一時的にその相手と性的関係を持ちましたが，あなたから心が離れたわけではありません．しかし，状況Bでは，あなたのパートナーは，相手と

性的関係を持っているわけではありませんが，あなたから心が離れ，心はすっかりそちらに移ってしまいました．さて，あなたは，どちらの状況でより強く嫉妬の感情を抱くでしょう？　バスは，男性はパートナーの実際の性的関係に対してより強く嫉妬の感情を抱くだろうが，女性は相手の男性の心が離れてしまったことに，より強く嫉妬を感じるだろうと予測しました．男性にとって，パートナーが自分以外の男性と関係を持った場合，父性の不確実性と配偶者防衛の心理を考えると，パートナーの実際の性的関係は，非常に強い反感と嫉妬を呼び起こすものと考えられます．一方，女性では，パートナーが他の女性と性的関係を持っても，自分自身の繁殖成功度に直接の影響は及びません．しかし，心が離れてしまった場合には，その男性が，自分および自分の子に行おうとする投資の量が減っていくでしょう．女性にとっては，こちらのほうが，実際の性的関係があるかないかよりも，強い反感と嫉妬を引き起こすと考えられます．彼の予測は，アメリカ，ドイツ，オランダなどの調査で支持されました（Buss *et al.*, 1992）．

　さらにバスは，パートナーが他の異性と性関係を持ち，かつ心が移ってしまったとしたら，性的関係と心変わりのどちらにより強い苦悩を感じるかという質問形式で，アメリカと日本と韓国で比較調査を行いました（Buss *et al.*, 1999）．その結果は，いずれの国でも，男性は女性よりも性的関係に対して，また女性は男性よりも心変わりに対して，それぞれより強い苦悩を感じていることがわかりました（表 12.2）．実際にどれほどの率の男性，女性がそのように感じるかには，文化によって差があります．しかし，大事なのは，どの社会においても，男性と女性を比較すると，肉体的な関係のほうにより強く嫉妬を感じるのは男性であり，それが逆転している社会はないということです．

　しかし，クン・サンやアチェのように，女性が妊娠した時に複数の男性と性関係を持っていた時には，「第一のお父さん」と「第二のお父さん」が認められるような，そして，それぞれが「自分の子らしい子」に対して何らかの世話をするような社会もあります．このようなところでは，必ずしもバスの結果と同じものは得られないのではないかと予想できます．したがって，この性的嫉妬についてのバスの調査結果は，近年の家父長制的文化の影響と見ることもできます．大切なのは，女性にも男性にも，現代人にも伝統的家父長制社会の

■表 12.2　性的嫉妬の内容の性差（Buss *et al.*, 1999）

	肉体関係についての嫉妬		愛情関係についての嫉妬	
	男　性	女　性	男　性	女　性
アメリカ	76%	32%	24%	68%
韓　　国	59%	19%	41%	81%
日　　本	38%	13%	62%	87%

質問は二者択一の強制選択法で，「パートナーが他の異性と強烈なセックスを楽しんでいること」と「他の異性にぞっこんほれこんでしまったこと」のどちらに，より強い苦悩を感じるかを尋ねた．被験者はいずれも大学生．すべての国で男女間に 1% 水準の有意差があった．

人々にも，狩猟採集民の人々にも，嫉妬の感情があり，それは，一夫多妻婚の配偶システムを脅かす大きな要素になっているということです．このことは，ペア・ボンドの重要性を表していると考えられるでしょう．

　前述のバスの研究は進化心理学の誕生期に行われたものですが，今世紀に入ると，進化心理学や人間行動進化学でも，人間が文化の影響を強く受けること，人類進化は文化によって駆動されてきたことが認識されるようになり，文化間比較では通文化性と文化間の差異の両面から分析されるようになりました．前節で紹介したヘンリックらの小規模伝統社会における利他行動に関する研究もその例です．

5 ｜•• 進化理論にもとづく仮説検証型研究

　心理学にせよ社会学にせよ，人間行動や人間の社会現象を対象とする学問にも多様な理論が存在し，仮説検証型の研究も行われてきました．しかし，それらの理論は他の自然科学，とりわけ生物学と連続性や整合性があるとは言えません．他方，進化心理学や人間行動進化学では，進化理論の体系から演繹的に予測される仮説検証型の研究が数多く行われてきました．前節で紹介した性的嫉妬の性差の研究も，性淘汰理論から予測される配偶者防衛行動の性差から導かれた研究でした．

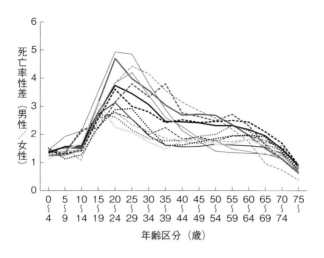

■図 12.2　20 カ国を対象とした年齢別の死亡率性差（男性／女性）
（Kruger & Nesse, 2004）

　人間の属性のうち性と年齢という変数は，ヒトの生活史戦略を論じる上で最
も重要な変数です．第 7 章で述べたように，一生の中で，自身の生存，繁殖，
養育にどのように資源を配分するかはすべての動物にとって大きな適応課題で
あり，ヒトもまた例外ではありません．哺乳類では，一般に，体力と繁殖力が
ピークを迎える若い雄は，雌との配偶機会を求めて，生存率を犠牲にしても互
いに闘争したり示威行動を見せつけ合ったりします．ヒトの男性もまた 20 代
前半を中心に，リスキーな行動やひけらかしを示す傾向があり，しばしば命を
落とします．典型的な死因は車やバイクの無謀運転です．マーティン・デイリ
ーとマーゴ・ウィルソンは，男性死亡率を女性死亡率で割った死亡率性差を計
算し，配偶適齢期にある 20 代前半で性差が最大になり，その死因は病気では
なく外傷によることを示しました（Daly & Wilson, 1983）．その後，20 カ国を対
象にした分析でも，10 代後半から 30 代前半の若い男性は，同世代の女性より
も 3〜5 倍程度，死亡率が高いことが示されました（Kruger & Nesse, 2004：図
12.2）．
　デイリーとウィルソンはさらに，殺人行動についても次のような予測を立て
ました：「同性間の殺人率は男性間のほうが女性間より高く，配偶者獲得競争

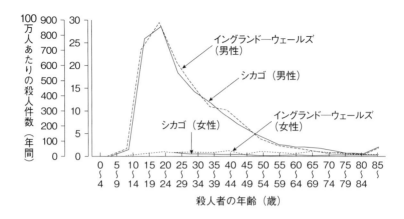

■図12.3　シカゴ（1965–81）とイングランド・ウェールズ（1977–86）における非親族の同性間殺人率（Cronin, 1992）

殺人件数の違いにもかかわらず，同性間殺人のほとんどは男性間で生じ，女性間殺人はきわめて少ない．男性間殺人率には「への字」型の強い年齢の効果が見られる．殺人を犯すのはもっぱら若い男性である．

が最も強まる20代男性において殺人率（人口あたりの殺人件数）が最高になる」．図12.3は，彼らのシカゴとイングランド—ウェールズにおける分析結果を，ヘレナ・クローニンが1枚のグラフに合わせたものです（Cronin, 1992）．殺人が極端に多いシカゴにおいても，世界的に見て最低レベルのイングランド—ウェールズにおいても，殺人曲線は驚くほどきれいに重なり，予測されたような性と年齢の効果が実証されました．

　社会科学や犯罪心理学における殺人研究では，伝統的に事例研究が中心で，殺害者の生い立ちや社会経済状況の分析，心理分析などが行われてきました．対して，デイリーとウィルソンの研究は，殺人行動における一般性の解明を目指し，より演繹的な方法論を用いたものでした．殺人という少し理性的に考えれば全く合理的でない（割に合わない）行動にヒトを突き動かす短気な衝動の本質を，進化理論で解きほぐす試みは，殺人研究に新しい展開をもたらしたと言えるでしょう．彼らは男性間の殺人だけでなく，嬰児殺しや子殺し，性的嫉妬にもとづく殺人などについても興味深い分析を行っていますので，章末の参考文献を参照してください．

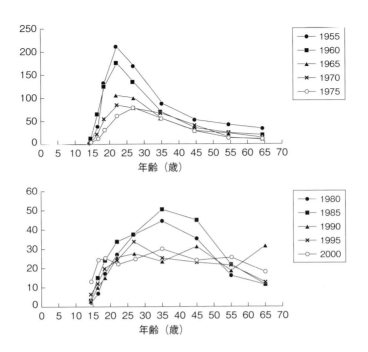

■図 12.4　日本の男性殺人率の経年変化（1955～2000 年）（Hiraiwa-Hasegawa, 2005）

　著者の 1 人である長谷川眞理子は，日本における第 2 次世界大戦後の殺人を
長期的に分析しました（Hiraiwa-Hasegawa, 2005）．そこで得られた結果は，戦争
直後（1955・60 年）においては，デイリーとウィルソンが示したような通文化
的な殺人曲線，すなわち 20 歳代前半に鋭いピークを示し，以降急激に減少す
るという曲線が追認できましたが，1960 年代後半以降は，20 代の殺人率がど
んどん低下し，ピークもより高齢者側に移行するというものでした（図 12.4）．
デイリーとウィルソンの研究で極めて頑健な説明要因と思われた殺人曲線の普
遍性が，現代日本では消失したわけです．1960 年代後半以降，安定した将来
を期待できる日本の若者は，一貫して目の前のリスクを冒さないようになって
きたと考えられます．ただし，同じ世代で年齢の効果を検討すると，落差の急
減はあるものの，どの世代の男性も，若い時のほうが年取った時よりも殺人率
が高く，年齢の効果は確かに存在していました．

ここまでヒトの心の進化について代表的な五つのアプローチを述べてきました．これら以外の重要なアプローチとして，まず数理モデルを用いた進化モデルの検討が挙げられます．数理モデル（第4章参照）研究は進化生物学全般においても非常に強力なツールですが，人間行動進化の領域でも様々な研究を牽引してきました．とりわけ協力行動の進化については，ロバート・アクセルロッドによる反復型囚人のジレンマのシミュレーション研究（第9章参照）を皮切りに，多くの研究が続いています．

　もう一つの重要な方法論は実験です．近年，自然状況下の動物行動の進化を実験的に検証する優れた研究が，様々な動物で行われるようになりました．実験進化学の最近の展開については，ジョナサン・E・ロソスの著書（Losos, 2018）で魅力的に紹介されています．人間集団を用いて同様な実験を行うことは倫理的に不可能ですが，究極要因ではなく至近要因の解明においては，実験はむしろ不可欠です．第9章でのべた協力や道徳感情の成立要因の心理メカニズムに関しては，実験社会科学の手法がきわめて有効であることが示されています（亀田，2017, 2022）．

　人間行動進化学と進化心理学は，誕生からほぼ40年を経て，初期における一部の社会的反発や批判を乗り越え，今日では通常科学として社会に受け入れられるようになりました．ただし，本章で述べてきた方法論については，まだ試行錯誤が続いているように思われます．この先，ゲノム科学や神経科学との連携や大規模データ解析など，新たな展開が期待されます．

［さらに学びたい人のための参考文献］

王暁田・蘇彦捷（編）平石界・長谷川寿一・的場知之（監訳）（2018）．進化心理学を学びたいあなたへ──パイオニアからのメッセージ　東京大学出版会
　　進化心理学，人間行動進化学の創始者たちが，進化学にもとづく人間理解の重要性について語る一冊．研究史としても読める．
大坪庸介（2021）．仲直りの理──進化心理学からみた機能とメカニズム　ちとせプレス
　　人間だけではなく広く動物界にも仲直り行動（赦しと謝罪からなる関係修復行動）が見られる．本書では，種間比較研究を入口に，数理モデル研究，実験社会学研

究の研究成果を紹介しながら仲直りの機能とメカニズムを説明している.

明和政子 (2019). ヒトの発達の謎を解く 筑摩書房

　本章では十分に説明しきれなかったヒトの心と脳の発達を，人類進化をふまえ，比較認知科学と発達科学の双方から解説している.

ヘンリック, J. (2019). 文化がヒトを進化させた──人類の繁栄と〈文化─遺伝子革命〉 白揚社

　本章3節で紹介した小規模伝統社会での最後通牒ゲームのフィールド実験を統括したヘンリックの著書. 原著のタイトルは *The Secret of our Success*（人類の成功の秘密）だが，その答えは邦訳タイトルのように文化にあることを，様々な研究成果から実証している. 本章でもふれた自己家畜化についても言及している.

小田亮・橋彌和秀・大坪庸介・平石界（編）(2021). 進化でわかる人間行動の事典 朝倉書店

　「食べる」「考える」「結婚する」など，ヒトの日常的な行動について，主に行動の機能と進化史に焦点を当て解説した中項目事典. 近年の人間行動進化学の成果と進展がコンパクトにまとめられ，各項目を読むと研究アプローチの多様性が浮かび上がってくる.

第 13 章

ヒトにおける文化の重要性

1 ｜ 遺伝と環境, 学習, 文化

　第1章で述べたように, もはや, 氏か育ちか, 遺伝か環境かという単純な対立の図式にいつまでも拘泥している時代ではありません. 私たち人類は明らかに進化の産物なので, からだも認知能力も遺伝的なプログラムに沿って発生していきます. と同時に, 他のどのような生物とも同じく, 発生過程には環境要因が必ず関与します. この二つの点に関しては, すでに誰もが異論はないことでしょう.

　本書で強調してきたことの要点は, 身体形質にせよ認知能力にせよ, 究極的に包括適応度の上昇とリンクした形質には自然淘汰が働き, ある程度普遍的にヒトという生物に備わっているということです. それゆえに, ヒトの行動や心理のもとになっているそのような形質について, 生物進化の観点から考えてきました.

　それと同時に, どんな動物においても, 発生と成長の過程でどんなインプットがあったかで, 行動その他は変容します. そして, ヒトの場合, 長い成長の過程で入ってくるインプットには, そのヒト個人が生まれてきた社会が持っている常識や価値観, 道徳観, 振る舞い方などから学校教育で教えられることまで, 意識, 無意識を問わず, 様々なものがあります. それが, 「文化」です. では, 文化とは正確には何で, それが人間の本性にどんな影響を与えているのかを, 進化の観点から考えてみましょう.

文化とは何か

　文化とは何でしょうか．日本文化，西欧文化など，芸術，食べ物，習慣その他，ある地域で歴史的に共有されてきたものをさすこともありますが，「若者固有の文化」などのように，ある地域のある人々の集団だけで共有されている価値観や行動や言葉をさすこともあります．文化とは，人々の集団が作り上げてきたいろいろなものの総体ですが，その中には，道具や着物，建物などのように実体として存在しているものと，法律や習慣や礼儀作法，ものの考え方など，物質として存在しているのではない概念とがあります．しかし，それらを全部並べ挙げてみても，なかなか科学的な分析はできません．

　行動生態学では，ヒト以外の他の動物も含めて分析できるようにするために，文化を，「遺伝情報による伝達以外の方法で，集団中のある個体から他の個体へと伝達される情報のすべて」と定義しています．つまり，文化とは，ある集団で共有される情報の集合なのです．道具などのものであっても，それの作り方という情報があります．法律や価値観などは，まさに情報です．

　生物の集団は遺伝情報を共有しており，その遺伝情報は，繁殖によって親から子へと伝えられます．文化の情報は，ヒトの集団の中で共有されていますが，それが伝えられる道筋は，親から子へというだけではありません．同世代の個体間でも伝達されますし，特に方向は決まっていません．どうやって伝えられるかというと，それは，学習や模倣などによってです．

　そう考えると，ヒト以外の動物にも文化があるかどうかを問うことができます．1953 年に宮崎県の幸島に住むニホンザルの集団で，餌としてまかれたサツマイモを海水につけて洗って食べる行動（図 13.1）が出現し，それが徐々に集団のメンバーに広がっていったという話は有名です（Kawai, 1965）．当時のサツマイモは，今とは違って泥がついていたので，洗って食べるほうがおいしかったのでしょう．この行動は，1 匹の子ザルが始めたのですが，まずはその親族の雌たちに伝搬し，以後だんだんに他のサルたちにも伝搬しました．これは，確かに「文化伝達」でしょう．

　また，20 世紀の初頭，イギリスのシジュウカラの一部に，牛乳瓶の蓋をつついて開け，上に溜まった脂肪分を食べる行動が始まりました．最初にこの行動を始めたのがどの個体だったのかはわかりませんが，この行動は徐々に他の

■図13.1　幸島のニホンザルのイモ洗い　　■図13.2　マハレのチンパンジーの毛づくろい

シジュウカラにも伝搬していきました．25年後には，イギリス全土のシジュ
ウカラおよび他のカラ類にも広まっていたそうです（Fisher & Hinde, 1949）．こ
れも，確かに「文化伝達」の例だと言えます．

　ヒトに最も近縁なチンパンジーではどうでしょうか．著者のうち両長谷川も
研究を行ったことのあるタンザニア，マハレ山塊の野生チンパンジーでは，互
いに向き合って，右手と右手，左手と左手を頭上に挙げて手を結び，空いたほ
うの手で相手のからだを毛づくろいする，という行動が見られました（図
13.2）．こんな毛づくろいのやり方は，他の野生の集団では見られなかったの
で，これもマハレのチンパンジーの「文化」だったのだと考えられます．

　これまでに研究されてきたチンパンジーの集団には，このような集団による
違いがいくつか見られます．アンドリュー・ホワイトゥンらは，それが文化に
よるものなのかどうかを検討しました（Whiten *et al.*, 1999）．チンパンジーの集
団による行動の違いは，全部で65見られました．しかし，その違いが純粋に
文化による違いだとするには，考慮せねばならない点がいくつかあります．た
とえば，シロアリの塚に細い枝を差し込んでシロアリをつって食べる，という
集団もあれば，そんなことをせずにシロアリを食べる集団もあります．これは，
文化の違いなのでしょうか．

　シロアリをつって食べる集団の生息地に住んでいるシロアリは，固いマウン
ドを作って住んでいるので，それを食べるには，細い枝を差し込むしかありま

せん．ところが，そんなことをしない集団の生息地に住んでいるシロアリの塚は，チンパンジーたちが容易に手で壊すことができたのです．そうであれば，わざわざ細い枝を差し込む必要もないことになります．

　また，西アフリカのチンパンジーの集団は，アブラヤシなどの固い実を石で砕いて中身を食べるという行動をしますが，東アフリカの集団では，そうした行動は見られません．その違いの原因を探ると，東アフリカの集団では，そもそもアブラヤシの実がそれほど十分に手に入らない，石で砕かねばならないような固い殻に覆われ，かつ重要な食料源であるような実がない，などの事実がわかりました．ホワイトゥンらは，このように生態学的な違いがあって集団間の行動に違いが出ているものを，この 65 の違いの中から除きました．こうして，生態学的には同じ条件であるにもかかわらず，ある集団では見られるけれども他の集団では見られない行動だけを数えたところ，それらは 39 ありました．先ほど述べた，マハレ山塊のチンパンジーにおける独特の毛づくろいの仕方も，その一つです．

　したがって，ヒト以外の動物にも，生態学的な必要以外に生じた行動の変異で，遺伝情報以外で伝達される情報，つまり文化があることがわかります．では，文化情報は，どのようにして他個体へと伝搬するのでしょうか．

文化伝達の道筋

　それは模倣によるものだろうとは，誰もが考えます．事実，幸島のニホンザルたちの間にイモ洗い行動が広まった時には，それは模倣によるものだと，いとも簡単に結論づけられていました．しかし，その後，多くの研究が積み重ねられた結果，模倣というのはそれほど簡単にできることではないことがわかってきました．

　現在では，文化情報の伝達の道筋としては，目的模倣，動作模倣，社会的促進，教育の，少なくとも四つのプロセスが区別されています．

　目的模倣（emulation）とは，他個体が何かしているところを見て，その目的を理解し，自分もその目的のために何かやってみる，というプロセスです．たとえば，チンパンジーのアリ釣り行動を見てみましょう．母親がアリ塚に行き，アリの穴に細い枝を差し込んでアリを釣って食べています．それを見た子ども

は，「母親があそこで何かおいしいものを食べている」ということを理解します．つまり，母親の行動の目的を理解します．

そして，自分もアリ塚に行ってその目的を達成しようとするのですが，その時に母親がやっている動作のいちいちを模倣することはありません．あとは，個体それぞれが試行錯誤で学習していく個別学習です．目的模倣によって，個体がその行動に習熟するようになるには長い時間がかかります．チンパンジーでは，アリ釣り行動やアブラヤシのナッツ割り行動などに子どもが習熟するようになるまで，5〜7年かかると言われています．

一方，動作模倣（motor mimicry）というのは，他個体が何かしていることの目的は何も理解してはいないのだけれども，その動作のいちいちを模倣する行動を指します．ヒトは，普通，他者のすることの目的がわかり，なおかつその動作をも模倣するので，目的模倣と動作模倣を分けて考える必要がないくらいでしょう．しかし，動物において模倣の研究をしようとすると，この区別は重要です．日本語で「サルまね」という言葉は，何をしているのかもわからずに他者のまねをすることを指していますから，これは動作模倣のことだと考えられます．しかし，チンパンジーも含めてヒト以外の霊長類は動作模倣をしない，できないのです．

チンパンジーに対して，ことさらに動作模倣をさせようとした実験では，チンパンジーたちは模倣をしませんでした．たとえば，ただ洗面器を手でたたくというような，何も目的が感じられない行動を実験者が「お手本」としてチンパンジーに見せ，それをまねれば報酬を与えるということをした結果，チンパンジーたちは，ランダム以上のレベルでその行動をまねることはなかったのでした．

そこで，注目されたのが新生児模倣（neonatal imitation）です．それは，1970年代に心理学者のアンドルー・メルツォフとキース・ムーアが発見した現象です（Meltzoff & Moore, 1977）．目が見えるようになった生後2〜3週の新生児に対し，おとなが，口を開ける，舌を突き出すなどの表情を見せると，新生児がその通りに表情をまねるのです．調べたところ，この新生児模倣は，チンパンジーにもあることがわかりました．それどころか，アカゲザルなどのマカクの仲間にもあるのです（Ferrari *et al.*, 2006）．しかし，新生児模倣はやがて消えて

しまいます．チンパンジーなどヒト以外の霊長類では，その後，動作模倣が出ることはありません．

　しかし，ヒトでは，生後 14 カ月頃以降，再び，他者の動作や表情をまねて喜ぶという行動が始まります．これには，自己の認識，自己と他者の違いの認識などが関連していると考えられます．いずれにせよ，動作模倣は決して単純な行動ではなく，それができるためには，何らかの自己認識などが関連しているのでしょう．

　社会的促進（social facilitation）というのは，集団が一緒に行動している結果，ある場面における個体の学習機会が増え，結果として個体の学習が促進されることをさします．個体が孤立している時，ある状況で何かを学習しようとすると，完全に自分で試行錯誤の個別学習をしていくしかありません．しかし，多くの個体が一緒にその場面に遭遇していれば，たとえそれぞれが個別学習しているとしても，互いの相互作用により，学習が促進されます．幸島のニホンザルでも，チンパンジーのアリつりでも，社会的促進の効果は大きいと考えられます．

　そして教育（education）ですが，これは，知識や技術を身につけている個体が，身につけていない個体に対し，積極的に学習の機会を提供したり，そのやり方を教えたりすることをさします．動物界において，このような教育と言える行動は極めてまれです．たとえば，チンパンジーでは，はっきりと教育だと言える行動は見られていません．あったとしても，何万時間という観察の中で一度だけという頻度です．

　まとめると，ヒトでは，目的模倣，動作模倣，社会的促進，教育など，他の動物に比べて，文化情報を伝達する手段がいくつもあることがわかります．ヒトは，他者と心を共有しますから，他者の考えている目的や概念を共有し，言語によってそれらについての情報交換をし合うことにより，他の動物には見られないほど大量で効率のよい文化情報の伝達ができるのだと考えられます．

遺伝情報の伝達と文化情報の伝達

　遺伝情報には，遺伝子型と表現型があります．遺伝子型は外からは見えませんが，その一部は個体の形態や行動という表現型に表れます．その表現型に対

し，遺伝子型が周囲の環境との関係で適応度上の利益となれば，自然淘汰によって広まっていきます．そうして，その生物の適応が生じます．

　文化の情報とは何でしょうか．文化にも，遺伝子型と表現型のようなものがあるのでしょうか．遺伝子型に相当するものは，個人の頭の中に作られる「表象」であり，表現型に相当するものは，個人がその結果としてどのように行動するか，なのではないでしょうか．

　進化心理学者のダン・スペルベル（Sperber, 1985）は，個人が自分の中に持っている様々な事柄に関する思いを「個人的表象」とし，それを主に言語で表したものが「公的表象」であって，この公的表象を受け取った他者が，そこからまた自分自身の「個人的表象」を作っていくことによって，文化が広まっていくという理論を立てました．彼はそれを，表象の感染と呼んでいます．そして，感染しやすい表象と，そうではない表象とがあり，その違いを分析することが文化伝達の仕組みの解明に役立つとしています．

　たとえば，「民主主義」というものは，文化情報の一つです．では，民主主義とは何だと考えるかは，個人の頭の中でそれぞれいろいろな思いがあるでしょう．それは「個人的表象」です．個人的表象が言葉になって表されたり，民主主義にもとづく行為として行動や法律で表されたりすると，それが「公的表象」です．公的表象を受け取った他者はまた，民主主義に対する自分自身の表象を作り上げるでしょう．このようなやりとりによって，みんなが持っている個人的表象の間でコンセンサスが得られていきます．どれほど互いに合致しているのかはわかりませんが，言葉で議論したり，行動で表したりすることによって，だいたいのところのコンセンサスは得られるでしょう．

　そうだとすると，文化がどのようにして変容していくのかも見当がつきます．文化情報は，個人的表象として再生されていくので，そこには個体ごとの変異があります．しかし，その個人の変異が公的表象を変えていくためには，その変異が多くの人々に共有されねばなりません．

　道具の進歩を考えてみましょう．石器は，動物の皮を剝いだり，固い殻を打ち砕いたりすることに使われていました．その目的を理解しているヒトは，今使われている石器を見て，もっと効率よくその仕事をするにはどうしたらよいかを考えます．そうして，新たな，よりよい作りの提案があり，それが広まる

ことによって，石器は変わっていきました．

　そのような物質文化ではないところでも，文化は変容します．たとえば，奴隷制度というものが当然だと思われていた時代がありました．その中で，そんなことはおかしいと個人的に思う人々が出てきます．しかし，社会全体として「奴隷制はおかしいのでやめよう」という方向に変わるには，多くの人々の奴隷制に対する個人的表象が変わらねばなりませんでした．

　こう考えていくと，ヒトの文化伝達は，単に模倣によって再現されていくだけではないことがわかります．遺伝情報の伝達も正確ではなく，ランダムな突然変異があることが，変化を促す源泉となっていました．文化伝達において変化を促す源泉は，個人の考えの変化でしょう．それは単にランダムな変化ではなく，ヒトが持っている論理的な思考，因果関係の理解，他者の心を類推する「心の理論」機能など，様々な認知能力が総動員された結果だと考えられます．だから，文化とその伝達と変容の問題は，ヒトという生物を理解するための，実に大きな課題なのです．

2 ┝•• ニッチェ構築

　生態学では，ある種の生物が暮らしている環境の特性の集合をニッチェ（niche）と呼びます．ある種が分布している場所の物理的特性として，たとえば気温，湿度などが挙げられますが，その種が快適に生息できる範囲というものがあるでしょう．また，その種が活動する時間帯や高度なども，ある一定の範囲内に収まるはずです．そして，その種がどんなものを食べているのか，どんな植生のところに住んでいるのかなども，一定の範囲になるでしょう．こうして，その種が暮らしている条件にかかわる要因を n 個挙げていくと，一つの種は，その n 次元空間の中のどこかに位置するはずです．それを，その種が占める生態学的ニッチェと呼びます．

　たとえば，ニホンザルは，日本列島という温帯の湿潤な落葉広葉樹林に住んでおり，地上から樹上数 m を生活圏にし，昼行性です．極端に寒い地域には住めませんし，砂漠にも住めません．夜は活動しません．気温，湿度，植生，活動時間帯という四次元空間を設定すると，ニホンザルが占めている範囲は，

その中の一部となります．これが，ニホンザルの生態学的ニッチェです．

　つまり，生物種は，ある環境のもとで，そこに適応して生息しています．生物が適応すべき外部環境には，気温や降水量などの物理的要因と，同種の他個体や自分たちを食べにくる捕食者など，生物的要因とがあります．クマ類はもともと熱帯地方で進化した哺乳類ですが，ホッキョクグマは北極圏に住んでいます．北極圏の寒い気温と一面に雪で真っ白な地面という物理的環境に適応した結果が，あの白くて厚い毛皮です．霊長類のコミュニケーションや社会行動の数々は，同種の他個体という生物的環境に対する適応として進化しました．

　一昔前までは，このように，動物が適応していく環境は，その動物が生まれてきたところの所与のものであり，動物はいわば受け身でそれらに対して適応していると考えられていました．つまり，ある特定のニッチェを占めるように生まれついてくるということです．しかし，ケヴィン・ラランドらは，動物が巣を作るなどして環境に働きかけ，環境を変化させることはよくあることで，そのような暮らし方を採用した後では，自らが改変した環境に対してよりよく適応するような自然淘汰が働くと考えました（Laland *et al.*, 2017）．

　たとえば，ビーバーは，湖や河川の中に枝などを運び込んで流れをせき止め，ダムを造ります．そして，そのような樹木の枝で大きな巣を作り，その中で生活します．つまり，彼らは，自分たちが暮らす環境を自ら改変して作り上げています．そうなると，ビーバーにとっての環境，ニッチェというものは，自然のままのものではなく，自ら作り上げた環境になります．そこでは，よりよい枝を集めてくる能力や，よりよいダムを作る能力，枝で作った家をうまく活用できる能力などが重要となり，そのような能力に対する自然淘汰が働くようになるはずです．自然界に存在する環境をそのままニッチェとするのではなく，自らニッチェを作り上げているのだということで，これをニッチェ構築と呼びます．

ヒトのニッチェ構築としての文化

　動物界でニッチェ構築がどれほど，どのように行われているのか，それに対する適応がどのように起こっているのかについては，まだ議論が続いています．しかし，ヒトの集団が持っている文化とは，まさにニッチェ構築なのではない

でしょうか．ヒトは，自分自身の住む生態環境を，自らが作り出す文化の産物によって変えていくことによって，世界中に進出しました．ホッキョクグマが北極に進出するには，自らの毛皮が白く変わらねばなりませんでした．しかし，ヒトが北極域に進出するには，ある程度の身体的適応は生じたにせよ，主に，道具や衣服の発明と改良，極地での食料獲得の技術の改良など，文化的な発明が鍵となってきました．

　生存に密着した技術だけでなく，何語を話すかから始まり，どんな挨拶をするのか，どんな世界観を持つのか，どんな宗教なのかなど，ヒトの生活はすべてにわたって文化に規定されており，ヒトはその文化に適応していかねばなりません．ヒトの個体にとって，自分を取り巻く直接的な環境は文化環境です．それは，ヒト自身が作り上げたシステムなのですから，文化はまさにヒトのニッチェ構築でしょう．

　イヌイットの人々が北極地方で生きていくには，イヌイットの言葉を話し，アザラシなどの獲物の狩りの技術や，その皮で衣服を作る技術などを習得し，イヌイットの習慣を自分のものとし，イヌイットの価値観を身につけていかねばなりません．東アフリカの草原に住むハッザの人々がそこで生きていくには，ハッザの言葉を話し，キリンその他の獲物の狩りの技術や根茎を掘り出す方法に習熟し，ハッザの習慣や価値観を身につけていかねばなりません．それらがうまく行かない場合には，その集団に受け入れられないことになりますから，結果的に繁殖成功度も低くなるでしょう．

　そうすると，ヒトにおいては，自分が生まれてきた文化がニッチェであり，それに対する適応が最も重要ということになります．では，その適応は，遺伝子レベルにまで及ぶものなのでしょうか．このことは，以前から，遺伝子と文化の共進化という問題設定で研究されてきました．

遺伝子と文化の共進化

　文化は，ヒトにとっての一番直接的な環境です．それでは，文化がある特定のものであることが原因で，ヒトの生物学的性質に対して進化が起こったということはあるでしょうか．まだ文化がヒトのニッチェ構築であるというような議論が起こる以前，ウィリアム・ダーラムは，ヒトの集団ごとに乳糖に対する

■表 13.1　乳糖分解酵素保持者の割合

狩猟採集民	12.6%
農耕民	15.5%
近年牧畜ありの農耕民	11.9%
ミルクに依存した牧畜民	91.3%
北アフリカおよび地中海地方の牧畜民	38.8%
北欧の牧畜民	91.5%
牧畜と非牧畜の混合文化に起因する人々	56.2%

耐性が異なることに注目しました（Durham, 1991）.

　哺乳類は，母親が乳汁を分泌して子に授乳します. 子は，この母乳に含まれている栄養を摂取することで成長しますが，その重要な成分の一つが乳糖です. 哺乳類は，乳幼児の間は，乳糖を分解する酵素を持っています. しかし，離乳するともう母乳は飲まなくなり，他の食物を食べて生きていくことになりますが，他の食物に乳糖は含まれていません. そこで，哺乳類では一般に，離乳した後は，乳糖分解酵素が作られなくなり，乳糖を分解できなくなります. これが，哺乳類にとって普通の状態です. みなさんの中にも，生の牛乳を飲むと具合が悪くなる人がいるでしょう. それは，離乳後のおとなにとっては当然のことなのです.

　ところが，およそ 1 万年前に人類の一部の集団が農耕と牧畜を始めました. その中で，家畜のミルクを主たる栄養とする文化が出現しました. そうなると，そこで育つ子どもは，離乳した後も，主たる栄養源がミルクなのですから，ずっと乳糖を分解し続けねばならなくなりました. そして，確かに，そのような文化を持つ人々の間では，おとなになってからも乳糖分解酵素を維持している割合が非常に高くなっているのです（表 13.1）.

　乳糖を分解する酵素を作っている遺伝子は何かが解明され，その遺伝子にどんな変異が起こると，おとなになっても乳糖分解酵素が維持されるのかがわかってきました. その結果，この変異は，アフリカとヨーロッパで独立に 2 回生じ，家畜のミルクを主たる栄養源とする文化とともに広まっていったことがわかりました. 家畜のミルクを飲まない文化では，こんな変異が特に有利になるということはありませんから，これは確かに，文化環境が直接の淘汰圧となっ

てヒト集団の遺伝的構成を変えた例と言えます.

　では，他にも，文化環境の要因がヒトの遺伝子進化を促した例はあるでしょうか．どうもあまり明確な例はないようです．ヒトの進化の過程で，ヒトの食物は，類人猿のような葉や果実を中心とする植物食から，かなりの肉食をするようにと変化しました．これを反映して，ヒトにはタンパク質と脂肪の分解にかかわるいくつもの変異が蓄積されています．アポリポタンパクＥというのは，その一例です．また，農業の開始とともに，穀類を常食とするようになった結果，ヒトでは，唾液中のアミラーゼの産生と活性化が高くなるように変異しました．これらは，ヒトが生活様式を変え，食物を変えたことによる進化的適応です．しかし，ある特定の文化に限定された変化ではありません.

　ヒトの性格の諸要素にも，遺伝子の関与があるかもしれません．脳内伝達物質の一つであるドーパミン受容体の中のDRD4という遺伝子を見ると，その中に繰り返し配列が多いほど，その遺伝子の持ち主は，新奇性追求傾向が高くなるという報告がありました．そして，このDRD4の繰り返し配列の数を調べたところ，ヨーロッパ系アメリカ人では，繰り返し配列の数が多いけれども，アジア系アメリカ人では，その数は少ないことがわかりました．これは，新奇性追求傾向を奨励する文化と，そうではない文化の違いによって，このような気質を持った人々が生物学的にも成功するかしないかが決まった結果だと解釈されていました．しかしながら，その後に行われた多くの研究を概観したところ，この遺伝子変異と新奇性追求傾向との間の関係は，初めに考えられていたよりもずっと小さいことがわかりました（Schinka *et al.*, 2002）.

　また，脳内伝達物質の一つにセロトニンがあります．これも，性格などに関連していることが知られています．このセロトニンのトランスポーター遺伝子には，長い配列のものと短い配列のものとの二つがあります．そして，短い配列の持ち主は，事態が悪い方向に行った時に自分が悪かったのだと考える傾向が強く，うつになりやすいと言われています．この二つの変異の頻度を調べたところ，日本人では短い配列の割合が多く，ヨーロッパ系アメリカ人では長い配列の割合が多いことがわかりました（Gelernter *et al.*, 1997）．こちらの関係は，その後の研究でも確かに認められるようです.

　性格や行動傾向にかかわる遺伝子の頻度には，集団によって違いがあるよう

ですが，それは，文化の違いによってもたらされたのでしょうか．ある文化では特定の気質を持ったヒトのほうが適応度が高くなるということがあったから，こんなことが見られるのでしょうか．日本では，自罰的傾向が強い人のほうが文化的に成功したのでしょうか．それはわかりません．これまでのところ示されているのは，国や出自の異なる集団によって，性格に関与する遺伝子の頻度が異なるらしい，ということだけです．それが文化環境による適応の結果なのかどうかは，今後の研究の進展を待つべきでしょう．

　今のところ言えるのは，どんな文化環境に生まれてくるにせよ，ヒトにとって重要なのは，他者の心の読み取りや目的の理解，学習，因果関係の理解など，一般的な認知能力だろうということです．ヒトがアフリカを出て世界中に分布し，無数の小集団に分かれてそれぞれの文化を持つようになってから，まだ5〜7万年ほどしか経っていません．それ以前に作られた様々な能力を持ったヒトの脳が，これらすべての違いに対応しているので，ヒトは他のどんな文化の要素も取り入れることができ，自らの文化を変えていくこともできるのです．

3 ┠• **文化変容の蓄積と発展**

　さて，文化を，「遺伝情報による伝達以外の方法で，集団中のある個体から他の個体へと伝達される情報のすべて」と定義しました．この定義によれば，ヒト以外の動物にも文化は見られます．しかし，これまでのところ，ヒトの文化と他の動物の文化とを比べると，非常に大きな違いがあることがわかります．それは，ヒトの文化では，ある一つの道具や活動の方法，概念などに改良がなされ，それが蓄積的に発展していくということです．

　石器を見ても，二つの石を互いに打ちつけて，鋭いエッジを持ったかけらを取るということから始まり，最後には，様々な用途別に特化した多くのタイプの石器が生まれました．決まり事や法律でも，始めはある特定の人々の権利だけを考慮したものだったのが，より多くの人々の権利をも包含するものに変容していきました．つまり，ヒトの文化は，集団内のみんなに共有されており，そこに何か新しい発展があると，またそれが集団のみんなに共有されることによって，蓄積的に発展していくのです．

動物にも文化は見られますが，このような蓄積的な発展は見られません．チンパンジーの文化を見ても，アリ釣りやアブラヤシの実を割る方法を誰かが改善し，それが集団内に広まっていくということは見られていません．これは，ヒトに固有の現象のようです．

　しかし，それを言えば，人類進化史の中で，そのような蓄積的な発展が顕著になったのは，ここ数万年のことかもしれません．およそ170万年前にアフリカで始まったアシュレアン型の握斧は，100万年間，ほとんど変化が見られなかったのですから．そして，チンパンジーの文化に私たち人間が注目し，それを研究するようになってから，まだ数十年しか経っていないので，チンパンジーも時間が経てば蓄積的な発展を見せるのかもしれません．

　そのような留意点はありますが，ヒトの文化が，少なくとも5万年前以降，様々に蓄積的に発展してきたことは事実です．こんなことを可能にしているヒトの能力は何なのでしょう？　それは，おそらく，言語を通じて考えや目的を共有することなのではないでしょうか．因果関係の推論ができ，「心の理論」を持つことで他者の心を理解し，自分の考えを言語で表現して互いに伝え合うことができれば，蓄積的な文化の発展は可能になるでしょう．やはり，言語というコミュニケーションの手段を持っていることは，大きな強みだと考えられるので，言語の進化が重要なカギとなります．

　生物進化では，進化の源泉は，複製される遺伝子に生じた突然変異であり，それはランダムな変化でした．その変異が集団中に増えていくのかどうかには，自然淘汰が働く場合と，小集団で確率的に生じただけという中立の場合とがありました．では，文化の要素は，どのようにして広まったり広まらなかったりするのでしょう？

　文化の要素にも自然淘汰は働くのでしょうか．お辞儀をするのか，握手をするのかといった挨拶の方法などは，偶然に生じたものが小集団で固定した，中立進化である可能性は高いと考えられます．では，料理にたくさんスパイスを使うかどうかはどうでしょう？　暑い気候の場所では食べ物が腐りやすいということがあり，それを防ぐためにスパイスを使うほうが，使わないよりも適応度が高い，という関係はあるかもしれません．

　また，ヒトは誰でも他者を思いやる心を持っており，他者の立場に立って状

況を想像する能力が備わっていることを考えると，格差の少ない状態のほうが，非常に格差のある状態よりも好ましいと思うかもしれません．そうであれば，法律や政策は，徐々に格差をなくす方向に向かうかもしれません．一方で，広告会社がヒトの本性にすり寄った広告を大々的に展開すれば，人々は，無意識のうちにそちらの方向に流れ，文化が変容していくかもしれません．文化のどんな要素がどのようにして広まるのかについては，様々な数理モデルが提唱され，研究がさかんに行われ始めています．これからの研究の成果が期待されます．

4 ・ ヒトの進化環境と現代社会

生物進化は，遺伝子に生じた変異が集団中にどのように広まるかという問題ですから，次の世代が生じるごとに進化のチャンスがめぐってきます．ヒトの世代時間をおよそ25年とすると，ヒトにおける進化のチャンスは25年に一度になります．1万年という長い年月をとっても400回です．

こうして，私たちヒトのからだの形態的，生理学的特徴の多くは，長い人類進化史の中で作られてきました．ところが，近年のヒトの文化による環境の改良，改変は，ほんの数百年，数十年の単位で起きています．その結果，ヒトが自分自身で作り出した現代社会の環境は，本来進化してきた舞台であった環境とは様変わりしてしまいました．そのギャップによって，現在のヒトは新たな問題に直面しています．

一つの例が，砂糖，塩，油に対する好みの問題です．ヒトの進化の長い歴史の中で，糖分や塩分，油脂が食物の中に豊富に含まれていたことは滅多にありませんでした．しかし，いずれも非常に貴重なエネルギー源，栄養源です．そこでヒトは，幸いにも糖分や塩分や油脂を豊富に含む食物を見つけたら，それを存分に摂取するよう進化しました．砂糖，塩，油をおいしいと感じるのはそのためです．そのような嗜好があるため，ヒトは農業と牧畜の発明から産業革命の工業化社会に至るまでの間，徐々に，砂糖や塩や油をふんだんに，しかも安く生産できる方法を開発してきました．そして現代では，これらが含まれた食料はどこでも安価に手に入れることができ，過剰に存在すると言ってもよい

でしょう．ところが，進化史の中でこれらがふんだんに手に入ることはなかったので，ヒトのからだはこれらのとり過ぎへの対策を身につけていません．そこで，ついつい砂糖，塩，油のとり過ぎが起こり，その結果，現代人は様々な生活習慣病になっています．ダイエットが難しいのは，私たちのからだと脳の働きが，これらのおいしいもののとり過ぎに対する制御機構を持っていないことに起因しています．

また，現代文明は，電車，自動車，飛行機，エレベーター，エスカレーターなど，移動の手段を格段に発展させました．一方，ヒトは進化環境では毎日1万4000歩ほど歩いていたのではないかと計算されています．進化環境での生計活動は狩猟採集でした．狩猟のためには大型獣をずっと追跡せねばなりませんし，植物食の採集にも広範囲を歩かねばなりません．それを毎日行う生活だったのです．農業と牧畜の開始後も，肉体労働の負荷は大いにあり続けました．初期農耕民族の遺跡から発掘された女性の骨密度を測定したところ，現代のアスリートに匹敵するということがわかりました．ごく普通の女性ですらそれほどよく運動していたということです．このことは逆に，現代人がどれほど運動していないかをよく表しています．日常生活で運動する機会が減少したということも，メタボリックシンドロームやその他の病気の一因となっています．

さらに，現代では，女性の教育程度が上がり，女性の社会生活をめぐる要因が大きく変化した結果，女性が生涯に持ちたいと思う子どもの数が減り，避妊の技術の改良に伴って，女性が一生の間に経験する月経の回数が増大しました．妊娠の準備は排卵と同時に始まります．その後，着床を予期して子宮の内膜が増殖し，授乳のために乳腺が分裂を繰り返しますが，妊娠に至らないと，すべてを廃棄することになるのです（月経）．この月経の経験回数が増えると，子宮内膜や乳腺関連の細胞がさかんに増殖する機会が増えるので，子宮がんや乳がんのリスクが増えます．細胞の分裂回数とともにがんの発生リスクが上がるためです．これも私たちヒトのからだの進化的設計と現代社会の暮らしとのミスマッチの結果と言えます．

この他にもこうしたミスマッチは，まだまだ挙げることができます．日の入りとともに光がなくなり，後はたき火を囲んで話をし，就寝するという生活リズムも，現代では大きく崩れました．それがもたらしている弊害は，子どもか

らおとなまで様々にあります．カレンダーと時計の統制のもと，みんなと同調して仕事をせねばならないという状況も，進化的に言えばごく最近の出来事です．こんな生活についていけない部分は多々あるに違いありません．

それもこれも，現代の文化の変化速度があまりにも速く，からだの生物学的進化がそれに追いついていけないことからくる結果です．現代の文化の変化には，私たちがそれをよいものと考えるので達成されてきたこともあれば，そうではない副産物もあります．いずれにせよ，進化環境と現代社会のミスマッチがあることは，みんなが認識して対処を考えていかねばならない問題です．

本書では，ヒトという生物がどのように進化してきたのかを知り，それらの知識にもとづけばヒトの行動や心理がどのように分析できるかを示してきました．しかし，ヒトの脳は文化を生成し，その文化の様々な要素をみんなで共有して社会を作っています．その結果，現代のヒトの社会は，ヒトが進化してきた舞台で持っていた社会とはずいぶんと様変わりしてしまいました．しかし，現在でも私たちは，進化で作られたからだと心を駆使してこの現代社会に暮らしています．生物進化で作られてきた土台を無視するわけにはいきません．

過去には，生物としてのヒトの進化とヒトが持っている文化とは，別の学問でそれぞれ研究されてきました．しかし今では，ヒトという生物が文化をどのように作り出し，継承し，また文化の諸要素がどのように変化していくのかのプロセスを，総合的に考察できる枠組みが整ってきたと思います．

これからは，ヒトの行動，心理，社会，文化についての統合的な研究が進み，私たち人間の営みについて，さらに理解が進んでいくことでしょう．まだまだ興味は尽きません．今後の研究に期待したいと思います．

[さらに学びたい人のための参考文献]

スペルベル，D.／菅野盾樹（訳）（2001）．表象は感染する──文化への自然主義的アプローチ　新曜社

ヒトの文化の要素を個人的なものと公的なものとに分け，それらがどのように人々の間に広がっていくかを表象の感染という観点から分析した，非常に興味深い書物．

オドリン＝スミー，F. J.，ラランド，K. N.，フェルドマン，M. F.／佐倉統・山下篤子・德永幸彦（訳）（2007）．ニッチ構築——忘れられていた進化過程　共立出版
ニッチ構築という概念の創設者らによる解説．動物が自然に働きかけて自然を改変することが，その動物の進化に影響することの理論的，実証的分析．

引用文献

Alcock, J. (1989). *Animal behavior (4th ed.)*. Sinauer.

Alexander, R. D. (1974). The evolution of social behavior. *Annual Review of Ecology, Evolution, and Systematics*, *5*, 325-383.

Alexander, R. D. (1987). The biology of moral systems. Aldine de Gruyter.

Andersson, M. (1982). Female choice selects for extreme tail length in a widowbird. *Nature*, *299*, 818-820.

安藤寿康（2012）．遺伝子の不都合な真実——すべての能力は遺伝である　筑摩書房

Ardrey, R. (1961). African genesis. Atheneum.（德田喜三郎・森本佳樹・伊沢紘生（訳）（1973）．アフリカ創世記—殺戮と闘争の人類史　筑摩書房）

Axelrod, R. (1984). *The evolution of cooperation*. Basic Books.

Axelrod, R., & Hamilton, W. D. (1981). The evolution of cooperation. *Science*, *211*, 1390-1396.

馬場悠男（2015）．私たちはどこから来たのか——人類700万年：科学と人間　NHK出版

Bendel, J.-P., & Hua, C.-i (1978). An estimate of the natural fecundability ratio curve. *Social Biology*, *25(3)*, 210-227.

Bereczkei, T., & Dunbar, R. I. M. (1997). Female-biased reproductive strategies in a Hungarian Gypsy population. *Proceedings of the Royal Society B*, *264*, 17-22.

Bergmann, C. (1847). Über die Verhältnisse der Wärmeökonomie der Thiere zu ihrer Grösse. *Göttinger Studien*, *3*, 595-708.

Bianconi, E., Piovesan, A., Facchin, F., Beraudi, A., Casadei, R., Frabetti, F., Vitale, L., Pelleri, M.C., Tassani, S., Piva, F., Perez-Amodio, S., Strippoli, P., & Canaider, S. (2013). An estimation of the number of cells in the human body. *Annals of Human Biology*, *40(6)*, 463-471.

Binford, L. R. (1981). *Bones: Ancient men and modern myths*. Academic Press.

Boag, P. T. (1983). The heritability of external morphology in Darwin's ground finches *(Geospiza)* on Isla Daphne Major, Galápagos. *Evolution*, *37(5)*, 877-894.

Boag, P. T., & Grant, P. R. (1978). Heritability of external morphology in Darwin's finches. *Nature*, *274*, 793-794.

Boag, P. T., & Grant, P. R. (1981). Intense natural selection in a population of Darwin's finches *(Geospizinae)* in the Galápagos. *Science*, *214*, 82-85.

Boas, F. (1911). *The mind of primitive man*. Macmillan.

Boggin, B. (1999). *Patterns of human growth (2nd ed.)*. Cambridge University Press. (3rd ed., 2021)

Borgerhoff Mulder, M. (1988a). Reproductive success in three Kipsigis cohorts. In T. H. Clutton-Brock (Ed.), *Reproductive success* (pp.419-435). The University of Chicago Press.

Borgerhoff Mulder, M. (1988b). Is the polygyny threshold model relevant to humans? Kipsigis evidence.

In C. G. N. Mascie-Taylor & A. J. Boyce (Eds.), *Mating patterns* (pp.209-230). Cambridge University Press.

Borgerhoff Mulder, M. (1988c). Kipsigis bridewealth payments. In L. Betzig, M. Borgerhoff Mulder & P. Turke (Eds.), *Human reproductive behavior* (pp.65-82). Cambridge University Press.

Borrell, B. (2013). Ocean conservation: A big fight over little fish. *Nature, 493,* 597-598.

Brouwer, L., & Griffith, S. C. (2019). Extra-pair paternity in birds. *Molecular Ecology, 28(22),* 4864-4882.

Brown, C. R., & Brown, M. B. (2013). Where has all the road kill gone? *Current Biology, 23(6),* R233-R234.

Brown, D. E. (1991). *Human universals.* McGraw-Hill.（鈴木光太郎・中村潔（訳）（2002）. ヒューマン・ユニヴァーサルズ—文化相対主義から普遍性の認識へ 新曜社）

Burnham, T. C. (2007). High-testosterone men reject low ultimatum game offers. *Proceedings of the Royal Society B, 274,* 2327-2330.

Buss, D. M. (1989). Sex differences in human mate preferences: Evolutionary hypotheses tested in 37 cultures. *Behavioral and Brain Sciences, 12,* 1-14.

Buss, D. M., Larsen, R. J., Westen, D., & Semmelroth, J. (1992). Sex differences in jealousy: Evolution, physiology, and psychology. *Psychological Science, 3(4),* 251-255.

Buss, D. M., Shackelford, T. K., Kirkpatrick, L. A., Choe, J., Hasegawa, M., Hasegawa, T., & Bennett, K. (1999). Jealousy and beliefs about infidelity: Tests of competing hypotheses about sex differences in the United States, Korea, and Japan. *Personal Relationships, 6,* 125-150.

Byrne, R. W. (1995). *The thinking ape: Evolutionary origins of intelligence.* Oxford University Press.（小山高正・伊藤紀子（訳）（1998）. 考えるサル—知能の進化論 大月書店）

Byrne, R. W., & Whiten, A. (Eds.) (1988). *Machiavellian intelligence.* Clarendon Press.（藤田和生・山下博志・友永雅己（監訳）（2004）. マキャベリ的知性と心の理論の進化論—ヒトはなぜ賢くなったか ナカニシヤ出版）

Camerer, G. F. (2003). *Behavioral game theory: Experiments in strategic interaction.* Princeton University Press.

Cant, M. A., & Johnstone, R. A. (2008). Reproductive conflict and the separation of reproductive generations in humans. *Proceedings of the National Academy of Sciences of the United States of America, 105,* 5332-5336.

Case, A., Lin, I-F., & McLanahan, S. (2000). How hungry is the selfish gene? *The Economic Journal, 110,* 781-804.

Chagnon, N. A., & Bugos, P. (1979). Kin selection and conflict: An analysis of a Yanomamö ax fight. In N. A. Chagnon & W. Irons (Eds.), *Evolutionary biology and human social behavior* (pp.213-237). Duxbury Press.

Charlesworth, B., & Charlesworth, D. (2009). Darwin and genetics. *Genetics, 183(3),* 756-766.

Charnov, E. L., & Berrigan, D. (1993). Why do female primates have such long lifespans and so few babies? or Life in the slow lane. *Evolutionary Anthropology, 1,* 191-194.

Cheney, D. L., & Seyfarth, R. S. (1980). Vocal recognition in free-ranging vervet monkeys. *Animal Behaviour, 28(2)*, 362-367.

Clarke, C. A., Mani, G. S., & Wynne. G. (1985). Evolution in reverse: Clean air and the peppered moth. *Biological Journal of the Linnean Society, 26*, 189-199.

Clutton-Brock, T. (2009). Cooperation between non-kin in animal societies. *Nature, 462*, 51-57.

Clutton-Brock, T. H., Albon, S. D., & Guinness F. E. (1984). Maternal dominance, breeding success and birth sex ratios in red deer. *Nature, 308*, 358-360.

Clutton-Brock, T. H., & Vincent, A. C. J. (1991). Sexual selection and the potential reproductive rates of males and females. *Nature, 352*, 58-60.

Cobb, M. (2007). Heredity before genetics: A history. *Nature Reviews Genetics, 7(12)*, 953-958.

Cook, L. M., Dennis, R. L. H., & Mani, G. S. (1999). Melanic morph frequency in the peppered moth in the Manchester area. *Proceedings of the Royal Society of London B, 266*, 293-297

Cook, L. M., & Saccheri, I. J. (2013). The peppered moth and industrial melanism: Evolution of a natural selection case study. *Heredity, 110(3)*, 207-212.

Cooper, R., DeJong, D. V., Forsythe, R., & Ross, T. W. (1996). Cooperation without reputation: Experimental evidence from prisoner's dilemma games. *Games and Economic Behavior, 12(2)*, 187-218.

Cosmides, L. (1989). The logic of social exchange: Has natural selection shaped how humans reason? Studies with the Wason selection task. *Cognition, 31(3)*, 187-276.

Cosmides, L., & Tooby, J. (1992). Cognitive adaptations for social exchange. In J. H. Barkow, L. Cosmides, & J. Tooby (Eds.), *The adapted mind: Evolutionary psychology and the generation of culture* (pp.163-228). Oxford University Press.

Cronin, H. (1992). *The ant and the peacock: Altruism and sexual selection from Darwin to today.* Cambridge University Press.

Cronk, L. (1991). Preferential parental investment in daughters over sons. *Human Nature, 2(4)*, 387-417.

Daly, M., & Wilson, M. (1982). Homicide and kinship. *American Anthropologist, 84(2)*, 372-378.

Daly, M., & Wilson, M. (1983). *Sex, evolution and behavior.* PWS Publications.

Daly, M., & Wilson, M. (1988). *Homicide.* Aldine de Gruyter.（長谷川眞理子・長谷川 寿一（訳）(1999). 人が人を殺すとき—進化でその謎をとく　新思索社）

Daly, M., & Wilson, M. (2001). An assessment of some proposed exceptions to the phenomenon of nepotistic discrimination against stepchildren. *Annales Zoologici Fennici, 38*, 287-296.

Darwin, C. (1859). *On the origin of species by means of natural selection, or the preservation of favoured races in the struggle for life.* John Murray.（渡辺政隆（訳）(2009). 種の起源（上・下）　光文社）

Darwin, C. (1871). The descent of man and the selection in relation to sex. John Murray.（長谷川眞理子（訳）(2016). 人間の由来（上・下）　講談社）

Davies, N. B., Krebs, J. R., & West, S. A. (2012). *An introduction to behavioural ecology (4th ed).* Blackwell.（野間口眞太郎・山岸哲・巌佐庸（訳）(2015). 行動生態学（原著第4版）共立出版）

Denison, R. F. (2012). *Darwinian agriculture: How understanding evolution can improve agriculture.*

Princeton University Press.

Dennett, D. (1995). *Darwin's dangerous idea*. Simon and Schuster.

Diamond, J. (1992). *The third chimpanzee*. Harper Collins.（長谷川眞理子・長谷川寿一（訳）（1993）. 人間 はどこまでチンパンジーか　新曜社）

Diamond-Smith, N., Luke, N., & McGarvey, S. (2008). 'Too many girls, too much dowry': Son preference and daughter aversion in rural Tamil Nadu, India. *Culture, Health & Sexuality, 10(7)*, 697-708.

Dickemann, M. (1981). Paternal confidence and dowry competition: A biocultural analysis of purdah. In R. D. Alexander & D. W. Tinkle (Eds.), *Natural selection and social behavior* (pp.417-438). Chiron Press.

Dilger, W. C. (1962). The behavior of lovebirds. *Scientific American, 206*, 88-98

Dorjahn, V. R. (1958). Fertility, polygyny and their interrelations in Temne society. *American Anthropologist, 60(5)*, 838-860.

Dunbar, R. I. M. (1993). Coevolution of neocortical size, group size and language in humans. *Behavioral and Brain Science, 16*, 681-735.

Dunbar, R. I. M. (1996). *Grooming, gossip, and the evolution of language*. Faber and Faber.（松浦俊輔・ 服部清美（訳）（1998）. ことばの起源—猿の毛づくろい, 人のゴシップ　青土社）

Dunbar, R. I. M., Clark, A., & Hurst, N. L. (1995). Conflict and cooperation among the Vikings: Contingent behavioral decisions. *Ethology and Sociobiology, 16(3)*, 233-246.

Dunsworth, H. M., Warrener, A. G., Deacon, T., Ellison, P. T., & Pontzer, H. (2012). Metabolic hypothesis for human altriciality. *Proceedings of the National Academy of Sciences of the United States of America, 109*, 15212-15216,

Durham, W. H. (1991). *Coevolution: Genes, culture, and human diversity*. Stanford University Press.

Durkheim, É. (1895/1962). *The rules of sociological method*. Free Press.

江口和洋（2005）. 鳥類における協同繁殖様式の多様性　日本鳥学会誌, *54(1)*, 1-22.

Eibl-Eibesfeldt, I. (1961). The fighting behavior of animals. *Scientific American, 205(6)*, 112-123.

Ember, C., & Ember, M. (1999). *Cultural anthropology (9th ed.)*. Prentice Hall.

Emler, N. (1994). Gossip, reputation, and social adaptation. In R. F. Goodman & A. Ben-Ze'ev (Eds.), *Good gossip* (pp.117-138). University of Kansas Press.

Engelmann, D., & Fischbacher, U. (2009). Indirect reciprocity and strategic reputation building in an experimental helping game. *Games and Economic Behavior, 67*, 399-407

Enright, M. C., Robinson, D. A., Randle, G., Feil, E. J., Grundmann, H., & Spratt, B. G. (2002). The evolutionary history of methicillin-resistant Staphylococcus aureus (MRSA). *Proceedings of the National Academy of Sciences of the United States of America, 99*, 7687-7692.

Fehr, E., & Fischbacher, U. (2003). The nature of human altruism. *Nature, 425*, 785-791.

Fehr, E., & Gächter, S. (2002). Altruistic punishment in humans. *Nature, 415*, 137-140.

Fehr, E., & Schmidt, K. M. (1999). A theory of fairness, competition, and cooperation. *The Quarterly Journal of Economics, 114(3)*, 817-868.

Feldman, R. (2016). The neurobiology of mammalian parenting and the biosocial context of human caregiving. *Hormones and Behavior*, *77*, 3-17.

Ferrari, P. F., Visalberghi, E., Paukner, A., Fogassi, L., Ruggiero, A., & Suomi, S. J. (2006). Neonatal imitation in rhesus macaques. *PLoS Biology*, *4(9)*, e302. DOI:10.1371/journal.pbio.0040302

Fischer, E. A. (1980). The relationship between mating system and simultaneous hermaphroditism in the coral reef fish, *Hypoplectrus nigricans* (Serranidae). *Animal Behaviour*, *28(2)*, 620-633.

Fisher, J., & Hinde, R. A. (1949). The opening of milk bottles by birds. *British Birds*, *42*, 347-357.

Fisher, R. A. (1930). *The genetical theory of natural selection*. Clarendon Press.

Francis, R. C. (2015). *Domesticated: Evolution in a man-made world*. W. W. Norton.（西尾香苗（訳）家畜化という進化―人間はいかに動物を変えたか　白揚社）

Freeman, D. (1984). *Margaret Mead and the heretics*. Penguin.

Freeman, D. (1999). *The fateful hoaxing of Margaret Mead*. Westview Press.

Futahashi, R., Kawahara-Miki, R., Kinoshita, M., Yoshitake, K., Yajima, S., Arikawa, K., & Fukatsu, T. (2015). Extraordinary diversity of visual opsin genes in dragonflies. *Proceedings of the National Academy of Sciences of the United States of America*, *112(11)*, E1247-1256.

Gardner, A., West S. A., & Buckling, A. (2004). Bacteriocins, spite and virulence. *Proceedings of the Royal Society B*, *271*, 1529-1535.

Gelernter, J., Kranzler, H., & Cubells, J. (1997). Serotonin transporter protein (SLC6A4) allele and haplotype frequencies and linkage disequilibria in African- and European-American and Japanese populations and in alcohol-dependent subjects. *Human Genetics*, *101*, 243-246.

Gibbons, A. (2007). European skin turned pale only recently, gene suggests. *Science*, *316*, 364.

Gigerenzer, G., & Hug, K. (1992). Domain-specific reasoning: Social contracts, cheating, and perspective change. *Cognition*, *43(2)*, 127-171.

Goldstein, M. C. (1976). Fraternal polyandry and fertility in a high Himalayan valley. *Human Ecology*, *4*, 223-233.

Goldstein, M. C. (1978). Pahari and Tibetan polyandry revisited. *Ethnology*, *17*, 325-337.

Goodall, J. (1986). *The chimpanzee of Gombe*. Belknap Press.（杉山幸丸・松沢哲郎（監訳）（2017）. 野生チンパンジーの世界（新装版）　ミネルヴァ書房）

Gould, S. J. (1977). *Ontogeny and phylogeny*. Belknap Press.（仁木帝都・渡辺政隆（訳）（1987）. 個体発生と系統発生―進化の観念史と発生学の最前線　工作舎）

Grant, B. R., & Grant, P. R. (1993). Evolution of Darwin's finches caused by a rare climatic event. *Proceedings of the Royal Society of London B*, *251*, 111-117.

Grant, P. R., & Grant, B. R. (1995). Predicting microevolutionary responses to directional selection on heritable variation. *Evolution*, *49*, 241-251.

Grant, P. R., & Grant, B. R. (2014). *40 Years of evolution: Darwin's finches on Daphne Major Island*. Princeton University Press.

Greene, P. J. (1978). Promiscuity, paternity, and culture. *American Ethnologist*, *5*, 151-159.

Greene, P. J. (1980). Paternity and the avunculate. *American Anthropologist*, *82*, 381-382.

Griggs, R. A., & Cox, J. R. (1982). The elusive thematic-materials effect in Wason's selection task.

British Journal of Psychology, 73(3), 407-420.

Gurven, M. (2006). The evolution of contingent cooperation. *Current Anthropology, 47(1)*, 185-192.

Güth, W., Schmittberger, R., & Schwarze, B. (1982). An experimental analysis of ultimatum bargaining. *Journal of Economic Behavior & Organization, 3(4)*, 367-388.

Hagen, E. H., & Hammerstein, P. (2006). Game theory and human evolution: A critique of some recent interpretations of experimental games. *Theoretical Population Biology, 69(3)*, 339-348.

Haig, D. (1993). Genetic conflicts in human pregnancy. *Quarterly Review of Biology, 68(4)*, 495-532.

Hamilton, W. D., & Zuk, M. (1982). Heritable true fitness and bright birds: A role for parasites? *Science, 218*, 384-386.

Harcourt, A. H., Harvey, P. H., Larson, S. G., & Short, R. V. (1981). Testis weight, body weight and breeding system in primates. *Nature, 293*, 55-57.

Hare, B., Wobber, V., & Wrangham, R. (2012). The self-domestication hypothesis: Evolution of bonobo psychology is due to selection against aggression. *Animal Behaviour, 83(3)*, 573-585.

Harvey, P. H., & Harcourt, A. H. (1984). Sperm competition, testes size, and breeding systems in primates. In R. L. Smith (Ed.), *Sperm competition and the evolution of animal mating systems* (pp.589-600). Academic Press.

Hatchwell, B. J., Gullett, P. R., & Adams, M. J. (2014). Helping in cooperatively breeding long-tailed tits: A test of Hamilton's rule. *Philosophical Transactions of The Royal Society B Biological Sciences, 369*, 20130565. DOI:10.1098/rstb.2013.0565

Hatchwell, B. J., Russell, A. F., MacColl, A. D. C., Ross, D. J., Fowlie, M. K., & McGowan, A. (2004). Helpers increase long-term but not short-term productivity in cooperatively breeding long-tailed tits. *Behavioral Ecology, 15(1)*, 1-10.

Hawkes, K., O'Connell, J. F., Blurton-Jones, N. G., Alvarez, H., & Charnov, E. L. (1998). Grandmothering, menopause, and the evolution of human life histories. *Proceedings of the National Academy of Sciences of the United States of America, 95(3)*, 1336-1339.

Hearnshaw, L. S. (1979). *Cyril Burt: Psychologist*. Hodder and Stoughton.

Henrich, J., Boyd, R., Bowles, S., Camerer, C., Fehr, E., & Gintis, H. (2004). *Foundation of human sociality: Economic experiments and ethnographic evidence from fifteen small-scale societies*. Oxford University Press.

Herrnstein, R., & Murray, C. (1994). *The bell curve: Intelligence and class structure in American life*. Free Press.

Hesketh, T., & Xing, Z. W. (2006). Abnormal sex ratios in human populations: Causes and consequences. *Proceedings of the National Academy of Sciences of the United States of America, 103(36)*, 13271-13275.

Hewlett, B. (1988). Sexual selection and parental investment among Aka pygmies. In L. Betzig, M. Borgerhoff Mulder, & P. Turke (Eds.), *Human reproductive behavior* (pp.263-276). Cambridge University Press.

Hill, K., & Hultardo, M. (1996). *Ache life history: The ecology and demography of a foraging people*.

Aldine de Gruyter.

Hiraiwa-Hasegawa, M. (2005). Homicide by men in Japan, and its relationship to age, resources and risk taking. *Evolution and Human Behavior, 26,* 332-343.

平田聡（2006）．嘘とだましの進化――霊長類の嘘・だまし　箱田裕司・仁平義明（編）嘘とだましの心理学――戦略的なだましからあたたかい嘘まで（pp.104-128）　有斐閣

Hirata, S., & Fuwa, K. (2007). Chimpanzees (*Pan troglodytes*) learn to act with other individuals in a cooperative task. *Primates, 48(1),* 13-21.

Hodgson, G. M. (1993). *Economics and Evolution: Bringing life back into economics.* Polity Press.

van't Hof, A. E., Campagne, P., Rigden, D. J., Yung, C. J., Lingley, J., Quail, M. A., Hall, N., Darby, A. C., & Saccheri, I. J. (2016). The industrial melanism mutation in British peppered moths is a transposable element. *Nature, 534,* 102-105.ww

Holden, C. J., & Mace, R. (2003). Spread of cattle led to the loss of matrilineal descent in Africa: A coevolutionary analysis. *Proceedings of the Royal Society B, 270,* 2425-2433

Howell, N. (1979). *Demography of the Dove! Kung.* Academic Press.

Hrdy, S. B. (1977a). Infanticide as a primate reproductive strategy. *American Scientist, 65(1),* 40-49.

Hrdy, S. B. (1977b). *The langurs of Abu: Female and male strategies of reproduction.* Harvard University Press.

Insel, T. R., & Shapiro, L. E. (1992). Oxytocin receptor distribution reflects social organization in monogamous and polygamous voles. *Proceedings of the National Academy of Sciences of the United States of America, 89(13),* 5981-5985.

Ishida, M., & Moore, G. E. (2013). The role of imprinted genes in humans. *Molecular Aspects of Medicine, 34(4),* 826-840.

Issac, G. (1978). The food-sharing behavior of proto-human hominids. *Scientific American, 238(4),* 90-108.

Jablonski, N. G., & Chaplin, G. (2000). The evolution of human skin coloration. *Journal of Human Evolution, 39(1),* 57-106

Jablonski, N. G., & Chaplin, G. (2010). Human skin pigmentation as an adaptation to UV radiation. *Proceedings of the National Academy of Sciences of the United States of America, 107(2),* 8962-8968.

Jablonski, N. G., & Chaplin, G. (2014). Skin cancer was not a potent selective force in the evolution of protective pigmentation in early hominins. *Proceedings of the Royal Society B, 281,* 20140517. DOI:10.1098/rspb.2014.0517

Jain, A. K. (1969). Fecundability and its relation to age in a sample of Taiwanese women. *Population Studies, 23(1),* 69-85.

Jessen, T. H., Weber, R. E., Fermi, G., Tame, J. & Braunitzer, G. (1991). Adaptation of bird hemoglobins to high altitudes: Demonstration of molecular mechanism by protein engineering. *Proceedings of the National Academy of Sciences of the United States of America, 88(15),* 6519-6522.

Jevons, M. P. (1961). "Celbenin" : Resistant staphylococci. *British Medical Journal, 1,* 124-125.

Johnstone, R. A., & Cant, M. A. (2010). The evolution of menopause in cetaceans and humans: The role of demography. *Proceedings of the Royal Society B, 277*, 3765-3771.

Jónsson, H., *et al.* (2017). Parental influence on human germline *de novo* mutations in 1,548 trios from Iceland. *Nature, 549*, 519-522.

Jorde, L. B., & Wooding, S. P. (2004). Genetic variation, classification and 'race'. *Nature Genetics, 36(11)*, S28-S33.

海部陽介（2021）．ホモ属の「繁栄」――人類史の視点から　井原泰雄・梅﨑昌裕・米田穣（編）人間の本質にせまる科学――自然人類学の挑戦（pp.43-58）　東京大学出版会

亀田達也（2017）．モラルの起源――実験社会科学からの問い　岩波書店

亀田達也（2022）．連帯のための実験社会科学――共感・分配・秩序　岩波書店

Kato-Shimizu, M., Onishi, K., Kanazawa, T., & Hinobayashi, T. (2013). Preschool children's behavioral tendency toward social indirect reciprocity. *PLoS One, 8(8)*, e70915. DOI:10.1371/journal.pone.0070915

Kawai, M. (1965). Newly-acquired pre-cultural behavior of the natural troop of Japanese monkeys on Koshima Islet. *Primates, 6*, 1-30.

菊水健史（2018）．群れの機能と「安心」の神経内分泌学　動物心理学研究, *68(1)*, 67-75.

菊水健史（2019）．ブレインサイエンスレクチャー6　社会の起源――動物における群れの意味　共立出版

Kiyonari, T., Tanida, S., & Yamagishi, T. (2000). Social exchange and reciprocity: Confusion or a heuristic? *Evolution and Human Behavior, 21*, 411-427.

小林佳世子（2021）．最後通牒ゲームの謎――進化心理学からみた行動ゲーム理論入門　日本評論社

Kruger, D. J., & Nesse, R. M. (2004). Sexual selection and the male:female mortality ratio. *Evolutionary Psychology, 2*, 66-85.

Laland, K. N., Odling-Smee, J., & Endler. J. (2017). Niche construction, sources of selection and trait coevolution. *Interface Focus, 7(5)*, 1-9.

Law, W., & Salick, J. (2005). Human-induced dwarfing of Himalayan snow lotus, *Saussurea laniceps (Asteraceae)*. *Proceedings of the National Academy of Sciences of the United States of America, 102(29)*, 10218-10220.

Levine, N. E., & Silk, J. B. (1997). Why polyandry fails: sources of instability in polyandrous marriages. *Current Anthropology, 38(3)*, 375-398.

Lewontin, R. (1984). *Not in our gene: Biology, ideology and human nature.* Pantheon.

Li, H., *et al.* (2009). Refined geographic distribution of the oriental *ALDH2*504Lys* (nee *487Lys*) variant. *Annals of Human Genetics, 73(3)*, 335-45

李京銀・高坂宏一・出嶋靖志（2002）．韓国の出生順位別出生性比の年次変化に関する研究：1970～1998年　民族衛生, *68(1)*, 10-18.

Lieberman, D. (2009). Rethinking the Taiwanese minor marriage data: Evidence the mind uses multiple kinship cues to regulate inbreeding avoidance. *Evolution and Human Behavior, 30*, 153-160.

Lim, M. M., & Young, L. J. (2004). Vasopressin-dependent neural circuits underlying pair bonding in the monogamous prairie vole. *Neuroscience, 125*, 35-45.

Lim, M. M., Wang, Z., Olazábal, D. E., Ren, X., Terwilliger, E. F., & Young, L. J. (2004). Enhanced partner preference in a promiscuous species by manipulating the expression of a single gene. *Nature*, *429*, 754-757.

Lorenz, K. (1966). *On aggression*. Methuen.

Losos, J. B. (2018). *Improbable destinies: Fate, chance, and future of evolution*. Riverhead Books.（的場知之（訳）（2019）．生命の歴史は繰り返すのか？—進化の偶然と必然のナゾに実験で挑む　化学同人）

Lovejoy, C. O. (2009). Reexamining human origins in light of Ardipithecus ramidus. *Science*, *326*, 74-74e8.

Low, B. S., Alexander, R. D., & Noonan, K. M. (1987). Human hips, breasts and buttocks: Is fat deceptive? *Ethology and Sociobiology*, *8*, 249-257.

Luo, H.-R., Wu, G.-S., Pakstis, A. J., Tong, L., Oota, H., Kidd, K. K., & Zhang, Y.-P. (2009). Origin and dispersal of atypical aldehyde dehydrogenase *ALDH2*487Lys*. *Gene*, *435(1-2)*, 96-103.

Mateo, J. M. (2006). The nature and representation of individual recognition odours in Belding's ground squirrels. *Animal Behaviour*, *71(1)*, 141-154.

Mathieson, I., *et al*. (2015). Genome-wide patterns of selection in 230 ancient Eurasians. *Nature*, *528*, 499-503.

Maynard Smith, J. (1964). Group selection and kin selection. *Nature*, *201*, 1145-1147.

Maynard Smith, J., & Price, G. R. (1973). The logic of animal conflict. *Nature*, *246*, 15-18.

Meltzoff, A. N., & Moore, M. K. (1977). Imitation of facial and manual gestures by human neonates. *Science*, *198*, 75-78.

Mithen, S. (1996). *The prehistory of the mind*. Thames and Hudson.（松浦俊輔（訳）（1998）．心の先史時代　青土社）

光永総子・中村伸・平野真・清水慶子・今村隆寿（2001）．霊長類胎盤構造の特徴——遺伝子治療薬剤の胎盤通過の視点から　霊長類研究，*17(2)*, 51-61.

三浦徹（2016）．表現型可塑性の生物学——生態発生学入門　日本評論社

Morgan, C. J. (1979). Eskimo hunting groups, social kinship, and the possibility of kin selection in humans. *Ethology and Sociobiology*, *1(1)*, 83-86.

Morris, D. (1967). *The naked ape*. Jonathan Cape.（日高敏隆（訳）（1969）．裸のサル—動物学的人間像　河出書房新社）

村田唯・文東美紀・岩本和也（2013）．エピジェネティクス　脳科学辞典　DOI: 10.14931/bsd.3735

Murdock, G. P. (1967). *Ethnographic atlas*. University of Pittsburgh Press.

Nagasawa, M., Mitsui, S., En, S., Ohtani, N., Ohta, M., Sakuma, Y., Onaka, T., Mogi, K., & Kikusui, T. (2015). Social evolution. oxytocin-gaze positive loop and the coevolution of human-dog bonds. *Science*, *348*, 333-336.

中村美知生（2021）．ヒト以外の霊長類の行動と社会——ヒトを相対化する．井原泰雄・梅﨑昌裕・米田穣（編）人間の本質にせまる科学——自然人類学の挑戦（pp.2-20）　東京大学出版会

Natarajan, C., Jendroszek, A., Kumar, A., Weber, R. E., Tame, J. R. H., Fago, A., & Storz, J. F. (2018). Molecular basis of hemoglobin adaptation in thehigh-flying bar-headed goose. *PLoS Genetics*, *14(4)*, e1007331. DOI:10.1371/journal.pgen.1007331

Olsen, E. M., Heino, M., Lilly, G. R., Morgan, M. J., Brattey, J., Ernande, B., & Dieckmann, U. (2004). Maturation trends indicative of rapid evolution preceded the collapse of northern cod. *Nature*, *428*, 932-935.

Oosterbeek, H., Sloof, R., & van de Kuilen, G. (2004). Cultural differences in ultimatum game experiments: Evidence from a meta-analysis. *Experimental Economics*, *7*, 171-188.

Pääbo, S. (2014). *Neanderthal man: In search of lost genomes*. Basic Books.（野中香方子（訳）(2015). ネアンデルタール人は私たちと交配した　文藝春秋）

Parker, G. A. (1984). Sperm competition and the evolution of animal mating strategies. In R. L. Smith (Ed.), *Sperm competition and the evolution of animal mating systems* (pp.1-60). Academic Press.

Pepperberg, I. M. (2008). *Alex & me: How a scientist and a parrot discovered a hidden world of animal intelligence and formed a deep bond in the process*. Harper Collins.（佐柳信男（訳）(2020). アレックスと私　早川書房）

Petrinovich, L. (1995). *Human evolution, reproduction and morality*. Plenum Press.

Piel, F. B., Patil, A. P., Howes, R. E., Nyangiri, O. A., Gething, P. W., Williams, T. N., Weatherall, D. J., & Hay, S. I. (2010). Global distribution of the sickle cell gene and geographical confirmation of the malaria hypothesis. *Nature Communications*, *1(8)*, 104.

Pinker, S. (1994). *The language instinct: How the mind creates language*. Penguin.（椋田直子（訳）(1995). 言語を生みだす本能（上・下）　日本放送出版協会）

Pollet, T. V. (2007). Genetic relatedness and sibling relationship characteristics in a modern society. *Evolution and Human Behavior*, *28*, 176-185.

Portman, A. (1956). *Zoologie und das neue Bild des Menschen*. Rowohlt.（高木正孝（訳）(1961). 人間はどこまで動物か―新しい人間像のために　岩波書店）

Premack, D., & Woodruff, G. (1978). Does the chimpanzee have a theory of mind? *Behavioral and Brain Sciences*, *1(4)*, 515-526.

Raihani, N. J., & Bshary, R. (2015). Why humans might help strangers. *Frontiers in Behavioral Neuroscience*, *9*, 39.

Rainey, P. B., & Rainey, K. (2003). Evolution of cooperation and conflict in experimental bacterial populations. *Nature*, *425*, 72-74.

Reich, D. (2018). *Who we are and how we got there: Ancient DNA and the new science of the human past*. Oxford University Press.（日向やよい（訳）(2018). 交雑する人類―古代 DNA が解き明かす新サピエンス史　NHK 出版）

Rice, W. (1996). Sexually antagonistic male adaptation triggered by experimental arrest of female evolution. *Nature*, *381*, 232-234.

Roberts, E. K., Lu, A., Bergman, T. J., & Beehner, J. C. (2012). A Bruce effect in wild geladas. *Science*, *335*, 1222-1225.

Rushton, P. (1995). *Race, evolution and behavior: A life history perspective*. Transaction Publishers.

Sahlins, M. (1976). *The use and abuse of biology : An anthropological critique of sociobiology*.

University of Michigan Press.

斎藤成也（2009）．霊長類のゲノム解読と分子系統　霊長類研究, *24(2)*, 213-220.

Salzano, F. M., Neal, J. V., & Maybury-Lewis, D. (1967). Further studies on the Xavante Indians. I. Demographic data on two additional villages: Genetic structure of the tribe. *American Journal of Human Genetics*, *19*, 463-489.

Sanfey, A. G., Rilling, J. K., Aronson, J. A., Nystrom, L. E., & Cohen, J. D. (2003). The neural basis of economic decision-making in the ultimatum game. *Science, 300*, 1755-1758.

Savage-Rumbaugh, S. E., & Lewin, R. (1994). *Kanzi: The ape at the brink of the human mind.* Wiley.（石立康平（訳）（1997）．人と話すサル「カンジ」　講談社）

van Schaik, C. P. (2000). Infanticide by male primates: The sexual selection hypothesis revisited. In C. P. van Schaik & C. H. Janson (Eds.), *Infanticide by males and its implications* (pp.27-60). Cambridge University Press.

van Schaik, C. P. (2016). *The primate origins of human nature.* Wiley-Blackwell.

Schinka, J. A., Letsch, E., & Crawford, F. C. (2002). DRD4 and novelty seeking: results of meta-analyses. *American Journal of Medical Genetics, 114*, 643-648.

Schultz, A. H. (1969). *The life of primates.* Weidenfeld & Nicolson.

Scott-Phillips, T. (2015). *Speaking our minds: Why human communication is different, and how language evolved to make it special.* Palgrave Macmillan.（畔上耕介・石塚政行・田中太一・中澤恒子・西村義樹・山泉実（訳）（2021）．なぜヒトだけが言葉を話せるのか―コミュニケーションから探る言語の起源と進化　東京大学出版会）

Seehausen, O., *et al.* (2008). Speciation through sensory drive in cichlid fish. *Nature, 455*, 620-626.

Sharp, S. P., McGowan, A., Wood, M. J., & Hatchwell, B. J. (2005). Learned kin recognition cues in a social bird. *Nature, 434*, 1127-1130.

Shepher, J. (1983). *Incest: A biosocial view.* Academic Press.

Sheps, M. C. (1965). An analysis of reproductive patterns in an American isolate. *Population Studies, 19*, 65-80.

Sherman, P. W. (1977). Nepotism and the evolution of alarm calls. *Science, 197*, 1246-1253.

Shostak, M. (1990). *Nisa: The life and words of a !Kung woman.* Earthscan Publications.

Silk, J. B. (2013). Reciprocal altruism. *Current Biology, 23(18)*, R827-R828.

Singh, D. (1993). Adaptive significance of waist-to-hip ratio and female physical attractiveness. *Journal of Personality and Social Psychology, 65*, 298-307.

Skyrms, B. (1996). *Evolution of social contract.* Cambridge University Press.

Smith, A. P. (1978). An investigation of the mechanisms underlying nest construction in the mud wasp *Paralastor* sp. (Hymenoptera: Eumenidae). *Animal Behaviour, 26(1)*, 232-240.

Sperber, D. (1985). Anthropology and psychology: Towards an epidemiology of representations. *Man (New Series), 20(1)*, 73-89.

Sperber, D. (1996). *Explaining culture: A naturalistic approach.* Blackwell.

Sugiyama, Y. (1965). On the social change of hanuman langurs (*Presbytis entellus*) in their natural condition. *Primates*, *6(3-4)*, 381-418.

Sullivan, A. P., Bird, D. W., & Perry, G. H. (2017). Human behaviour as a long-term ecological driver of non-human evolution. *Nature Ecology & Evolution*, *1(3)*, 65.

諏訪元（1995）．東アフリカに交錯する最初のホモ属　人間性の進化を解く――人類学の最前線（pp.103-120）　朝日新聞社

諏訪元（2012a）．人類起源への新たな視点　季刊考古学, *118*, 18-23.

諏訪元（2012b）．ラミダスが解き明かす初期人類の進化的変遷　季刊考古学, *118*, 24-29.

Suwa, G., Kono, R. T., Simpson, S. W., Asfaw, B., Lovejoy, C. O., & White, T. D. (2009). Paleobiological implications of the *Ardipithecus ramidus* dentition. *Science*, *326*, 69-99.

鈴木光太郎（2008）．オオカミ少女はいなかった――心理学の神話をめぐる冒険　新曜社（増補版. 2015. 筑摩書房）

Tambiah, S. J. (1966). Polyandry in Ceylon: With special reference to the Laggala region. In C. von Fürer-Haimendorf (Ed.), *Caste and kin in Nepal, India and Ceylon: Anthropological studies in Hindu-Buddhist contact zones*. Asia Publishing House.

Terai, Y., Mayer, W. E., Klein, J., Tichy, H., & Okada, N. (2002). The effect of selection on a long wavelength-sensitive (LWS) opsin gene of Lake Victoria cichlid fishes. *Proceedings of the National Academy of Sciences of the United States of America*, *99(24)*, 15501-15506.

The Chimpanzee Sequencing and Analysis Consortium (2005). Initial sequence of the chimpanzee genome and comparison with the human genome. *Nature*, *437*, 69-87.

The 1000 Genomes Project Consortium (2015). A global reference for human genetic variation. *Nature*, *526*, 68-74.

Tomasello, M. (2014). *A natural history of human thinking*. Harvard University Press.（橋彌和秀（訳）（2021）．思考の自然誌　勁草書房）

Tomasello, M. (2016). *A natural history of human morality*. Harvard University Press.（中尾央（訳）（2020）．道徳の自然誌　勁草書房）

Tooby, J. & Cosmides, L. (1992). The psychological foundations of culture. In J. H. Barcow, L. Cosmides, & J. Tooby (Eds.), *The adapted mind: Evolutionary psychology and the generation of culture* (pp.19-36). Oxford University Press.

Trivers, R. L. (1971). The evolution of reciprocal altruism. *Quarterly Review of Biology*, *46*, 35-57.

Trivers, R. L. (1972). Parental investment and sexual selection. In B. Campbell (Ed.), *Sexual selection and the descent of man 1871-1971* (pp.136-179). Aldine.

Trivers, R. L. (1974). Parent-offspring conflict. *American Zoologist*, *14(1)*, 249-264.

UNFPA China (2018). *UNFPA China Policy Brief: Towards a normal sex ratio at birth in China*.

Vorzimmer, P. (1963). Charles Darwin and blending inheritance. *Isis*, *54(3)*, 371-390.

Walum, H., *et al.* (2008). Genetic variation in the vasopressin receptor 1a gene (*AVPR1A*) associates with pair-bonding behavior in humans. *Proceedings of the National Academy of Sciences of the United States of America*, *105(37)*, 14153-14156.

Warneken, F., & Tomasello, M. (2013). The emergence of contingent reciprocity in young children.

Journal of Experimental Child Psychology, 116(2), 338-350.

West, S. A., El Mouden, C., & Gardner, A. (2011). Sixteen common misconceptions about the evolution of cooperation in humans. *Evolution and Human Behavior, 32(4)*, 231-262.

West, S. A., & Gardner, A. (2010). Altruism, spite, and greenbeards. *Science, 327*, 1341-1344.

West, S. A., Griffin, A. S., & Gardner, A. (2007). Social semantics: Altruism, cooperation, mutualism, strong reciprocity and group selection. *Journal of Evolutionary Biology, 20(2)*, 415-432.

Wetsman, A., & Marlowe, F. (1999). How universal are preferences for female waist-to-hip ratios? Evidence from the Hadza of Tanzania. *Evolution and Human Behavior, 20*, 219-228.

Wheeler, P. E. (1994). The thermoregulatory advantage of heat storage and shade-seeking behavior. *Journal of Human Evolution, 26*, 339-350.

Whiten, A., Goodall, J., McGrew, W. C., Nishida, T., Reynolds, V., Sugiyama, Y., Tutin, C. E. G., Wrangham, R. W., & Boesch, C. (1999). Cultures in chimpanzees. *Nature, 399*, 682–685.

Wilkinson, G. S. (1984). Reciprocal food sharing in the vampire bat. *Nature, 308*, 181-184.

Williams, G. C. (1966). *Adaptation and natural selection*. Princeton University Press.

Wilson, A. C., & Cann, R. L. (1992). The recent African genesis of humans. *Scientific American, 266(4)*, 68-75.

Wilson, E. O. (1975). *Sociobiology: The new synthesis*. Harvard University Press.（伊藤嘉昭（監訳）（1999）. 社会生物学（合本版） 新思索社）

Wilson, E. O. (1978). On human nature. Harvard University Press.（岸由二（訳）（1997）. 人間の本性について（新装版） 筑摩書房）

Wolf, A. P. (1995). *Sexual attraction and childhood association: A Chinese brief for Edward Westermarck*. Stanford University Press.

Wood, J. W. (1989). Fecundity and natural fertility in humans. *Oxford Reviews of Reproductive Biology, 11*, 61-109.

Woolfenden, G. E., & Fitzpatrick, J. W. (1978). The inheritance of territory in group-breeding birds. *BioScience, 28(2)*, 104-108.

Wrangham, R. W. (1980). An ecological model of female-bonded primate groups. *Behaviour, 75*, 262-300.

Wrangham, R. W. (2009). *Catching fire: How cooking made us human*. Basic Books.（依田卓巳（訳）（2010）. 火の賜物—ヒトは料理で進化した NTT出版）

Wrangham, R. W. (2019). *The goodness paradox: The strange relationship between virtue and violence in human evolution*. Vintage Books.（依田卓巳（訳）（2020）. 善と悪のパラドックス――ヒトの進化と〈自己家畜化〉の歴史 NTT出版）

Wrangham, R. W., & Peterson, D. (1996). *Demonic males: Apes and the origins of human violence*. Houghton Mifflin.（山下篤子（訳）（1998）. 男の凶暴性はどこからきたか 三田出版会）

Wynne-Edwards, V. C. (1962). *Animal dispersion in relation to social behaviour*. Oliver and Boyd.

Yamagishi, T., Horita, Y., Mifune, N., Hashimoto, H., Li, Y., Shinada, M., Miura, A., Inukai, K., Takagishi, H., & Simunovic, D. (2012). Rejection of unfair offers in the ultimatum game is no evidence of strong reciprocity. *Proceedings of the National Academy of Sciences of the United States of America, 109(50),* 20364-20368.

Yamamoto, S., Humle, T., & Tanaka, M. (2009). Chimpanzees help each other upon request. PLoS ONE, *4(10),* e7416. DOI:10.1371/journal.pone.0007416

Young, L. J., Lim, M. M., Gingrich, B., & Insel, T. R. (2001). Cellular mechanisms of social attachment. *Hormones and Behavior, 40,* 133-138.

Young, L. J., Nilsen, R., Waymire, K. G., MacGregor, G. R., & Insel, T. R. (1999). Increased affiliative response to vasopressin in mice expressing the vasopressin receptor from a monogamous vole. *Nature, 400,* 766-768.

Yu, D. W., & Shepard, G. H. Jr. (1998). Is beauty in the eye of the beholder? *Nature, 296,* 321-322.

Zahavi, A. (1975). Mate selection: A selection for a handicap. *Journal of Theoretical Biology, 53,* 205-214.

van Zweden, J. S., & d'Ettorre, P. (2010). Nestmate recognition in social insects and the role of hydrocarbons. In G. J. Blomquist & A.-G. Bagnères (Eds.), *Insect hydrocarbons: Biology, biochemistry, and chemical ecology* (pp.222-243). Cambridge University Press.

人名索引

事項索引

著者略歴

長谷川寿一

1952 年神奈川県生まれ．1984 年東京大学大学院人文科学研究科心理学専攻博士課程単位取得退学．文学博士．専門は動物行動学，進化心理学．現在，東京大学名誉教授．主著に，『こころと言葉』（共編，東京大学出版会，2008 年），『人間の性はなぜ奇妙に進化したのか』（訳，草思社，2013 年），『進化心理学を学びたいあなたへ』（共監訳，東京大学出版会，2018 年），『はじめて出会う心理学　第 3 版』（共著，有斐閣，2020 年）他．

長谷川眞理子

1952 年東京都生まれ．1983 年東京大学大学院理学系研究科人類学専攻博士課程単位取得退学．理学博士．専門は行動生態学，自然人類学．現在，総合研究大学院大学学長．主著に，『進化とはなんだろうか』（岩波書店，1999 年），『生き物をめぐる 4 つの「なぜ」』（集英社，2002 年），『クジャクの雄はなぜ美しい？　増補改訂版』（紀伊國屋書店，2005 年），『人間の由来（上・下）』（訳，講談社，2016 年），『私が進化生物学者になった理由』（岩波書店，2021 年）他．

大槻　久

1979 年福島県生まれ．2006 年九州大学大学院理学府生物科学専攻博士課程修了．理学博士．専門は数理生物学．現在，総合研究大学院大学先導科学研究科准教授．主著に，『協力と罰の生物学』（岩波書店，2014 年），『協力する種』（共訳，NTT 出版，2017 年），『不平等の進化的起源』（分担訳，大月書店，2021 年）他．

進化と人間行動　第2版

2000 年 4 月 20 日　初　版第 1 刷
2022 年 4 月 20 日　第 2 版第 1 刷

［検印廃止］

著　者　長谷川寿一・長谷川眞理子・大槻 久

発行所　一般財団法人　東京大学出版会

代表者　吉見俊哉

153-0041 東京都目黒区駒場 4-5-29
電話　03-6407-1069　Fax 03-6407-1991
振替　00160-6-59964

印刷所　株式会社理想社
製本所　誠製本株式会社

進化心理学を学びたいあなたへ──パイオニアからのメッセージ

王暁田・蘇彦捷 [編]　平石界・長谷川寿一・的場知之 [監訳]　A5判・400頁・4400円

なぜ進化という考え方がそれほど魅惑的なのか，脳から認知・発達，社会・文化，組織・経営に至るまで，どれほど幅広く有効に応用できるか──「進化」にとりつかれ，誤解と闘いながら険しい道を切り拓いてきた心理学者たちから，これから進化心理学を志す読者への熱いメッセージ．

信頼の構造──こころと社会の進化ゲーム

山岸俊男　A5判・224頁・3200円

信頼と裏切りの起源とメカニズムを，進化ゲーム論と実験データから解明．日本が従来の集団主義社会を脱し，他者一般に対する信頼で成り立つ開かれた社会を形成することの大切さを説く．

こころと言葉──進化と認知科学のアプローチ

長谷川寿一・C.ラマール・伊藤たかね [編]　A5判・256頁・3200円

人間のことばは小鳥のさえずりとどこまで同じか，声に支えられている「文法」，助数詞の言語間での意外な違いとその意味など，多彩なアプローチで言語の起源とこころの処理システムの驚異に迫る．

人間の本質にせまる科学──自然人類学の挑戦

井原泰雄・梅﨑昌裕・米田穣 [編]　A5判・296頁・2500円

人間とは何か？──先史時代から未来まで，ゲノムレベルから地球生態系まで，悠久にして広大なテーマを扱う自然人類学．本書は，東京大学で開講されている人気講義をもとに，研究の最前線を臨場感あふれる文章で解説．読者を，心躍る世界へ誘う．